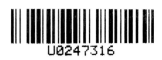

徽州

当代地域性建筑理论和实践研究

Theoretical and Practical Research on Huizhou Contemporary Regional Architecture

黄炜 著

同济大学出版社
TONGJI UNIVERSITY PRESS
·上海·

图书在版编目（CIP）数据

徽州当代地域性建筑理论和实践研究 / 黄炜著 . --
上海 : 同济大学出版社 , 2023.9
ISBN 978-7-5765-0914-4

Ⅰ . ①徽… Ⅱ . ①黄… Ⅲ . ①建筑艺术－研究－徽州
地区－现代 Ⅳ . ① TU-862

中国国家版本馆 CIP 数据核字 (2023) 第 177560 号

黄山学院人才启动项目“皖南地区新徽派建筑的低碳设计策略研究”（基金号：2021xkjq003）

徽州当代地域性建筑理论和实践研究

黄炜　著

出 品 人　金英伟
责任编辑　金　言
责任校对　徐春莲
装帧设计　张　微

出版发行　同济大学出版社 www.tongjipress.com.cn
（地址：上海市四平路 1239 号　邮编：200092　电话：021–65985622）
经　　销　全国各地新华书店
印　　刷　上海颛辉印刷厂有限公司
开　　本　710mm×1000mm　1/16
印　　张　19
字　　数　380 000
版　　次　2023 年 9 月第 1 版
印　　次　2023 年 9 月第 1 次印刷
书　　号　ISBN 978-7-5765-0914-4
定　　价　88.00 元

谨以此书献给戴复东院士、吴庐生大师、颜宏亮教授。

皖南学子，地方风格，努力向着
现代骨、传统魂、自然衣的目标前进，
定可大有成绩！

戴复东

序言

黄炜博士所著的《徽州当代地域性建筑理论和实践研究》一书源于其几年前攻读博士生时的研究课题。该研究课题得到同济大学高新建筑技术设计研究所团队负责人、导师戴复东院士的认可，并以戴复东先生提出的“现代骨、传统魂、自然衣”的地域性建筑理论构架为指引，从徽州地区的自然生态环境、文化融合与建造技术适宜性等层面对徽州地区当代地域性建筑进行了深入研究。

本书作者长期在徽州地区生活、工作，也熟悉当地老百姓的生活习惯。书中结合研究课题，收集了众多徽州地区当代不同功能特色的地域性建筑案例，将受当地老百姓喜爱，并且具功能特色和使用方便的建筑做法与当地地域性建筑相结合，以此提升徽州地区当代地域性建筑设计与建造水平，凸显徽州地区当代地域性建筑技术创新与文化传承的特色。

希望本书的出版，能为推动我国不同地域新型城镇化发展模式作出贡献，同时也希望黄炜博士的学术研究能不断取得更大的成就。

颜宏亮

2023 年 5 月 18 日

前言

本书聚焦徽州地域性建筑，从徽州地域环境出发，寻找徽州地域性建筑的形成机制，分析徽州地区当代地域环境，提出适应当代地域环境的徽州地域性建筑设计方法。

地域性作为建筑的本质属性之一，蕴含了地域建筑的遗传基因，在全球化和城镇化进程中，如何实现地域性建筑的生态文明转向、地域特色凸显和现代技术更新的整合，是本书研究的核心问题。本书以建筑学的地域性理论以及相关理论为基础，创新性地建构了具有适应性内涵的地域性建筑理论框架，展开徽州地域性建筑的研究。首先，从徽州的自然环境、文化环境和技术环境三个维度，对徽州地域性建筑的成因、特征以及发展脉络进行分析，论述徽州地域性建筑特色及其与地域环境的适应性机制。其次，以徽州当代地域性建筑设计实践为研究对象进行系统性的研究，总结出适应徽州地域环境的地域性建筑设计策略。最后，积极探索在新时代背景下，注重生态可持续性和凸显地域特色的理论和方法，以期对徽州当代地域性建筑实践具有理论价值和现实意义。

徽州当代地域性建筑设计，以具有适应性内涵的地域性建筑理论为基础，通过“自然共生、文化融合、技术适宜”的设计策略，与徽州地域的自然环境、文化环境、技术环境三个维度相适应。本书以“现代骨、传统魂、自然衣”的地域性建筑思想为指引，引入适应性内涵的地域性建筑理论，尝试超越对建筑地域特色的表层关注，转向对建筑与其所在地域的自然、文化和技术整体环境相适应的关联思考与深层理解。徽州当代地域性建筑设计，通过“自然共生—文化融合—技术适宜”三维一体的设计方法，不仅使徽州当代地域性建筑特色得以凸显，而且对形成以人为本的地域性建筑以及建筑与地域环境的和谐共生关系具有积极作用，进而适应和满足徽州地域新型城镇化和人居环境建设的需要。

由于作者水平有限，书中谬误之处在所难免，敬请读者批评指正。

目录

徽州当代地域性建筑
理论和实践研究

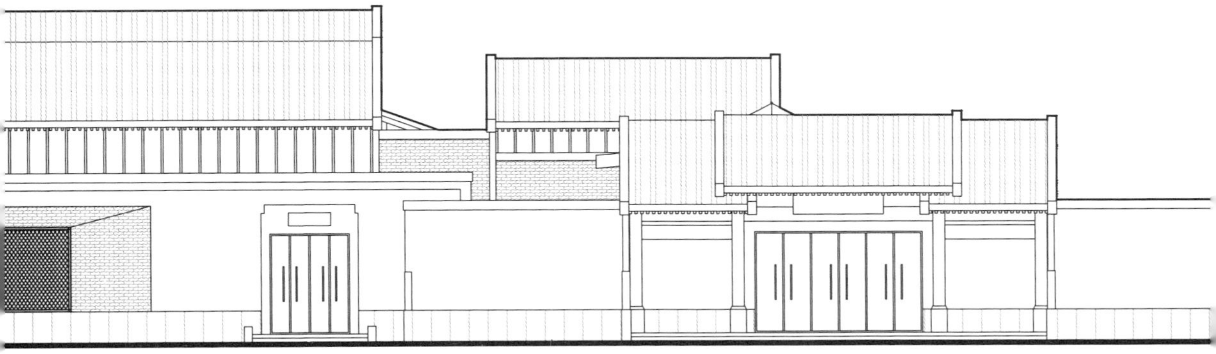

第 1 章

绪论

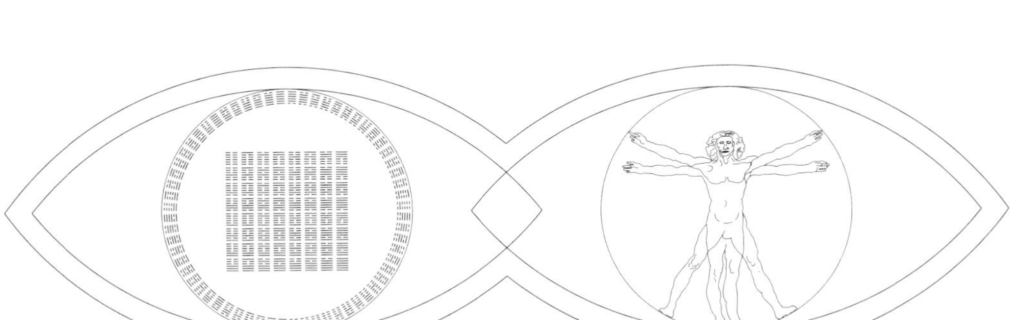

1.1 时代背景呼唤地域性建筑

1.1.1 全球化和地域性

全球化以经济为核心，伴随着科学技术的发展，信息、技术、文化在世界范围内的广泛传播，一方面社会财富不断积累，人们物质生活高效便捷；另一方面也带来了一些负面效应，如生态破坏、环境污染、文化趋同、情感淡漠等问题。

在建筑领域，全球化所带来的典型表现为全球范围内的建筑形态与城市空间的趋同现象。全球化的广泛传播，随之而来的是民族文化的觉醒和民族自信心的增强，全球文化与地域文化这两种密不可分却又充满矛盾的文化相互碰撞和冲突，使今天全球范围内的建筑与城市景观变得复杂和难以捉摸，也令建筑师和评论家感到迷茫和困惑。郑时龄先生认为，20 世纪 80 年代出现的第二次全球化是以西方价值观为主流的一个话语体系。“无论是北京、上海，或是香港、台北、首尔、曼谷，以及纽约、芝加哥，城市中的大部分地区都失去了个性，彼此十分相似。全球化对中国的城市与建筑带来的最大影响就是城市化的快速发展与城市规划以及建筑设计领域内国际建筑师的参与，中小城市在城市化的过程中逐渐失去了特色，在城市空间尺度和形态上模仿大城市。全球化话语淡化了中国建筑和东方文化的主体意识，由此而引发了城市空间和形态的趋同，而我们对此也已经熟视无睹。[1]”地域文化逐渐被全球文化所同化，导致了旧有观念的不断更替，地域文化日渐衰落。

与此同时，全球化可以看作是文化同质化与文化异质化两种趋势互动的过程，人们进行全球性的交流和互动，通过了解他者的同时更加深刻地认识自己，普世性文化得到促成，多样性文化也得以体现。吴良镛先生认为，“全球化和多元化是一体之两面，随着全球各文化——包括物质的层面与精神的层面——之间同质性的增加，对差异的坚持可能也会相对增加。建筑学问题和发展植根于本国、本区域的土壤，必须结合自身的实际情况，发现问题的本质，从而提出相应的解决办法：以此为基础，吸取外来文化的精华，并加以整合，最终建立一个‘和而不同’的人类社会”[2]，从而构建可持续发展的人类命运共同体。

全球化的负面效应和人们对多样性的保护与坚持，共同促使了全球性建筑设计话语从国际主义向地域主义的转向，地域性建筑设计成为当代建筑师普遍选择的路径和

1 郑时龄 . 全球化影响下的中国城市与建筑 [J]. 建筑学报，2003（2）：7.

2 吴良镛 . 北京宪章 [J]. 时代建筑，1999（3）：88-91.

策略。在全球化和去全球化激荡的今天，地域性在这样的背景中不断发展，符合时代发展对“多元化”与“个性化”的需求，符合地域特色和文化认同的诉求，地域性建筑成为表达地域文化的重要载体。在全球化的大背景下，有必要对徽州当代地域性建筑进行深入的解读与拓展，特别需要从新的理论视角，探索符合时代要求的徽州当代地域性建筑设计策略与方法，用以指导城市建设和建筑师的设计实践。

1.1.2 新型城镇化

我国改革开放之后经济高速发展，城镇化迅速推进。2011 年我国城镇化水平突破 50%，2013 年为 53.73%[1]，2020 年达到 63.89%[2]。随着城镇化的不断推进，自 2011 年以来，我国建筑业增加值保持增长态势，2020 年达到 72 995.7 亿元。建筑业增加值占国内生产总值的比例始终保持在 6.75% 以上，建筑业作为国民经济支柱产业的地位稳固[3]。这不仅意味着大规模的城乡基本建设，更意味着未来城乡社会生活及整体环境将发生巨大的变化。然而，建筑业繁荣发展，其背后却潜藏着重重危机，中国城市污染问题凸显，城市面貌日趋同质化，城乡地域特色消失。由于对效率的过度追求，对自身文化价值认识不足，以及城市建设和建筑以经济发展为主导的发展理念，崇大求新、贪大求洋，而缺失了对生存环境的维护，对传统文化和情感认同的忽视，一定程度上导致地域环境破坏、传统地域文化式微和文化的趋同。

《国家新型城镇化规划（2014—2020 年）》强调人的城镇化，提出“把生态文明理念全面融入城镇化进程，着力推进绿色发展、循环发展、低碳发展，节约集约利用土地、水、能源等资源，强化环境保护和生态修复，减少对自然的干扰和损害，推动形成绿色低碳的生产生活方式和城市建设运营模式”，以及“根据不同地区的自然历史文化禀赋，体现区域差异性，提倡形态多样性，防止千城一面，发展有历史记忆、文化脉络、地域风貌、民族特点的美丽城镇，形成符合实际、各具特色的城镇化发展模式”[4]。2015 年中央城市工作会议，以及党的十九大、党的二十大报告，在新型城镇化背景下提出了保护生态、传承文化的总体要求。

1 李伟，宋敏，沈体雁．新型城镇化发展报告（2015）[M]. 北京：社会科学文献出版社，2016.
2 国家发展和改革委员会．国家新型城镇化报告（2020—2021）[M]. 北京：人民出版社，2022.
3 刘锦章，王要武．中国建筑业发展年度报告（2020）[M]. 北京：中国建筑工业出版社，2021.
4 国家发展和改革委员会．国家新型城镇化规划（2014—2020 年）[R].2014.

徽州地域城镇化水平逐年提高，黄山市 2022 年城镇化率达到 59.38%[1]。徽州地区曾因经济和文化的发达孕育了独特灿烂的徽州地域文化，随着城镇化的迅速推进，城乡与建筑如何发展应对，如何在快速城镇化发展中实现人的全面发展，注重生态保护、传承传统文化，凸显地域特色，均值得深入思考。在这一契机下，对徽州当代地域性建筑设计的发展进行回顾与反思，以及对未来的传承与创新进行时效性和现实意义的思考至关重要。

1.1.3 生态文明与可持续发展

20 世纪六七十年代以来，《寂静的春天》《增长的极限》《我们共同的未来》等著作的发表，引发了人类对生态和可持续发展的共同关注，可持续发展倡导的社会、经济、人口、环境的相互协调和共同发展，已成为全球各国各地区的共识。联合国《2030 年可持续发展议程》（UN，2015）进一步指出采用统筹兼顾的方式，从经济、社会和环境三个方面实现可持续发展。党的十九大、党的二十大报告将可持续发展上升到国家战略，将“尊重自然、顺应自然、保护自然”的生态文明理念融入社会经济、政治、文化的整体发展中，体现了我国对可持续发展的态度和决心。

建筑具有的物质和人文双重属性，决定了其在人居环境和可持续发展中的重要位置。截至 2018 年，我国建筑面积总量约为 601 亿平方米，建筑建造和运行用能占全社会总能耗的 36%，碳排放占全社会 CO_2 排放比例约为 42%，随着我国逐渐进入城镇化新阶段，建筑的运行能耗和排放占比将逐渐增大[2]。面对“碳达峰、碳中和”和可持续发展的目标，城乡建设将面临巨大挑战。

可持续发展的终极目标是确保我们当代人和子孙后代都拥有更好的生活品质，其主要实现途径包括负责任的经济增长、公平的社会进步和有效的环境保护[3]。地域性建筑设计是基于生态环境和可持续发展的建筑设计观，其设计理念和设计策略的探讨，应该以生态可持续发展的观念和策略为引导，建立建筑—人—环境的系统和谐关系，真正实现以人为本的生态可持续发展。

1 黄山市统计局 . 黄山市 2022 年国民经济和社会发展统计公报 [EB/OL].（2023-05-24）. http://tjj.ah.gov.cn/ssah/qwfbjd/tjgb/sjtjgbao/148107561.html.

2 清华大学建筑节能研究中心 . 中国建筑节能年度发展研究报告 [M]. 北京：中国建筑工业出版社，2018，7.

3 卡瓦尼亚罗，柯里尔 . 可持续发展导论：社会 • 组织 • 领导力 [M]. 江波，陈海云，吴赟，译 . 上海：同济大学出版社，2018，导言 .

1.1.4 问题的提出

国际建筑师协会第20届世界建筑师大会通过的《北京宪章》提出，“现代建筑的地区化，乡土建筑的现代化，殊途同归，推动世界和地区的进步与丰富多彩”，同时指出“建筑学问题和发展根植于本国、本区域的土壤，必须切合自身的实际情况，发现问题的本质，从而提出相应的解决办法”[1]。

回顾中国近代以来建筑发展脉络，“无论是20世纪30年代有关民族形式的纠葛，还是50年代有关社会主义风格的争论，80年代受后现代主义影响而普遍泛滥的符号拼贴，90年代以来兴起的历史保护运动或者在地域主义旗帜之下兴起的‘中国制造’”[2]，都能与地域性的论题联系起来，郑时龄先生将批判的地域主义看作为当代中国的重要倾向之一[3]，赖德霖先生将其作为抵抗策略的关键词[4]，而生态文明的崛起，乡村振兴和乡建运动更是将地域性这一论题推向可持续发展的新阶段。

这种与历史和地域相关的建筑内容在徽州地域表现得尤为明显，特别是自20世纪80年代以来，徽州本土和外地建筑师在徽州地域进行了大量的建筑实践，呈现出与徽州地域环境相关联的建筑景象。

本书提出如下思考：什么是建筑的地域性？什么是地域性建筑设计？徽州地域性建筑的特质是什么？徽州当代地域性建筑设计通过何种策略，既能保护生态，又能持续发展，既能传承传统，又能顺应时代？为了探寻这些答案，本书对徽州当代地域性建筑及其表现出的地域属性进行研究，以期获得徽州当代建筑与地域环境关联的意义和价值的系统深入阐释，在对徽州传统地域性建筑深入挖掘的基础上，分析归纳具有徽州地域特色的典型地域性建筑的设计策略，研究其特征与机制，为徽州地区营造更具地域性特色的城市和建筑提供借鉴，为中国其他地域城乡建筑的发展提供参考。

1.2 全球范围关注地域性建筑

工业革命以前，全球各地的文化既相对独立又相互影响，具有鲜明的地域文化特征，形成了丰富多彩的世界建筑文化。19世纪欧洲在经历了工业革命以后，促进了人类文

1 吴良镛．国际建协“北京宪章”[J]. 世界建筑，2000（2）：17-19.
2 童明．何谓本土[J]. 城市建筑，2014（10）：25.
3 郑时龄．当代中国建筑的基本状况思考[J]. 建筑学报，2014（3）：96-98.
4 赖德霖．地域性：中国现代建筑中一个作为抵抗策略的议题和关键词[J]. 新建筑，2019（3）：29-34.

明从农业文明走向工业文明，在政治军事、经济文化等方面取得了发展，然而也逐渐形成对其他文明和文化的扩张，在世界各地形成殖民文化，打断了各地文化与建筑自身的发展轨迹。在建筑方面，伴随着大规模建设和现代技术，现代建筑体系迅速发展，并在全球广泛传播。然而，现代主义建筑因其普世性和抽象性，割裂了地域文化的关联，强调技术而忽视了与自然的关系。然而，世界各地的建筑师和建筑理论家对现代建筑原则的反思、对地域性建筑的探索一直没有停止。本节针对地域性建筑的产生背景和发展过程进行梳理和讨论，探究全球范围内地域性建筑理论和实践的基本状况。

1.2.1 国外地域性建筑研究现状

1.地域性建筑理论兴起

地域性是建筑的本质属性之一，最早可追溯到古罗马维特鲁威《建筑十书》[1]中对建筑与“气候、土壤、日照”等地域因素关系的描述。地域性建筑理论随着 18 世纪末民族主义和浪漫地域主义运动而兴起，约翰·沃尔夫冈·冯·歌德（Johann Wolfgang von Goethe）在《德国的建筑艺术》（1772）中表达了对民族国家的赞美。随着工业社会的兴起，约翰·拉斯金（John Ruskin）、威廉·莫里斯（William Morris）作为工艺美术运动的主要推动者表达了对机械化生产的反思，以及对传统和手工艺的眷恋，抒发了一种渴望摆脱同一性而归属于某一种族共同体的感情[2]，在一定程度上表现出一种浪漫主义的复古情怀。此时，出现了一批现代和传统结合地域性建筑师和建筑，如莫里斯的红屋（1846）和查尔斯·雷尼·麦金托什（Chales Rennie Machintosh）的格拉斯哥艺术学校（1909）、亨德里克·贝尔拉赫（Hendrik P. Berlage）的证券交易所（1903）、阿尔瓦·阿尔托（Alvar Aalto）的“人情化建筑”（1940）、弗兰克·劳埃德·赖特（Frank Lloyd Wright）的“草原住宅”和“有机建筑”（1936），他们设计思想和作品都成为地域主义建筑理论的源泉。此外，埃比尼泽·霍华德（Ebenezer Howard）《明日的田园城市》（1902）和帕特里克·格迪斯（Patrick Geddes）《进化中的城市：城市规划与城市研究导论》（1915）则成为城市与建筑地域主义的先声。

第二次世界大战结束后，因战后重建和社会发展，现代建筑在全球范围内快速发展，但随着现代主义建筑在全球范围的盛行，其千篇一律的风格和日益僵化的模式逐渐遭到人们的质疑，协调现代性与地域性矛盾和冲突成为建筑师和建筑理论家们迫切解决

1 维特鲁威．建筑十书 [M]. 高履泰，译．北京：知识产权出版社，2001.

2 仲尼斯，勒法维．批判的地域主义之今夕 [J]. 建筑师 47，1992：88-94.

的问题，地域性建筑理论和实践兴起。

在地域性建筑理论层面，刘易斯·芒福德（Lewis Mumford）1924 年在《枝条与石头》中，便提出对地域性的新认识，认为地域性是人对自然环境的深刻理解和感知，其认识即超越了当时建筑界对现代主义和巴黎美院体系的局限性认识[1]。1947 年，芒福德在《纽约客》杂志中，开始反思并质疑 20 世纪 30 年代的国际式建筑和运动，批评现代建筑的机械审美和对地域适应问题的漠不关心，并列举了伯纳德·梅白克（Bernard Maybeck）和威廉姆·伍斯特（ William Wurster）等建筑师为代表的美国西海岸“湾区学派”的实践，认为“湾区地域风格”（Bay Region Style）是“具有本土和人文意义的现代主义建筑形式”，并认为地域性和普适性将长期共存[2]。与此同时，希格弗莱德·吉迪恩（Sigfried Giedion）的《新地域主义》（1954）[3]、詹姆斯·斯特林（James Sterling）的《地域主义与现代建筑》[4]、伯纳德·鲁道夫斯基（Bernard Rudofsky）的《没有建筑师的建筑》（1965）[5]、罗伯特·文丘里（Robert Venturi）的《建筑复杂性和矛盾性》（1966）[6]、诺伯格·舒尔茨（Norberg Schulz）的《场所精神》（1980）[7]，都是对地域性建筑理论的有益探索。法兰克福学派、威尼斯学派、现象学、类型学等理论家们都开展了积极的理论探讨[8]，他们的理论著作不断拓展着人们对现代建筑和地域建筑的认识。

在地域性建筑实践层面，法国勒·柯布西耶（Le Corbusier）设计的朗香教堂（1955）表现了对现代主义的反思和修正，意大利卡洛·斯卡帕（Carlo Scarpa）设计的古堡博物馆（1964）与布里翁公墓（1975）等作品，表现出强烈的手工艺特征，葡萄牙阿尔瓦罗·西扎（Alvaro Siza）设计的海滨游泳场（1966）是对葡萄牙城市、地域及海景的敏锐回应。日本前川国男设计的东京文化会馆（1961）、丹下健三设计的香山厅舍（1958）、代代木体育馆（1964）表现了日本文化的审美。印度查尔斯·柯里亚（Charles Correa）的管式住宅（1962）、章嘉公寓（1970）、圣雄甘地纪念馆（1963）是对印度地域气候、文化、经济的适应性表达。埃及的哈桑·法赛（Hassan Fathy）建造的

1 MUMFORD L. Sticks and stones: A study of American architecture and civilization[M]. New York: Dover Publications, 1924.
2 MUMFORD L. The Skyline: Bay Region Style[J]. The New Yorker, 1947, 11: 106-109.
3 GIEDION S. The state of contemporary architecture I: The Regional Approach, the New Regionalism[J]. Architectural Record, 1954: 132-137.
4 STERLING J. Regionalism and modern architecture[J]. Architects' Year Book, 1957, 7: 62-68.
5 BERNARD R. Architecture Without Architects: A Short Introduction to Non-Pedigreed Architecture[M]. New York: Doubleday & Company, Inc., 1965.
6 ROBERT V. Complexity and contradiction in Architecture [M]. Little Brown & Co (T), 1966.
7 CHRISTIAN N S. Genius loci: towards a phenomenology of architecture [M]. Rizzoli, 1980.
8 KLOTZ H, LDONNELL R. The history of postmodern architecture[M]. Cambridge, MA: Mit Press, 1988.

高奈新村（1946—1953），墨西哥路易斯·巴拉干（Luis Barragán）的自宅（1947），表现出建筑师对地域文化的尊重。

2.批判性地域主义理论

20 世纪 80 年代以来，全球经济一体化和文化多元化成为各国发展中关注的两个方面，欧洲国家日益重视对历史传统建筑的保护和基于传统文化的创新。随着商品经济的全球化，西方文化依靠其强大的经济实力不断输入，缺乏文化底蕴标签式的现代建筑在发展中国家泛滥，导致了城市历史空间和建筑地域特色的进一步丧失，这一现象在发展中国家更为突出。面对这一矛盾，全球范围内建筑理论家和建筑师们都在积极探寻着地域性建筑的论题。

1981 年，亚历山大·楚尼斯（Alexander Tzonis）和利亚纳·勒费夫尔（Liane Lefaivre）基于芒福德等人的研究以及康德与法兰克福学派“批判性理论”的基础上，首先明确提出“批判性地域主义”（Critical regionalism）的概念和陌生化的设计策略，它更加关注地域建筑文化和人文主义建筑传统[1]，回顾了批判性地域主义的历史，并总结了第二次世界大战以后及不断发展中的批判性地域主义建筑实践[2]，在此基础上对“批判性”一词进行了深入的阐释，认为批判性地域主义建筑的核心在于对浪漫地域主义和商业地域主义的双重质疑[3]。在《全球化时代下的地域主义建筑》（2012）一书中，认为地域主义从专注于地域主义的“种族解放”“民族解放”“沙文主义”和“商业主义”，转向对分散化、自主化和个性化的追求，并坚持多样的地域构成和建筑学的实践以应对全球化带来世界扁平化的挑战[4]。1983 年，肯尼斯·弗兰姆普敦（Kenneth Frampton）的《批判性地域主义之前景》（1983）[5]，指出批判的地域主义可通过“场所”的创造，抵抗现代文明工具理性在自然和城市中的蔓延。在其著作《现代建筑——一部批判的历史》中，认为批判性地域主义不是一种风格，而是一种批判性的态度[6]，并引用保罗·利科（Paul Ricœur）的论述“如何在进行现代化的同时，保存自己的根

---

1 LEFAIVRE L, TZONIS A. The Grid and the Pathway[J]. Architecture in Greece, 1981, 15: 175-178.

2 楚尼斯，勒费夫尔 . 批判性地域主义——全球化世界中的建筑及其特性 [M]. 王丙辰，译 . 北京：中国建筑工业出版社，2007.

3 TZONIS A, LEFAIVRE L. Why critical regionalism today?[J].Architecture and Urbanism, 1990, 236: 22-33.

4 LEFAIVRE L, TZONIS A. Architecture of Regionalism in the age of globalization: Peaks and Valleys in the Flat World[M]. Routledge, 2012.

5 FRAMPTON K. Prospects for a critical regionalism[J]. Perspecta, 1983, 20: 147-162.

6 弗兰姆普敦 . 现代建筑——一部批判的历史 [M]. 张钦楠，译 . 北京：生活·读书·新知三联书店，2012.

基？如何在唤起沉睡的古老文化的同时，进入世界文明？”[1]，以支撑其批判的地域主义理论。其《通向批判的地域主义：抵抗建筑学的六要点》[2]一文提出了具体的策略，《建构文化研究》（1996）则将批判性地域主义理论拓展到场所、建构的层面。其他建筑理论家如埃格纳（Keith L. Eggener，2002）[3]、阿兰·科尔孔（Alan Colquhoun，1996）[4]、威廉·柯蒂斯（William Curtis）[5]等提出了不同见解。

与此同时，日本建筑师丹下健三提出“新陈代谢”思想[6]，矶崎新积极探寻日本现代建筑中的日本性[7]，安藤忠雄探索着具有精神功能的日本建筑[8]。此外，妹岛和世、伊东丰雄、隈研吾和八束初等建筑师和理论家，也都在积极探索着日本建筑的地域性之路。印度查尔斯·柯里亚提出“形式追随气候”的思想，认为任何一件作品都必须根植于它的土壤、气候里，特定的文化和经济环境中[9]。马来西亚建筑师杨经文提出了“生物气候学”思想[10]。埃及的哈桑·法赛在新巴里斯村利用泥砖和运用当地的传统建筑特征，比如用天井、穹窿和拱顶，进行地域主义建筑本土实践，并发表《贫民建筑》（1973）一书[11]，重视建筑的传统和伦理价值。菲斯蒂·阿提（Fathi Ati，2016）对阿拉伯国家当代建筑进行了深入研究，提出利用计算工具创造“新地域”的可持续建筑[12]。

经过众多学者的理论研究和深入阐述，地域主义已经作为一种经典理论而被普遍接受，并衍生出新理性主义、新地域主义、自反性地域主义、建构理论等诸多衍生理论，促进了地域性建筑理论向更广、更深的领域发展，也影响了全球各地的地域主义建筑理论和实践。

建筑实践层面，众多建筑师更是自觉地将现代建筑原则有机融入地域性建筑设计

1 利科．历史与真理 [M]. 姜志辉，译．上海：上海译文出版社，2015.

2 FRAMPTON K. Towards a critical regionalism: six points for an architecture of resistance[J]. Post modern Culture, 1983: 16-30.

3 EGGENER K L. Placing Resistance: A Critique of Critical Regionalism[J]. Journal of Architectural Education, 1984, 55(4): 2002.

4 COLQUHOUN A. Critique of regionalism[J]. CASABELLA, 1996: 51-56.

5 CANIZARO V B. Architectural regionalism: Collected writings on place, identity, modernity, and tradition [M]. Princeton Architectural Press, 2007.

6 马国馨．丹下健三．北京：中国建筑工业出版社，1989.

7 磯崎新．建築における「日本的なもの」[M]. 新潮社，2003.

8 安藤忠雄．安藤忠雄论建筑 [M]. 白林，译．北京：中国建筑工业出版社，2003.

9 汪芳．查尔斯·柯里亚 [M]．北京：中国建筑工业出版社，2003 .

10 吴向阳．杨经文 [M]. 北京：中国建筑工业出版社，2007.

11 FATHY H. Architecture for the poor: an experiment in rural Egypt[M]. Chicago: University of Chicago press, 1973.

12 FATHI A, SALEH A, HEGAZY M. Computational Design as an Approach to Sustainable Regional Architecture in the Arab World [J]. Procedia-Social and Behavioral Sciences, 2016, 225: 180-190.

中。欧洲芬兰J. 莱维斯凯（Juha Leiviskä）设计的米尔梅基教堂（1984）延续着芬兰的自然主义[1]。瑞士赫尔佐格与德梅隆（Jacques Herzog，Pierre de Meuron）设计的巴塞尔公寓（1988）采用当地材料、强调建造工艺，他们设计的德国汉堡易北爱乐音乐厅（2017）赋予建筑航海城市的风情和开放的姿态。彼得·卒姆托（Peter Zumthor）设计的瓦尔斯温泉浴场（1996）适应了周围环境特点。意大利阿尔多·罗西（Aldo Rossi）设计的苏德里奇城市住宅区改造设计（1981）采用类型学方法延续了城市肌理。西班牙拉斐尔·莫内欧（Rafael Moneo）设计的梅里达罗马艺术博物馆（1985）实现了现代建筑与丰富历史价值的完美适应和共生。法国让·努维尔（Jean Nouvel）设计的阿拉伯世界研究中心（1988）使得经典的现代建筑呈现出阿拉伯地域的文化特色。日本建筑师安藤忠雄、矶崎新、妹岛和世、隈研吾、伊东丰雄，新加坡的林少伟，马来西亚的杨经文，印度的巴克里希纳·多西（Balkrishna Doshi），斯里兰卡的杰佛里·巴瓦（Jeoffrey Bawa）等，他们的建筑作品都在积极探索着地域性与现代性的关系，注重与地域自然和文化的适应与融合，关注地域居民的生活，体现出鲜明的地域特色。

3.生态地域主义的转向

20世纪60年代以来，能源危机和生态污染引起了人们广泛关注，以蕾切尔·卡逊（Rachel Carson）的《寂静的春天》（1962）作为标志，生态运动随之崛起，全球建筑界开始重新审视建筑与地域自然环境、文化环境的关系，并认识到机械、缺乏灵活性和识别性的现代主义理论，无法适应全球地域文化的复杂多样性，而且以能源消耗和环境污染为代价的现代主义建筑，将失去发展的动力和社会的支持。由此，生态和可持续发展的价值和观念逐渐得到确立和发展，建筑界积极响应并形成了具有生态意义的理论和实践，如20世纪60年代日本建筑师提出的“新陈代谢主义”，维克多·奥戈雅（Victor Olgyay）在《设计结合气候：通向建筑地域主义的生物气候方法》（1963）一书中，总结了20世纪60年代以前的地域性建筑设计与地域的气候关系，提出“生物气候地域主义”的概念[2]。1969年伊恩·伦诺克斯·麦克哈格（Ian Lennox McHarg）的《设计结合自然》，首次提出了运用生态主义的思想和方法将规划和设计与自然环境相结合的观点。吉姆·道奇（Jim Dodg）的《以生命为生：一些生物区域理论与实践》

1　弗兰姆普敦.20世纪世界建筑精品集锦 1900—1999 第3卷北、中、东欧洲 [M]. 北京：中国建筑工业出版社，1999.

2　VICTOR O. Architectural regionalism: Design with climate: bioclimatic approach to architectural regionalism [M]. Princeton University Press, 1963.

（1980），区域规划以区域独特资源为背景，适应特定地区人类居民的生理、审美、情感、社会和经济需求。加里·J. 科茨（Gary J. Coates）的《生物技术与地域一体化》[1] 则将生态技术用于地域建筑中进行了尝试。威廉·W. 布雷厄姆（William W. Braham）的《建筑学与系统生态学》将系统生态学与建筑学进行了连接[2]。

与此同时，朱利安·斯图尔特（Julian Stewart）的文化生态学理论（1955）认为文化与生态环境不可分离，文化是适应于环境并与之不断适应的结果，从而形成了世界范围内的文化多样性，这启发了建筑师们对各地域建筑和地域文化的再认识和再挖掘。如美国学者保罗·奥利弗（Paul Oliver）的《世界乡土建筑百科全书》（1998），总结了全球各地的民居。日本学者原广司对世界范围的聚落进行了细致的调查，在《世界聚落的教示 100》（2003）中总结出世界各地传统聚落的特质、价值以及对现代城市和建筑建设的启示。美国建筑理论家阿摩斯·拉普卜特（Amos Rapoport）以人类学、人文地理学为理论基础，在《宅形与文化》中提出了文化是决定宅形的最关键因素，自然和技术是其他限制性因素[3]；在《文化特性与建筑设计》中，其认为建筑设计应以所在地域文化特性为前提和基础。可以看出，地域性建筑应当受到现代文化的尊重，其自然的演化也应得到尊重[4]。

4.地域性建筑理论影响

地域主义和生态可持续理论，对地域性建筑理论和实践产生了广泛而深远的影响。在亚洲体现为外来建筑师对地域建筑的推动和本土建筑师对传统的再造，在拉美国家形成了民族性主题和机械化意象建筑，在非洲形成了适应气候和本土文化特征的建筑，在苏联表现为“民族形式、社会主义内容”，在阿拉伯世界表现为对伊斯兰文化和环境的回应，在大洋洲体现出海洋主题的地方技术与高技术的结合[5]。亚洲建筑师由于亚洲各地区的文化多样性和接受了系统的西方建筑教育，众多建筑师在建筑设计和理论研究中坚持地域主义的方向，将西方建筑学的方法体系吸收到各地域，极大地促进了地域性建筑理论的发展[6]。

---

1 CANIZARO V B. Architectural regionalism: Collected writings on place, identity, modernity, and tradition [M]. Princeton Architectural Press, 2007.

2 WILLIAM W B. Architecture and Systems Ecology: Thermodynamic Principles of Environmental Building Design, in three parts [M]. Routledge Press, 2016.

3 拉普卜特 . 宅形与文化 [M]. 常青，等，译 . 北京：中国建筑工业出版社，2007.

4 拉普卜特 . 文化特性与建筑设计 [M]. 常青，等，译 . 北京：中国建筑工业出版社，2004.

5 王育林 . 地域性建筑 [M]. 天津：天津大学出版社，2008.

6 林少伟，单军 . 当代乡土：一种多元化世界的建筑观 [J]. 世界建筑，1998（1）：64-66.

纵观国外地域性建筑理论的发展，整体而言成果显著，研究体系较为成熟，理论探讨较为深入，重视建筑与环境、建筑与时代、建筑与人的关联。我们可以把握以下三条规律。

其一，地域主义是适应地域环境的普遍现象。地域主义建筑是适应全球地域环境普遍现象和整体反映，国外发达国家提出地域主义建筑理论，发生在其社会生产力高度发展以后，对历史怀旧产生的浪漫地域主义理论，对浪漫主义、现代主义和后现代主义的反思产生的批判性地域主义理论，由于延续了法兰克福学派的新马克思主义立场，仍然具有强大的理论批判性和活力。

其二，地域主义作为民族国家建立的需要。如歌德对哥特教堂的赞颂，英国、美国国会大厦的建设，苏联的“民族形式、社会主义内容”，亚洲、南美洲、非洲的部分国家的地域性理论受到其本土文化和西方殖民文化的影响，将地域文化融入地域性建筑理论中，显示出民族独立和解放的愿望。

其三，地域主义作为生态可持续发展的需要。随着现代社会的发展，生态危机显现，生态可持续发展思想逐渐兴起并深入人心，而生态与地域的密切关联，扩展了地域主义的内涵。全球的生态运动和文化多样性诉求、东南亚和大洋洲的热带湿热气候建筑、亚非大陆的热带干旱气候建筑等，在全球化时代为现代地域性建筑开拓出自然和文化可持续发展的未来。

国外地域性建筑理论的发展为国内的地域性建筑理论发展提供了丰富思想资源，具有借鉴和启示意义，然而在吸收中应加以鉴别，如批判性地域主义理论建立在批判性基础上，其理论具有内在的张力和冲突，这一点与中国文化和而不同、和谐共生的思想有本质不同（图 1-1、图 1-2）。

1.2.2 国内地域性建筑理论研究

国内地域性的体现最早可追溯到西周时期，《考工记》中“天有时，地有气，材有美，工有巧，合此四者，然后可以为良”的记载，表现了古人对地域环境与物的关系。《诗经 • 国风》反映了西周时期不同地域诸侯国，人们的现实生产生活状况，体现出鲜明的地域文化特征。《管子 • 度地》《管子 • 乘马》则从地理的角度，为城市和建筑选址的因地制宜提供了理论基础。中国在两千多年的农业文明发展中，由于广袤的土地和多民族文化，形成了“十里不同风”丰富多彩的地域性建筑。

中国近代以来开始了现代化的征程，清末的中体西用，民国时期的文化本位，

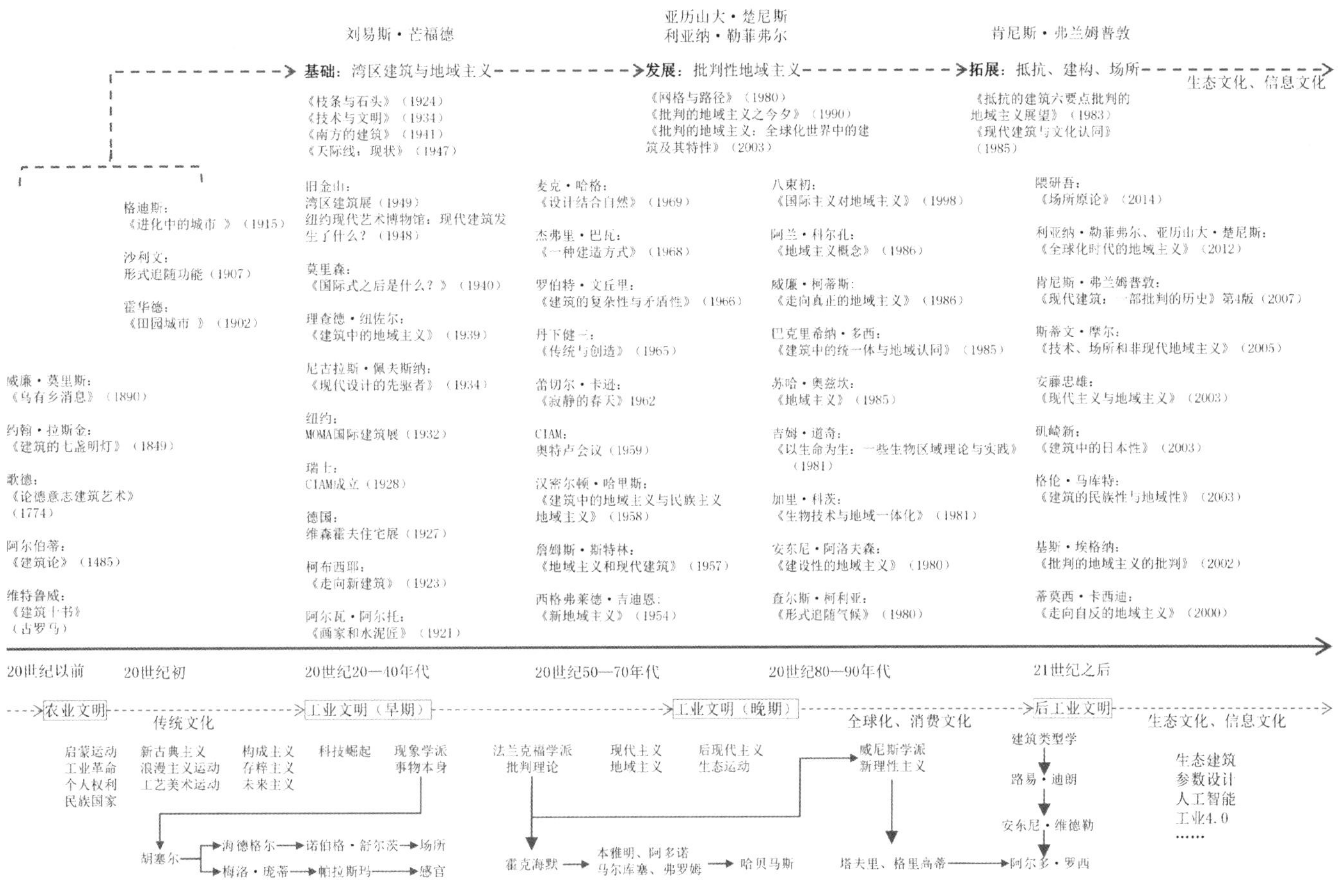

图 1-1 国外地域性建筑理论发展脉络

资料来源：作者整理

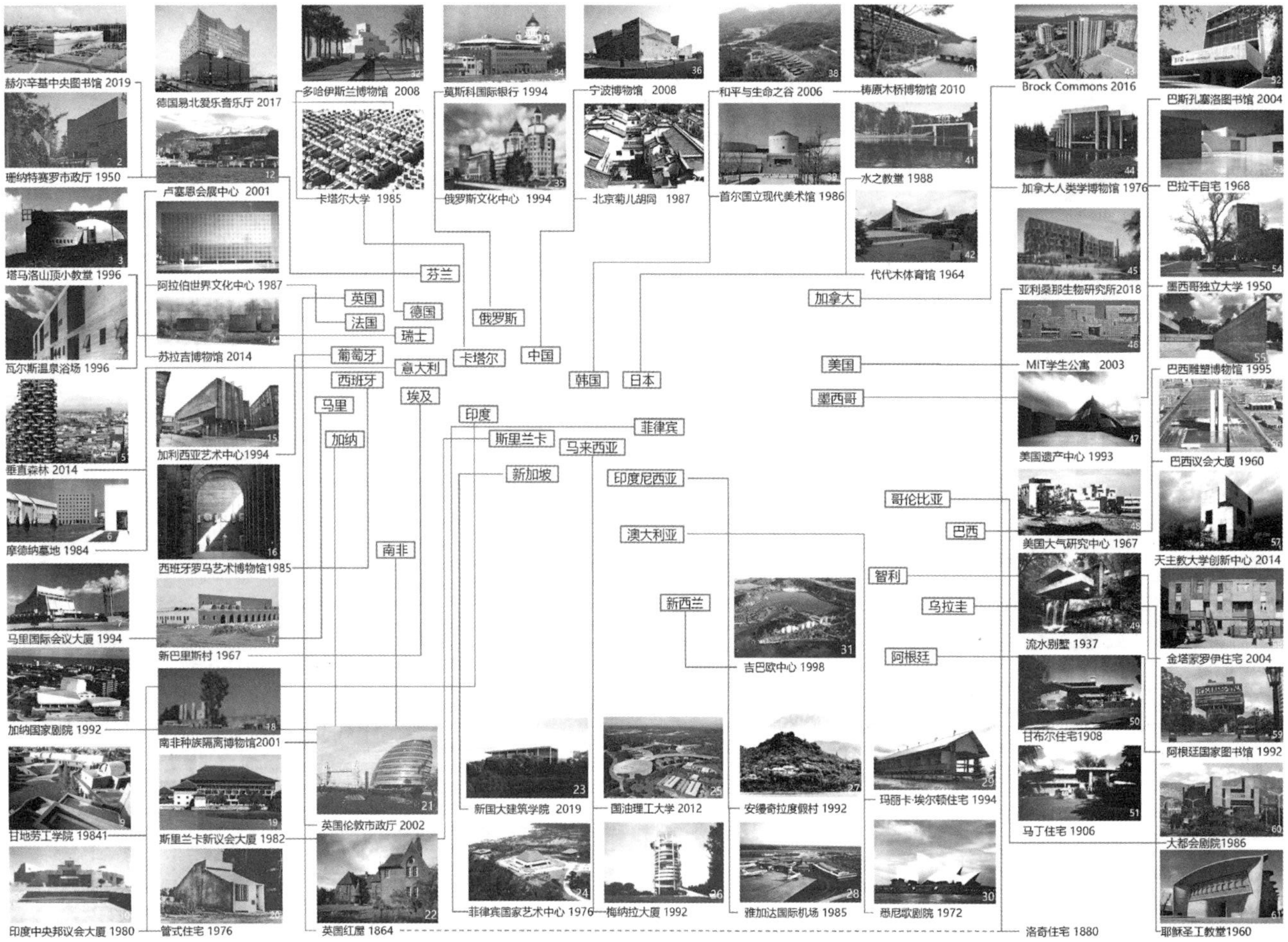

图 1-2　国外地域性建筑实践典型案例

资料来源：作者整理

中华人民共和国成立后的学习苏联，改革开放以及加入世界贸易组织（World Trade Organization，WTO）逐渐融入全球化，使得中国的地域性建筑理论和实践，经历了从民族认同与民族形式，民族形式到地域风格，再到地域性建筑的主动追求和多元共存三个阶段，反映了社会变迁和时代发展。

1.民族认同与民族形式

1840 年以来，中国为了实现近代化、工业化的发展目标，面对现代化进程和外来文化的冲击，当时的知识分子呼应了“中学为体、西学为用”的主流思想，此时西方现代建筑在中国还未得到发展，中国沿海、沿江城市的开埠在西方建筑文化的影响下，建造了一批西式建筑。

20 世纪 20 年代后，随着来华建筑师的实践和中国留学生归国开业或开办建筑教育，中国逐渐融入世界建筑的影响圈，这一时期的建筑多体现出折中主义。与此同时，国内外建筑师在中国开始了“中国固有式”建筑实践探索，是适应与中国本土文化观念的结合的必然产物。虽然从本质上来说，“中国固有式”建筑仍然是西方折中主义思潮在民族形式上的延伸，但这是中国建筑界对外来建筑文化进行本土转化的积极尝试。

20 世纪五六十年代受苏联“民族形式，社会主义内容”建筑创作思想的影响，表现为现代建筑功能与北方官式建筑相结合的“民族形式”大屋顶建筑形式，而随着中苏关系的恶化，建筑方针随之调整。

2.民族形式到地域风格

以大屋顶为特征的建筑思潮，在中国成为主流并持续了近三十年，其间地域性建筑作为边缘性实践而存在，有学者指出：“中华人民共和国成立以来，中国的建筑界在 20 世纪 60 年代与 70 年代，经历了两次明显的地域主义浪潮，表现出较为明显地域主义倾向，而且具有较高的创新精神。[1]”这一时期也是国家工业化积累的重要时期，国家财政收入极为有限，而建筑需要大量投入，花费较多的大屋顶建筑难以为继，而地域性建筑因地制宜、朴素实用的特征，适应了这一刚性约束的需要。地域特色建筑的早期实例，如戴复东先生设计的武汉东湖梅岭招待所（1961），因地制宜，顺应地势，造型朴素，利用当地材料，普材精用，成为适应环境和经济的范例。此时的广州双溪别墅、广州矿泉客舍等，都是地域性建筑设计的代表。由于这些建筑师较早受到了现代建筑

1　邹德侬 . 中国现代建筑史 [M]. 北京：中国建筑工业出版社，2010：119.

思想的影响，这些建筑与“民族形式”建筑有着明显的区别，基本属于景区旅游类或文化类的建筑，能够因地制宜、弱化建筑形式，积极探求建筑的本体意义。但在“民族形式”的主流建筑思想中缓慢发展，基本上处于一种自发的状态。

3.主动追求与多元共存

改革开放以后，随着对国际建筑理论的不断引进和学习，国内的地域性建筑研究逐渐从单纯的建筑学和建筑风格转换的局限，发展到建筑学与社会学、地理学、人类学等多学科相结合的方法，以及此时“批判性地域主义理论”、建筑文化遗产保护、生态理念的兴起，中国建筑师对地域性建筑理论的认识不断加深。在诸多研究成果中，以吴良镛先生的“广义建筑学”，戴复东先生的“现代骨、传统魂、自然衣”，齐康先生的“地区建筑”、程泰宁先生的“立足此时、立足此地、立足自我”，何镜堂先生的“两观三性”等地域性建筑理论具有代表性。

吴良镛院士的《广义建筑学》（1987），从十个方面建立了建筑学的科学范畴，在地区论中对世界各地地域性设计主要理论和实践进行了深入的分析和归纳，提出了对地域性建筑理论的广义整体观。在科技论中，强调了技术和生态对地域建筑发展的作用[1]，并提出“乡土建筑现代化，现代建筑地区化”的思想[2]，2000年的《北京宪章》以及《人居环境科学导论》（2001）重视地域性、生态性的重要作用，有力推动了地域性建筑理论的发展。

戴复东院士早在20世纪80年代考察贵州民居时，就注意到了地域建筑的建造体系，超越了当时仅关注建筑形象和风格的一般认识，并于90年代提出“现代骨、传统魂、自然衣”的理念，将地域建筑作为有机统一体来看待，认为骨是根本，是物质存在的基础，是为现代人生活服务的；魂是现代的精神和传统的精魂，传统文化中有生命力的内容应该被反映到现代的骨骼之中；衣是人生活的自然，包含了所有物质环境。这种以地域的自然、文化与现代文明紧密联系的创作观，成为广义地域性建筑设计和创作的主导思想和指针[3]。

齐康先生将地域建筑看作一个与环境相关的动态演进系统，认为“建筑的地方性是建筑的基本属性之一，各地区各城市都具有自身的特色，基于社会需求、自然环境、

1　吴良镛．广义建筑学 [M]. 北京：清华大学出版社，2011.

2　吴良镛．乡土建筑的现代化，现代建筑的地区化——在中国新建筑的探索道路上 [J]. 华中建筑，1998，16(1)：1-4.

3　戴复东．现代骨、传统魂、自然衣的探索——河北省遵化市国际饭店建筑创作漫记 [J]. 建筑学报，1998 (8)：36-39.

气候、地形地质、地方的建造技术、民族风情、历史文化等的影响，这种特色有着自身的演变进程……并随着时代的发展突变、蜕变、更替”。建筑创作中应注重将地区放到更为宏观的时空范围内考察，从而把握地域建筑的整体发展趋势[1]。

程泰宁先生对“民族化和乡土化”两种倾向都持保留态度，认为多样化是社会发展的规律，建筑创作应体现开拓创新，提出“立足此时、立足此地、立足自我”的观点。对待传统应更注重无形的哲理、意境和空间，对待美应因人而异、鼓励多样，面对技术应将新技术和新艺术结合起来，立足自己开拓创新[2]。

何镜堂先生提出“两观三性”的建筑创作理论，即“整体观、可持续发展观”与“地域性、文化性、时代性”，认为建筑整体观体现在构成建筑各个要素之间的整合，并形成和谐统一。可持续发展观体现在建筑不但要满足现代人的使用，还要有利于子孙后代的发展。地域性表现在建筑是地域的产物，不是抽象的建筑，而是具体的、地区的建筑，总是扎根于具体的地域环境之中。文化性即建筑应具有文化品位，反映时代和地域的文化特征。时代性则体现在反映时代的新材料、新结构、新技术和新工艺的应用。在具体的设计中，应根据每个项目的具体环境，考虑其普遍性和特殊性要求[3]。

此外，还有单军的建筑与城市的地区性[4]、张彤的整体地区建筑[5]、卢健松的自发性建造[6]、魏春雨的地域建筑复合界面类型[7]、李婷婷的自反省地域建筑理论[8]等，国内一批建筑学者对地域性建筑进行了广泛而深入的研究（图 1-3）。

建筑师们对地域性建筑实践也开展了积极的探索。20 世纪 80 年代以来，对地域性建筑设计的探索逐渐超越了自发状态，成为一种主动追求的建筑思潮。改革开放之初，旅游业的发展直接促进具有地域特色的建筑设计，地域意识被重新唤醒。同时又由于国外后现代建筑理论的引入，人们对地域建筑有了新的认识，更有学者将民居视作“建筑创作的源泉”[9]。我国一批有文化精神的优秀建筑师肩负传承中华文化的重任，设计了一些体现地域文化的作品。冯继忠先生设计的方塔园（1980），贝聿铭先生设计的香山饭店（1982），戴念慈设计的阙里宾舍（1983），吴良镛先生设计的菊儿胡同（1987），

1 齐康．地方建筑风格的新创造 [J]. 东南大学学报（自然科学版），1996，26（6）：1-8.
2 程泰宁．立足此时 立足此地 立足自己 [J]. 建筑学报，1986（3）：11-14+84.
3 何镜堂．建筑创作与建筑师素养 [J]. 建筑学报，2002（9）：16-18.
4 单军．建筑与城市的地区性——一种人居环境理念的地区建筑学研究 [M]. 北京：中国建筑工业出版社，2010.
5 张彤．整体地区建筑 [M]. 南京：东南大学出版社，2003.
6 卢健松．自发性建造视野下建筑的地域性 [D]. 北京：清华大学，2009.
7 魏春雨．地域建筑复合界面类型研究 [D]. 南京：东南大学，2011.
8 李婷婷．自反性地域理论初探 [D]. 北京：清华大学，2012.
9 成城，何干新．民居——创作的泉源 [J]. 建筑学报，1981（2）：64-68.

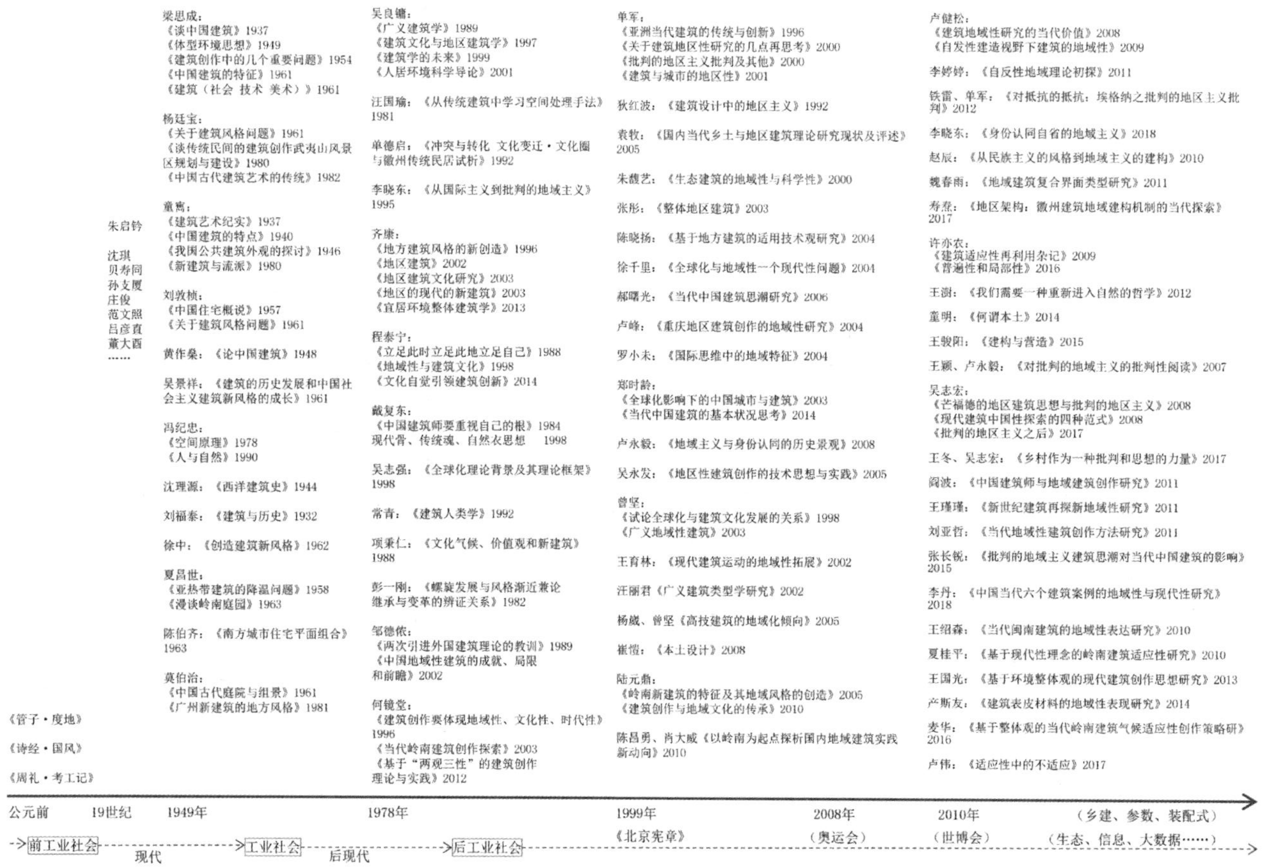

图 1-3 国内地域主义建筑理论发展脉络

资料来源：作者整理

齐康、赖聚奎先生设计的福建武夷山庄（1983），汪国瑜、单德启先生设计的云谷山庄（1987）等，成为这时期最具代表性的地域性建筑，为地域性建筑创作起到了积极的示范作用。

20 世纪 90 年代，地域性建筑设计成为建筑师主动探索的目标，吴良镛先生设计的山东曲阜孔子研究院（1999），戴复东先生设计的山东荣城北斗山庄（1990），张锦秋先生设计的陕西历史博物馆（1992），莫伯治、何镜堂先生设计的广州西汉越王墓博物馆（1995），王小东先生设计的新疆库车龟兹宾馆（1993），姚仁喜、李祖原先生等在台湾的实践，都从地域建筑和民居中吸取灵感，充分尊重和利用当地自然环境和文化条件，关注地方居民的生活方式，为我国地域性建筑设计开辟了新思路。

21 世纪以来，地域性建筑设计在批判性地域主义、场所、建构理论、类型学等影响下，注重建筑本体建构的同时更加强调建筑与场所和文化的关联，呈现出多元发展局面。何镜堂先生在华南和全国的实践、程泰宁先生在东南的实践、崔愷先生的本土实践、刘家琨先生在西南的实践，广大建筑师群体将建筑的地域性作为建筑设计的主动追求，特别是王澍先生获得普利兹克建筑奖，将中国的地域性建筑实践推向了新的高度。此外，地域性建筑设计的广泛讨论，当下热火朝天的乡建运动，使地域性建筑更加深入人心，与地域场所关系更加紧密，有力推动了地域性建筑实践的进一步发展（图 1-4）。

国内的现代地域性建筑理论和实践，从一开始就展现出强烈的民族意识和爱国主义精神，从民族形式到现代乡土，从对民族形式的强烈诉求到建筑与地域环境关联性的探究，则体现出中国建筑师对民族形式的反思，对经济的现实考虑，以及对不同地域文化和民族文化的尊重。改革开放后以经济建设为中心的各地景区旅馆的建设，广义建筑学的指导，批判性地域主义、建构文化、生态思想等一批西方现代、后现代理论的引入，极大推动了国内地域性建筑实践的不断发展。现代建筑理论的广泛传播与地域性建筑理论的兴起，生态可持续思想的兴起，都极大拓展了现代建筑的内涵，夯实了建筑的地域性根基，繁荣了建筑创作的局面。传统与现代、地域与全球等一系列矛盾对立的概念，通过不断的互动融合，形成了建筑创作内在的动力，并逐渐形成多元一体的格局，为中国的现代建筑注入了地域文化的灵魂。

1.2.3 徽州地域性建筑研究现状

徽州由于其特殊的地理环境，明清之际就有了财富的积累和文化的繁荣，徽州人精心地营造着他们的家园，满足了物质生活和精神生活需要，创造了徽州村落、徽州建筑、

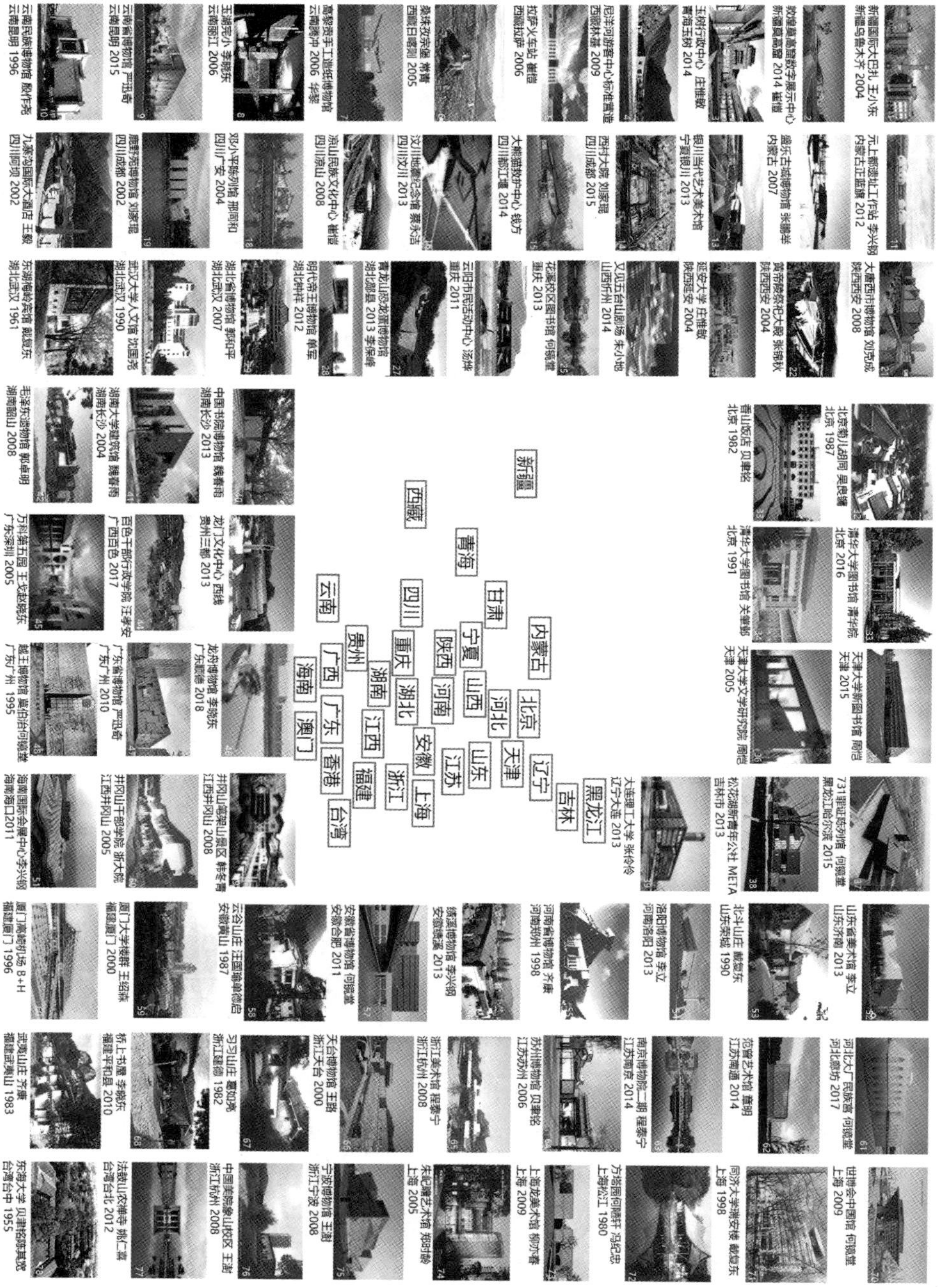

图 1-4 国内地域性建筑实践典型案例

资料来源：作者整理

徽州园林以及新安理学、徽州朴学、徽州教育、新安绘画、徽州雕刻、徽州戏曲、新安医学、徽州菜肴等特色鲜明的地域文化。徽州建筑作为中国地域建筑的典型代表，以其悠久的历史和文化底蕴为人们所熟知，在中国建筑史上写下了浓墨重彩的一笔。徽州文化、徽州建筑对地域资源的适应和利用形成的特色和繁荣，引起了众多学者的关注。

1.徽州地域文化研究

20 世纪五六十年代，徽州地域众多的历史遗存和大量文书的发现，吸引了国内外众多的专家学者的关注，使得徽州文化作为一个独特的地域文化类型逐步得到系统性的研究发掘，明确了徽州文化作为中国儒家文化的代表，徽州文化逐渐成为与藏文化、敦煌文化并列的三大显学，在安徽大学、复旦大学、黄山学院等成立徽文化研究学术中心，研究成果丰富。早在 20 世纪 30 年代，即有一批学者开展了对徽州地域文化的研究，如我国著名学者傅衣凌从 30 年代开始对徽商的研究，于 1947 年完成《明代徽商考》；日本藤井宏 1953 年《新安商人的研究》探讨了徽州商人的形成。叶显恩先生的《明清徽州农村社会与佃仆制》（1983）主要研究了徽州地域宗法制影响下的徽商经济、人地关系以及宗族祠堂。高寿仙《徽州文化》（1995）从地域文化视角研究了徽商及徽州文化。张海鹏《徽商研究》（1995）的主要内容为徽商，部分章节探讨了与徽商相关的徽州建筑和园林。唐力行《明清以来徽州区域社会经济研究》（1999）主要从徽州宗族、徽商、文化、社会、人物方面对徽州文化进行了综合研究。姚邦藻《徽州学概论》（2000）为徽州文化的综合性研究。赵华富《徽州宗族研究》（2004）对徽州宗族进行了深入研究，并对宗族祠堂以及呈坎、西递的宗族进行了深入研究。王振忠《乡土中国：徽州》（2005）从人文地理视角对徽州文化进行了研究。卞利《明清徽州社会研究》（2004）主要从社会学视角对徽州文化进行了研究。2005 年《徽州文化全书》20 卷则对徽州文化各领域进行了系统综合的研究。方利山《源的守望：徽州文化生态保护研究》（2015）主要对徽州文化生态及其保护进行了研究。徽州文化的众多研究成果几乎涵盖了徽州地域的各方面，体现出徽州文化的地域特色和研究价值，也为徽州地域性建筑研究提供了文化支撑和研究基础。

2.徽州地域性建筑研究

徽州是明清古建筑保存相对较为完整的地区之一，传统徽州建筑的研究始于 20 世纪 50 年代。早在 20 世纪 50 年代初，南京工学院刘敦桢教授受华东文化部委托，在歙县进行徽州古建筑的调查测绘活动，于 1953 年发表《皖南歙县发现古建筑的初步调查》。

1954年，张仲一和曹见宾等人组成小组前往徽州，分别从自然条件、社会背景、建筑概况、生产生活等方面进行调查和研究，指出徽州建筑是与地域环境相适应的产物，1957 年完成并出版《徽州明代住宅》一书。

1）徽州传统地域性建筑的研究

徽州传统建筑的研究，伴随着 20 世纪 80 年代的文化热而日益兴盛。对徽州建筑的研究从单体建筑向徽州古村落、徽州园林研究、徽州建筑三雕研究多层次方向发展，并走向研究与保护利用相结合的发展路径。1992 年以来，东南大学建筑系龚恺教授与歙县、婺源等地方文物部门合作，出版徽州古建筑丛书《棠樾》《瞻淇》《渔梁》《豸峰》《晓起》（1996—2001），对徽州建筑从环境、社会和文化背景以及村落和建筑进行系统分析。单德启《中国传统民居图说·徽州篇》（1998）、《从传统民居到地区建筑》（2004）、《安徽民居》（2009），分别对徽州建筑的传统和发展进行了历史和理论的研究。朱永春《徽州建筑》（2005）对徽州建筑的历史成因、建筑美学进行了系统的研究。江骥《徽派建筑》（1991）和程极悦《徽派古建筑》（2000）则以地方专家的视角对徽州建筑、园林和三雕彩画进行了探讨，并介绍了春华园、潜口民宅等实践案例。李俊《徽州古民居探幽》（2003）对徽派建筑中的防火功能进行了全面系统的论述。方利山《徽州宗族祠堂调查与研究》（2016）对祠堂建筑进行专项研究。

徽州建筑具有深厚的文化内涵，体现出明清时期徽州人的价值观念、思想情感和文化特质。陆林与焦华富《徽派建筑的文化含量》、吴永发《论徽州民居的人文精神》（2010）、陈继腾《徽州文化与徽派建筑》（2015）对徽派建筑进行专门论述。荣侠《16—19 世纪苏州与徽州民居建筑文化比较研究》（2017）以比较的视野探讨了徽州、苏州两地的民居的建筑文化。

刘沛林在《古村落：和谐的人聚空间》（1997）中运用“意象”理论和方法从空间意象的角度对中国古村落选址、整体布局、地域差异、特征标志等方面进行了基础性研究。陆林《徽州村落》（2005）对徽州村落的成因、选址、整体环境进行了系统性研究。陈伟在《徽州传统乡村聚落形成和发展研究》（2000）中探讨了徽州传统乡村聚落的形成机制及其发展。王韡《徽州传统聚落生成环境研究》（2005）系统地分析并揭示徽州民间聚落的成因和机制，提出改善徽州聚落保护与开发中的策略。段进、龚恺等人《世界文化遗产西递古村落空间解析》（2006）对徽州典型村落进行了深入的空间解析和研究。王益《徽州传统村落安全防御与空间形态的关联性研究》（2017）探讨了徽州传统村落空间与防御的关联。

程极悦《徽商和水口园林——徽州古典园林初探》（1987）、殷永达《论徽州传统村落的水口模式及文化内涵》(1991)探讨徽州村落水口的模式及文化内涵。王明居《徽州园林艺术》（1999）对徽州园林进行研究，阐述了徽州园林的构成要素和崇尚自然的审美特征。此外，洪振秋《徽州古园林》（2004）、李硕《徽州园林的艺术特质及其应用研究》（2014）对徽州地域的园林的多种类型和特征进行了研究。

臧丽娜《明清徽州建筑艺术特点与审美特征研究》（2005）从徽州地域经济、文化、艺术审美等外围层面，揭示了徽州古建筑的审美特征。衣晓龙《诗意的家居——明清徽州民居的审美研究》（2009）从文艺民俗学的角度对徽州民居进行审美研究，重点挖掘其在生活艺术方面的美学内涵。汪立信、鲍树民《徽州明清民居雕刻》一书，专门就徽派民居中的砖木石三雕的题材、表现形式、艺术特色及文化内涵进行了研究。

姚光钰《徽州明清民居工艺技术》(1993)系列论文、王小斌《徽州民居营造》(2013)和刘托《徽派民居传统营造技艺》(2013)等，对徽州建筑的营造技艺进行了深入的研究。

国外对于徽州地域建筑的研究成果相对较少，其中代表成果有白玲安（南希·波琳，Nancy Berliner)的《荫余堂》(2003)、茂木计一郎的《中国东南地方居住空间探讨》(1996)，分别从地理、人文、历史、建筑空间角度对徽州传统建筑进行详细深入的研究。保罗·奥利弗（Paul Oliver）《世界风土建筑百科全书》（1997）、那仲良《图说中国民居》（2018）则将徽州建筑作为书中重要的民居类型进行阐述。

2）徽州现代地域性建筑的研究

随着众多学者对徽州传统建筑研究的不断拓展，除了对传统地域性建筑的研究，对时代背景下徽州古建筑保护更新，徽州地域新建筑建设中传承传统特色的研究也逐渐形成。对新徽派建筑创新的探索，如清华大学教授单德启《徽派建筑和新徽派的探索》（2008）探讨了徽派建筑的形成机制以及新徽派建筑在保护更新、移植创新等方面的积极探索，并将其划分为“传统徽”“徽而新”“新而徽”三种模式。卢强《复杂之整合——黄山风景区规划与建筑设计实践研究》（2002），引入复杂性理论，以黄山风景区为范围探讨了徽州地域性建筑实践。袁牧《中国当代乡土与地区建筑理论及在徽州地区的实践》（2005）以地域性理论为基础，指出地域性建筑创作应强调品质而非风格。崔森淼的《新徽派建筑研究》（2012）重点探讨了新徽派建筑的概念，并对其发展动因、理论基础和创作理念进行了研究。寿焘《基于地域性的当代建筑设计方法研究——以徽州地区为例》（2012）从建构的视角对地域性建筑设计方法进行了探究。王玮《基于类型学的新徽派建筑复合界面研究》（2016）、汪骏《“新”新徽派建筑的类型学探析》（2018）采用类型学的方法，探索徽州地域性建筑特征和传承创新。金乃玲《基于场所复兴的新徽派建筑浅析》（2017）、张之秋《文脉延续视角下的新徽派建筑设计》（2018）从建筑现象学和场所精神视角对新徽派建筑进行了阐释。刘仁义《新徽派建筑设计创作方法初探》《新徽派建筑案例》（2015）以创新为宗旨，从徽派建筑的造型、色彩、空间、自然等方面探讨了新徽派建筑的创作方法。夏天《徽州建筑文化在当代建筑设计中传承研究》（2015）重点归纳了徽州建筑文化的成因和表现形态，并对其在当代建筑设计中传承进行了研究。童年《新徽派建筑的创作历程研究》（2015）主要探讨了中华人民共和国成立以后新徽派建筑的三个发展阶段。

徽州地域性建筑设计的文化层面，清华大学王雅捷、朱自煊《历史街区保护的理论与实践——屯溪老街保护规划十六年来的探索》（2001）从城市历史街区的层级探讨了徽州地域建筑群体的保护与更新。李汶、单德启《徽州地区小城镇住宅地域特色研究》（2005）提炼徽州地域建筑的特色并探讨其与现代生活相结合的现状。曹力鲲《地域更新中的建筑文化——论徽州建筑文化的保护与创新》（2002）提出地域性与时代性的统一，以地域文化背景结合时代信息进行创作。陈晶、单德启《徽州地区传统聚落外部空间的研究与借鉴》（2005）探讨了徽州地域传统聚落外部空间现代化与地域化的发展路径。肖宏《从传统到现代——徽州建筑文化及其在现代室内设计中的继承与发展研究》（2007），立足传统面向现代，从室内设计的角度研究徽州建筑文化的传承，进行了理论与实践探讨。

徽州地域性建筑设计的技术层面，吴永发《地区性建筑创作的技术思想与实践》（2005），从技术层面对徽州民居更新技术策略进行了探讨。段晓莉的《徽州地区小城镇住区建筑标准化的调研与思考》（2004）探讨了徽州地域性建筑标准化的论题。李娟《皖南传统民居气候适应性技术研究》（2012）从气候适应的视角探讨了皖南传统民居的技术及其对现代建筑创作的启示。饶永《徽州古建聚落民居室内物理环境改善技术研究》（2017）则从气候视角和适宜的技术，探讨了延续徽州传统聚落民居风貌的前提下，改善室内物理环境的理论和方法。

此外，徽州古建筑保护利用具有代表性相关课题和标准的制定，则为徽州地域性建筑的实践提供了技术规范和支撑，如安徽省徽派建筑工程技术研究中心《徽州古民居保护利用工程技术集成与示范研究》（2008）、安徽建筑大学《徽派古建筑聚落保护利用和传承关键技术研究与示范》（2012）、东南大学龚恺的《面向乡村建设可持续发展的徽州传统村落集群研究》（2013），以及国家标准图集《地方传统建筑（徽州地区）》（2003）、《传统特色小城镇住宅（徽州地区）》（2005）等。

总的来说，徽州地域性建筑研究成果丰富，经历了一个从个体到整体、从零散到系统的过程。这些研究普遍一致认为，徽州建筑承载了徽州人的生存哲学，地域特征极为鲜明，体现出极高的人居环境和建造品质；同时，徽州地域新建筑应体现特色成为共识，而对在当代社会环境背景下如何传承发展，以适应现代社会的生产生活，则缺少系统深入研究。

3.徽州地域性建筑实践

1978 年以来，随着徽州地区旅游开发和城市建设的展开，徽州城镇风貌和地域性建筑设计问题引起专家学者的高度重视。清华大学的几位先生，最早提出当代徽州地域的建筑应体现出徽州特色，在 1978 年黄山风景名胜区规划中，朱畅中先生提出“一切规划建设都必须首先以保护黄山的自然景观和生态环境为出发点”，黄山各处建设应因地制宜“……建筑造型、风格宜吸收徽州传统建筑艺术之特色，使建筑既有时代精神又有乡土气息”[1]，1979 年在屯溪市（现黄山市屯溪区）总体规划中，朱自煊先生明确提出要对屯溪整个旧城及周围山水环境进行全面和积极保护，保护城市传统特色和建筑风貌，并要求“新建筑宜低不宜高，宜小不宜大，宜徽不宜洋”[2]。汪国瑜、单德启先生 1986 年在黄山风景区设计的云谷山庄，充分考虑选址、环境、空间，总结出“黄山的建筑风格，既随势赋形，归之于宜小、宜低、宜散，因形取神得之于宜雅、宜朴、宜秀，以神养性就适于宜静、宜隐、宜蓄”[3]。合肥工业大学教授汪正章《建筑与时尚——由安徽建筑想到的》（1998），首次用到了“新徽派建筑”的概念，并指出“建筑应结合环境或文脉，创造更多更好具有时代性、民族性、地域性和创新性的设计作品”[4]。近年来，徽州当代地域性建筑逐渐成为徽州甚至当代安徽地域特色新建筑的代表，受到全国建筑界的关注。

单德启先生认为，传统地域建筑的创新，有几方面的原因：首先是古民居、古村落的保护与更新，其次是由于旅游的兴起激发了有特色的地域建筑和景观的传承和发扬，最后就是“城市特色丧失”“千城一面”。新徽派建筑设计的探索，其一在于对传统徽派建筑的学习和对其经验的传承发扬，其二是以具体项目的问题为导向。新徽派是一个地域的时空概念，需要人们坚持不懈地努力，其发展空间是广阔的[5]。

徽州及外地的建筑师在徽州地域进行了大量创作，如清华大学朱自煊先生完成的

1 朱畅中．黄山风景名胜区规划探讨 [J]. 圆明园学刊，1984（3）：184-193.
2 朱自煊．屯溪老街历史地段的保护与更新规划 [J]. 城市规划，1987（1）：21-25.
3 汪国瑜．营体态求随山势 敦寄神采以合皖风——黄山云谷山庄设计构思 [J]. 建筑学报，1988（11）：3-10.
4 汪正章．建筑与时尚——由安徽建筑想到的 [J]. 安徽建筑，1998（1）：13-16.
5 单德启，李小妹．徽派建筑和新徽派的探索 [J]. 中国勘察设计，2008（3）：30-33.

对屯溪老街保护更新提出了整体保护、动态保护的理念（1986）。汪国瑜、单德启先生设计的黄山云谷山庄，探讨了景区山地环境体现徽州特色的地域性建筑（1987）。东南大学齐康先生设计的黄山国际大酒店，体现出徽州依山傍水的整体布局和粉墙黛瓦的特征，而现代旅馆的功能表现了建筑的时代性要求（1993）。单德启先生设计的黄山风景区管委会综合办公楼（1996）、吴永发的徽州文化园（2000）、卢强的黄山德懋堂（2003）探索了地域人居的新模式。黄山市建筑设计研究院陈琍女士设计的中国徽州文化博物馆（2006）、东南大学龚恺设计的婺源博物馆（2009）、同济大学建筑设计研究院有限公司建筑设计四院设计的黄山学院南校区建筑群（2004）、项秉仁设计的黄山雨润涵月楼（2010）、维思平设计的休宁双龙小学（2011）、李兴钢设计的绩溪博物馆（2013）、澳大利亚柏涛设计的黎阳 IN 巷（2013）、姚仁喜设计的黄山市城市展示馆（2014）等建筑设计均体现出鲜明的徽州地域特色。

与此同时，省内外也设计了一批体现徽州建筑特色的新建筑，如深圳万科第五园（2005，设计者王戈认为徽州建筑具有现代感）、芜湖徽商博物馆、合肥市图书馆、合肥亚明艺术馆、武汉 701 研究所办公楼、四川绵阳徽派院子、上海卫斯嘉闻道园、安徽艺术学院美术馆等，体现出徽州建筑的魅力和现代转化的潜力。

此外，徽州建筑也逐步走出国门，增进了文化的交流，如德国春华园的徽派园林建设（1989）、美国波士顿北郊萨兰镇的碧波地埃塞克斯博物馆（PEM）对荫余堂异地保护（1997）、澳大利亚徽商华商园（筹备中）等。

这些实践体现出了鲜明的徽州地域特色，徽州地域性建筑的独特价值丰富了国内外建筑创作的思想资源，激发了建筑师的创作热情，同时促进了徽州地域建筑文化的传承和交流。

1.3 研究目的与意义

目前，国内外对于地域性建筑和徽州传统建筑的相关研究成果较为丰富，但是针对徽州当代地域性建筑研究成果相对较少，且主要为分散的研究，对于徽州当代地域性建筑“如何形成”“如何回应当代环境”缺乏系统性分析和阐释。因此，本书的研究试图对这些问题进行解答。

本书的研究是在继承前人研究基础上进行拓展，属于地域建筑的实践研究范畴。受到徽州地域自然、文化和技术环境的影响，徽派建筑形成独具特色整体景象和建筑流派。近代以来，这种整体景象从清晰到弱化，再从弱化到清晰，并在 20 世纪 80 年代之后，特别是 2000 年以来，逐渐形成了典型的地域性的建筑（新徽派建筑），之后呈现出多元化的拓展趋势，走出了一条富有徽州地域特色的当代建筑探索之路。徽州当代地域性建筑探索，在一定程度上映射出中国具有悠久历史的小城市在全球化以及新型城镇化背景下的应对方式，具有典型的研究意义和研究价值。

1.3.1 研究目的

徽州当代地域性建筑的背后渗透了多种复杂的因素，本书通过徽州地域性建筑的实证研究，希望探究徽州当代建筑的特征、发展脉络，寻求徽州当代建筑与地域环境密切关联的深层次原因，探索地域性建筑及其特色塑造的地方经验和设计方法，为建筑设计提供理论依据。

1.3.2 研究意义

改革开放以来，随着我国经济发展和城市化进程的加快，全国各地的城市开发与建设如火如荼，建筑设计市场空前繁荣，建筑实践与理论领域需面对和解决许多新的课题。文化趋同，千城一面、生态危机现象在城乡社会日益凸显。当各地城市呈现相似的城市面貌和眼花缭乱的风格，人们逐渐意识到建筑地域性的重要性。徽州地域的建筑设计，除了要面对许多与全国其他城市相似的城乡建设问题，还要面对自身地域环境的特殊问题。徽州当代地域性建筑必须在地域环境的时代下，充分考虑建筑地域性特征的延续发展问题，使建筑成为地域文化传承的重要媒介和载体。具体而言，本书的研究意义主要为以下三个方面。

1.理论意义

徽州孕育了文化特色鲜明、内涵丰富的地域文化，影响至今。20 世纪 80 年代以来，国内知名学者、建筑师在徽州地域进行了大量的研究和建筑实践，他们在继承传统徽州建筑的基础上，为徽州地域性建筑的发展注入了新思想新方法，承接了传统，顺应了时代。本书正是通过对 80 年代以来徽州地域性建筑的研究，总结历史经验，挖掘思想内涵，构建理论体系，为其未来发展提供理论支撑。本书对拓展全球化和地域性的时代论题具有理论意义，对丰富中国当代地域性建筑研究成果具有理论意义，对探讨徽州当代地域性建筑与探索适应徽州当代地域性建筑设计实践具有理论指导意义。

2.实践意义

徽州当代地域性建筑研究不仅是一个有价值的理论课题，也是一个重要的现实课题。本书理论联系实际，对徽州传统地域性建筑和当代优秀典型的建筑设计案例进行分析，对 20 世纪 80 年代以来徽州代表性建筑师的设计实践进行了梳理归纳。通过对当代徽州建筑设计实践的研究和梳理，对不同时期徽州地域建筑实践的嬗变进行阐述，对徽州当代典型地域性建筑进行深入分析，展开论述徽州地域环境中的地域性建筑设计策略，对徽州当代地域性建筑设计具有现实的实践意义。

3.价值意义

在人类历史发展的长河中，生态环境和文化传承起到了决定性作用。2014 年，中共中央、国务院印发《国家新型城镇化规划（2014—2020 年）》，其中明确提出了生态文明和文化传承的问题，应“根据不同地区的自然历史文化禀赋，体现区域差异性，提倡生态优先、形态多样性，防止千城一面，发展有历史记忆、文化脉络、地域风貌、民族特点的美丽城镇，形成符合实际、各具特色的城镇化发展模式”。对徽州当代地域性建筑的研究，阐述地域文化内涵和提高地域文化价值，进一步促进徽州当代地域文化传承创新，促进文化生态和谐、可持续发展，对于保持地域文化生命力和多样性，促进城市的可持续发展具有重要的文化价值意义。

1.4 小结

本章首先在全球化、新型城镇化和可持续发展的背景下，对建筑地域性缺失进行总体的背景考察，并对地域性以及徽州地域性建筑的特质、发展脉络，以及如何应通过何种策略实现地域性建筑传承的论题进行了初步思考。梳理了地域建筑理论与实践的研究现状，明确地域性建筑理论与现代建筑理论的内在深刻关联，指出其丰富了现代建筑的内涵，并成为建筑创作的重要思想资源。地域性建筑理论中对自然、文化、技术的整体关注，使得传统与现代、地域与全球等一系列对立概念和现实问题逐渐化解相互融合，促成建筑与地域的自然、文化、技术形成深层关联，凸显出建筑内在的地域性特征。

第 2 章

地域性建筑设计理论基础和理论建构

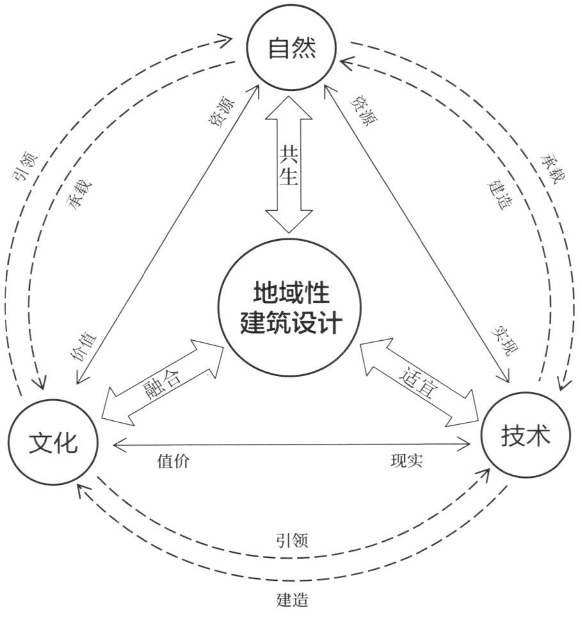

随着社会的发展、技术的进步，生活方式、审美观念的变化，以及生态、可持续思想的兴起，当代建筑设计呈现出多元的发展状态。地域性建筑设计以其适应地域自然和文化环境而具有强大的生命力，它所倡导全球文明与地域文化相融合的设计观念，在中国和世界很多国家和地区已经形成了共识。中国的地域性建筑设计从早期的“中国固有式”“民族形式”对形式的追求，发展到后来对地域生态可持续发展的关注，显示出建筑设计中对地域性观念的转变和持续不断的主动追求。国内的地域性建筑设计，“在中国建筑创作五十年的曲折进程中，有一种连续不断的创作方向清晰地呈现出来，它是一种成就巨大、尚待发展却前景广阔的创作倾向，这就是中国的地域性建筑，……也是最具成就和独立精神的建筑创作倾向”[1]。

当今全球化不断推进，经济、信息、文化交流日益频繁，带来了文化同质化和文化认同的危机，全球化也为地域文化的发展带来了机遇，促进了对多样性的价值认识和探究，促使文化不断地发展变化。地域性建筑具有承载地域文化多样性的重要功能，受到世界各国家和地区的广泛关注。地域性建筑设计观坚持和强调不同地域文化的独特性和多元性的价值，地域性建筑设计理论和实践，已成为建筑学界和领域的共识和方向。本章对地域性建筑设计的概念和相关理论进行梳理和整合，以形成本书的理论基础。

2.1 地域性的概念

2.1.1 地域性的释义

“地域”是讨论地域性建筑的基础和核心概念。《辞海》中的解释是：面积相当大的一块地方，如《周礼・地官・大司徒》：“凡造都鄙，制其地域，而封沟之”，通过堆土和挖沟确定地域范围；地方（指本乡本土），如地域观念。可以看出，地域通常是指一定的地域空间，是自然因素与人文因素共同作用下形成的整体空间。一般有区域性、人文性和系统性三个特征。《不列颠百科全书》将“地域”（Region）[2]一词解释为“具有一定内聚力的地区或范围，涵盖了同一区域内具有同质性的自然地理环境与社会文化环境，地域的边界由其同质性和内聚力决定。相同区域内相似的地形、

1 邹德侬，刘丛红，赵建波．中国地域性建筑的成就、局限和前瞻 [J]. 建筑学报，2002（5）：4-6.

2 地域、地区、地方对应的英文为 region，它们的含义基本一致。建筑理论和实践中经常使用的“地域主义”“地区主义”“地方主义”等重要名词，也具有基本一致的含义，为了规范统一，除直接引文外，本文均采用“地域”这一名词。

地质、气候、降雨以及动物、植物等都属于相同性质的自然地理环境；相似的社会人口、民风民俗、生活方式、文化体系等则属于同质社会文化的范畴”[1]。正如黑格尔在《历史哲学》中写道：“地域性的形态与其土壤所孕育出的人类的类型和特性有着密切关联。这种特性是人在世界历史中出现并找到其位置和特殊性的方法。[2]”

吴良镛先生在《广义建筑学》中指出，“所谓地区性即指最终产品的生产与使用一般都在其固定的地点上进行；建成的房屋由于其固有的不可移动性，则形成相对稳定的人居环境。这一环境又具有演变和发展的特性。我们所说的建筑人居环境，就是大量的物力、人力、财力日积月累地投入和文化发展所形成的积淀与结晶”，并进一步指出，“建筑的地区性是客观存在的，也是建筑学科不应忽视的现实，却在某一历史时期为国际式建筑的所遮蔽。地区性主要是自然地理、社会文化和经济技术的整体概念。所有这些条件均将综合地起作用。随着时代变迁，建筑的地区性也反映在建筑形式和风格的变化上，重新审视地区性建筑，是有识之士为挣脱国际式建筑的思想束缚，繁荣地区建筑文化的不懈努力。[3]”

戴复东先生认为建筑的地域性应重视宏观、中观、微观环境及其之间的关系，是随时代不断发展变化的，“一只手紧抓住世界上先进的东西不至落后，一只手紧抓住本土有生命力的东西使其有根”，并总结出“现代骨、传统魂、自然衣”的地域性建筑创作思想。骨是物质存在的基础与依据并为当代人服务，传统有生命力的内容反映到现代骨中，形成传统的精魂，而自然则包含了人的生存环境的一切因素[4]。

张彤教授认为地域性是建筑的本质属性之一，由空间和地点场地的结合构成了建筑的本体，并指出“建筑的地域性是指建筑与其所在地域的自然地理、历史文化、经济技术和社会结构之间内在联系所呈现的性质”[5]。

单军教授在其《批判的地区主义批判及其他》文中写道：“广义建筑（人居环境）是在多层次的空间范畴中，在某一特定的时空范围内，与该地区的自然和人文环境某种动态、开放的契合关系，并且由于时空的具体条件不同，其呈现出的复杂性以及层次性也存在差异。”上述定义可以总结为：①地区性的概念具有时空的性质。②地区性具有人类聚居的前提概念含义。③地区性具有稳定性和动态性。④地区性承认普遍

---

1 参见：https://www.britannica.com/science/region-geography。

2 黑格尔．历史哲学 [M]. 北京：九州出版社，2011.

3 吴良镛．广义建筑学 [M]. 北京：清华大学出版社，2011：48，53

4 戴复东．现代骨、传统魂、自然衣——建筑与室内创作探索小记 [J]. 室内设计与装修，1998（6）：36-40.

5 张彤．整体地区建筑 [M]. 南京：东南大学出版社，2003.

性和多样性。⑤地区性并非普世性规律，能够凸显出其地域独特性和特殊价值[1]，并对地域共性和特性、熟悉化和陌生化、大传统和小传统应进行辩证的理解，不能对其中某一方有所偏颇。

邹德侬教授认为"地域性建筑是以特定地方的自然因素为基础，融入地域人文因素凸显特色的建筑作品"，并指出地域性建筑具有一些最基本的共同特征，如"适应当地的地形地貌和地域气候等自然条件；运用当地的本土材料和建造技术；吸收当地文化和当地建筑形式的传统；具有地域的独特性和显著的生态性和经济性"[2]。

袁牧将建筑活动视为地区性的主体，认为"广义的建筑应该首先包含建筑物、建造者、建造所直接涵盖的地域自然人文、社会环境因素，形成的主客体本体及其关系之和的整体建造活动，因此地区性可以表达为，建筑活动与其所在地区所存在某种适应并互动的因果契合关系的属性"[3]。

郝曙光认为对地域性的基本理解，可以在以下三个方面：①地域性是建造活动各要素与地域整体环境之间的呼应关系。②地域性以物质为基础，但却由文化引导。③地域性是建筑的基本属性，建筑的地域性特征应该自内而外的自然发生[4]。

卢健松认为建筑的地域性是对建筑"真实性"的追求，是在各种不同的条件下，探讨建筑面对地域的资源和现实问题，如何真实地表达和解决问题。进而认为地域性应在技术与全球文化影响之下，谦虚地学习地域知识，审慎且必要的创新，适宜地选择技术，立足本土，踏踏实实地造房子[5]。

戴路教授认为，地域性是建筑在地理气候、社会文化、生态环境等方面达到了高度的契合状态，其所塑造的环境具有很强的亲和性与归属感，进而认为地域性原本是一个朴素的概念，并无任何神秘可言，它并非某种程式化的风格、主义、流派，究其实质是一个"以人为本"的创作观与方法论[6]。

李晓东教授认为，当地域处于"中心—边缘"的边缘位置时，边缘一直试图学习中心思想采取复制策略而导致的身份认同危机，地域性则是通过自省的独立思考，以实现自我文化认同和身份认同的唯一重要途径[7]。

---

1 单军．建筑与城市的地区性——一种人居环境理念的地区建筑学研究 [M]. 北京：中国建筑工业出版社，2010.
2 邹德侬，刘丛红，赵建波．中国地域性建筑的成就、局限和前瞻 [J]. 建筑学报，2002（5）：4-6.
3 袁牧．国内当代乡土与地区建筑理论研究现状及评述 [J]. 建筑师，2005（3）.
4 郝曙光．当代中国建筑思潮研究 [D]. 南京：东南大学，2006：78.
5 卢健松．建筑地域性研究的当代价值 [J]. 建筑学报，2008（7）：15-19.
6 戴路，王瑾瑾．新世纪十年中国地域性建筑研究（2000—2009）[J]. 建筑学报，2012（s2）：80-85.
7 李晓东．身份认同：自省的地域实践 [J]. 世界建筑，2018（1）：27-31.

基于已有理论成果的分析和梳理，结合本书的研究主题，认为建筑地域性的当代阐释应注重以下三方面：①影响地域性的因素可归结为自然、文化、技术三个维度。②地域性的研究应以全球化的开放视野和地域性的务实态度，实现全球—地域的良性互动而非对立状态。③城市与建筑的地域性呈现，应适应地域在某一时段的政治经济、社会文化和技术水平的实际状况。

2.1.2 地域性的定义

地域性有广义和狭义之分，广义的地域性概念是指建筑在某一地域内的共同特征，强调的是同质性的整体特征。狭义的地域性概念是指建筑的地点性，即建筑在具体的环境下对场地、环境的回应，即地点性。不论是建筑地域性的广义概念还是狭义概念，均在一定时空范围内体现出来。

与地域相关的概念还有地区、民族、方言、乡土等，这些概念关系紧密、互有交叉，其比较如表 2-1 所示。

表 2-1 有关地域的概念用语

	《现代汉语词典》的释义	本书设定
传统 Tradition	世代相传、具有特点的社会因素，如文化、道德、思想、制度等	突出时间因素的作用因世代相传所产生的建筑属性
地域、地区 Region	面积相当大的一块地方； 地方（指本乡本土）：地域观念	突出自然与文化因素共同作用所产生的建筑属性； 地区突出行政区划的作用
本土 Native	乡土； 原来的生长地：本乡本土	突出文化因素的作用，因文化条件所产生的建筑属性
风土 Vernacular	一个地方特有的自然环境（土地、山川、气候、物产等）和风俗、习惯的总称	突出文化因素的作用因风土人情所产生的建筑属性
民族 Nation	特指具有共同语言、共同地域、共同经济生活以及表现于共同文化上的共同心理素质的人的共同体	突出种族因素的作用，因信仰习惯所产生的建筑属性

资料来源：根据邹德侬，刘丛红，赵建波．中国地域性建筑的成就、局限和前瞻 [J]. 建筑学报，2002（5）：4-7 修改。

基于此，本书倾向于将建筑的地域性定义为：特定地域的建筑受到其自然、文化以及技术环境影响并与之相适应的过程和结果，从而表现出来的一种能够体现地域特色的独特性。此外，本书所说的地域性与地方性可以等价。

2.1.3 地域性的属性

地域性是物质在特定时空范围内所呈现出的独特性，其具有空间依托性、时间延续性、地域差异性和层级性的基本属性，通过人的主动选择，经过一定时间段的稳定发展，能够在城市这一层级形成鲜明的地域特色。

1.空间依托性

自然地理环境远远早于人类的出现，自然地理环境中的山川、河流、地形、地貌等地理要素在地球亿万年的演化中逐渐形成[1]。对于地域性建筑而言，自然地理形成的物质环境是其依托的基本物质载体，是地域性建筑的最基本空间基础。在农业文明时期，人类活动局限于某一特定的地域，高度依赖地域自然地理要素且与之联系紧密，形成了世界各地丰富多彩和独具特色的地域性建筑和地域文化，美国人类学家博厄斯认为："自然地理环境是形成地域文化差异的重要原因。[2]"虽然工业社会带来了地域性建筑多样性和独特性的降低，但是自然地理要素仍然为地域性建筑提供了基本的物质和空间载体。建筑总是在特定的空间地点建造，对地理空间有着先天的依赖性。建筑作为一种物质形态，总表现出空间和地点的同时在场[3]。由此可见，自然地理空间是建筑赖以存在的基础和先决条件，对地域性建筑的理解必须以自然地理空间为前提。

2.时间延续性

人类社会的发展过程中，特定地区会因其自然环境、历史文化、社会习俗等，以及地域内的时间演化和地域间的交互传播，形成特有的地域文化，具有时间的延续性。某一地域文化在历史的长时段中，或由本地原住民创造传承，或吸收其他地域文化的优秀部分，不断积累、融合并逐渐形成相对稳定而深厚的地域文化形式[4]。特定地区的地域性建筑正是以地理空间为依托和前提，经过历史的发展，形成相对稳定的形态。"地域性建筑特征和建造行为是在前人建造经验的基础上继承发展过来的，具有其深刻而独特的历史文化烙印。[5]"这要求我们用历史和发展的双重视角来研究地域性建筑，分析归纳地域性建筑特征，总结出地域性建筑文化聚集、衍化的历史进程和非稳态平衡

1 芒福德．城市文化 [M]. 宋俊岭，等，译．北京：中国建筑工业出版社，2009：349.
2 博厄斯．人类学与现代生活 [M]. 刘莎，等，译．北京：华夏出版社，1999.
3 张彤．整体地区建筑 [M]. 南京：东南大学出版社，2003.
4 胡恬．西安当代建筑本土性研究 [D]. 西安：西安建筑科技大学，2015.
5 彭一刚．从建筑与社会角度看模仿与创新 [J]. 建筑学报，1999（1）：46.

的物理状态[1]。地域性建筑的时间延续性反映出人们对传统建筑的传承和对现代建筑的创造与本土化适应，体现了地域性建筑文化的历史发展和演进。

3.地域多样性

生态文明是一种内涵具有多样性的人类共存世界，承认多样性是天然合理和普遍存在的[2]。地域性建筑影响因素错综复杂，不同地区建筑呈现出多样性特征，受到相似自然环境因素影响的统一地域，由于不同历史文化因素或者经济技术因素的影响，地域性建筑也会呈现出丰富的差异性。对于特定的地区，人们对自然、文化和技术经济的了解越全面深入，就越能感受到其多样性。自然地理因素是地域性形成的基础，但地域性的多样差异是自然地理环境、历史文化环境、经济技术环境共同作用下的结果。不同地域的建筑不断发展演化，表现出一定的差异性特征，并随着时间的变化其差异程度随之发生变化。法国哲学家吉尔·路易·勒内·德勒兹（Gilles Louis Rene Deleuze）曾指出："一切事物的区分都可以用差异强度来表示。差异就是存在，就是事物存在的存在，并能够不断突破其存在的界限，如此循环往复。[3]"这与中国传统文化中"同则不继"的思想内涵也是相契合的。相比之下，西方文化更加强调异，中国文化则更加强调同，并以"求同存异"的思想得以体现。从这也可以看出，地域性建筑的多样性、差异性是普遍存在的，全球化应理解为全球文化的多样化。

4.地域层级性

地域性建筑是自然和文化的结果，其地域性具有一定空间范围和层级。对于当代中国而言，根据地貌特征、气候特征、文化特征、行政区划、功能定位等划分依据，可分为五个层级，每一个层级的空间范围、文化单纯性、区域文化同一性，对地域建筑设计均有不同的影响（表 2-2）。城市这一层级具有地域文化典型的单元特征，对地域性建筑设计有着直接的影响。地域性是一种人为特征，对相同地貌、气候的应对，不同的文化表现出不同的形式[4]。当代中国，最合适的表达主体是与地域范围和地域文化相结合的地域城市，小城市由于与地域直接关联，相对于大城市更容易与地域文化

1　李蕾 . 建筑与城市的本土观 [D]. 上海：同济大学，2006：19.

2　温铁军 . 生态文明与文化创新 [J]. 上海文化，2013（12）：4-6.

3　潘于旭 . 断裂的时间与"异质性"的存在——德勒兹《差异与重复》的文本解读 [M]. 杭州：浙江大学出版社，2007：317-318.

4　拉普卜特 . 宅形与文化 [M]. 常青，等，译 . 北京：中国建筑工业出版社，2007.

相结合形成特色[1]。对于地域文化特色显著的小城市来说，其地域性塑造不仅是凸显自身特色的方式，也是文化传承和提升城市宜居竞争力的内在要求。

表 2-2　地域层级影响力分析

地域层级	空间范围	划分依据	建筑文化单纯性	区域文化同一性	对地域建筑创作的影响力
第一层级	三大阶梯；汉族、少数民族区域	地势地貌；气候特征；文化特征	不单纯	内部差异性	不显著
第二层级	较大平原、高原、盆地区域；5～7 个气候区；民族自治区、汉族大方言区	地势地貌；气候特征；文化特征	部分区域相对单纯；不单纯；相对单纯	部分区域有地域共性；内部差异大；有地域共性	有影响；有明显影响；有影响
第三层级	各省、区；20 个子气候区；各民族聚居区、汉族小方言区	行政区划；气候特征；文化特征	相对单纯；相对单纯；较单纯	有地域共性；有地域共性；地域文化较典型	有影响；有显著影响；有明显影响
第四层级	城市（市域范围）	行政区划；文化特征	单纯	地域文化典型	直接影响
第五层级	市区、乡村	功能定位；空间肌理	非常单纯	地域文化特征鲜明	直接影响

资料来源：徐永利，那明祺 . 地域性建筑的前提：地域层级与有效性 [J]. 现代城市研究，2016（6）：99-105.

2.2　地域性建筑设计理论基础

2.2.1　地域理论

地域性建筑理论的起源可以上溯 18 世纪末浪漫的地域主义运动，经过刘易斯·芒福德、亚历山大·楚尼斯、肯尼斯·弗兰姆普敦等人的发展，形成“批判的地域主义”理论，国内则以吴良镛先生的“广义建筑学”、戴复东先生的“现代骨、传统魂、自然衣”的地域性建筑思想为代表。

1　徐永利，那明祺 . 地域性建筑的前提：地域层级与有效性 [J]. 现代城市研究，2016（6）：99-105.

批判的地域主义思想最早可追溯到20世纪二三十年代芒福德的地域主义的思想，其主要内容有以下五个方面：①不同于以往的地域主义，不赞成浪漫的地域主义。②关注对自然的回归，认为地域主义不应仅仅是再现地域传统，而应该真实反映地域文化的现状，满足真实现有生活方式的表达形式，使人们有归属感。③它对现代机器文明采取积极的态度。④地域主义是多元的，而非传统通过血缘和部落建立起来的单一文化。⑤“本地—世界”“地域—全球”本是一体两面，不应形成对立的观念，也不应将地域主义作为抵抗全球化的手段，而是需要建立“地域主义”和“全球主义”之间的动态平衡关系[1]。在此基础上对普世的现代主义和狭隘的地域主义进行双重思考。

亚历山大·楚尼斯（Alexander Tzonis）和利亚纳·勒费夫尔（Liane Lefaivre）的《网格和路径》（1981）一文，对当时盛行的商业主义和浪漫的地域主义两种建筑现象提出批判，认为批判性地域主义应吸收社会新生活和新技术给建筑的带来的进步，并应重视地域的特殊环境。此后在《批判的地域主义之今夕》（1990）一文中，对“批判”一词作了更深入的阐释，一方面是对机械功能的国际式的批判，另一方面是对地方特征的表面化使用，形成对“地方国际式”的批判[2]。之后在《批判性地域主义——全球化世界中的建筑及其特性》（2003）一书中，他们通过对20世纪30年代以来国际式建筑与地域主义建筑的实践和理论发展，进行了全面和系统的总结，提出地域主义是现代建筑的重要部分，认为批判的地域主义的设计方法，应该具有独特的价值，它们要在获益于普适性的同时，在其特殊的物质、社会和文化环境下保持自身的多样性；在此基础上，提出了陌生化（defamiliarization）的设计策略，以一种不为人们熟知认识再现地域的各类要素，如提炼特征、重构现存元素等，并对现代技术积极运用，给地域性建筑带来持续生命力[3]。而在地域实践中，我们除了批判性和陌生化的态度，还应具有认同性和熟悉化的姿态，以适应地域人们的情感需求。

肯尼斯·弗兰姆普敦作了进一步发展，在其《现代建筑——一部批判的历史》(1983)中，认为批判的地域主义不是某种风格，而是某种具有一定特征的类型，并提出了具有操作性的实践策略：批判的地域主义实践并非主流而是处于边缘状态，它虽然批判现代建筑的不足，但仍然认识到现代建筑的进步和发展；批判的地域主义希望使构筑物能在特定场地上，建构起一种时空边界清晰具有领域感的“场所—形式”之物；批

1 沈克宁. 批判的地域主义 [J]. 建筑师，2004（5）：45-55.

2 NESBITT K. Theorizinga New Agenda for Architecture: An Anthology of Architectural Theory 1965–1995[M]. New York: Princeton Architectural Press, 1996.

3 LEFAIVRE L, TZONIS A. Critical regionalism: architecture and identity in a globalized world[M]. Prestel publishing, 2007.

判的地域主义把建筑视为一种建构的真实，而不是布景式的再现；批判的地域主义强调建筑应对气候、场地和光等因素作出积极回应；批判的地域主义强调应发挥人体的各种感知；批判的地域主义试图产出面向时代和场所的文化，以开放的姿态发展出以地域为基准的“地域—全球文化”；批判的地域主义倾向于在普世文明的弱势地区繁荣发展[1]。弗兰姆普敦对批判性地域主义的这一认识，对现代建筑持积极态度的同时采取批判的立场，重视当代文化与地域文化的结合，从而创造出地域新文化。但我们也应该注意到批判的地域主义的内在冲突及其中心—边缘模式的局限性。

吴良镛先生在20世纪90年代提出了“广义建筑学”理论，基于面向地区实际需要出发，是以全人类居住环境建设为根本的建筑理论。其具体包括：建筑与城市密不可分，建筑学与城市规划应整体系统地思考，人居环境建设必须与社会文化、技术经济的发展综合思考；建筑与城市发展要适应地区的经济条件、资源条件，统筹权衡各种利弊，确定不同的策略；要积极发展不同层次的各种技术，根据不同的情况适宜使用，并且考虑技术应与经济发展相适应；要重视建筑文化，正确认识传统文化，积极面对现代文化，发展地域建筑新文化；在建筑艺术方面，树立环境观念，追求建筑的朴实之美；注重建筑学吸收多学科成果，丰富发展传统建筑学内容。创造面向人类的、地区的舒适宜人的居住和工作环境，并进一步认为建筑是地区的建筑，应从广义的建筑观讨论地区建筑的问题，不仅应注重地区建筑特色的塑造，更应重视地区的人居环境建设[2]。吴良镛先生的广义建筑学中的地域理论，不同于批判的地域主义理论中批判性，具有中华文化和合融贯的文化品质，在此后提出的“乡土建筑现代化、现代建筑乡土化”理念，更具可操作性和实践性，为适合中国国情的地域性建筑实践提供了有力的理论基础。

戴复东先生“现代骨、传统魂、自然衣”[3]的地域性建筑创作思想，提出建筑是地域宏观、中观、微观环境的综合有机匹配和创造的广义建筑创作观[4]，认为建筑创作必须立足当下，为当代人服务，使其具有当代精神，并吸收地域文化中有生命力的传统精魂，使人们心有所托，灵有所依，并使得建筑融入地域的微观自然环境中。建筑创作必须依据遵循“合理、合情、合法”的原则，提出“真正的建筑创作是将需要与可能加以创造性结合的结果”，并避免求新求怪。不仅如此，戴复东先生还通过大量的建筑实践对其建筑理论进行验证，体现了理论和实践的统一。

1　弗兰姆普敦．现代建筑——一部批判的历史 [M]. 张钦楠，译．北京：生活・读书・新知三联书店，2012.
2　吴良镛．探索面向地区实际的建筑理论：“广义建筑学”[J]. 建筑学报，1990（2）：4-8.
3　戴复东．现代骨、传统魂、自然衣——建筑与室内创作探索小记 [J]. 室内设计与装修，1998（6）：36-40.
4　戴复东．认真的创作，真诚的评论——我的广义建筑创作观 [J]. 华中建筑，2006，24（2）：5-11.

2.2.2 原型理论

原型（Archetype），源自希腊文“archetypos”，“arche”意为初始的、最初的，“typos”意为形式、模型，指原始模型，最初的形式，指事物理念的本源。瑞士心理学家卡尔·古斯塔夫·荣格（Carl Gustav Jung）认为，原型是指人类经过长期演化，其心理经验中反复出现的“原始意象”（Primordial Image），即“集体无意识”，它反映了人类在历史发展进程中的集体经验，是对同一经验的不断反演、提炼和储存，形成人类种族最原初的记忆，它被人类种族所有成员所继承，并使现代人与原始人心灵相通。意大利的新理性主义将荣格的原型理论引入建筑学而发展出类型学，通过阐释建筑统一性和变化性规律，发掘原型并超越原型，试图使建筑的表现形式与人类的心理经验产生共鸣。阿尔多·罗西的类型学深受荣格的影响，以“原型—类型”的生成方式选择和萃取的最简形式，同时也是对人类情感和心理的典型性发掘。原型不是人为规定的，而是人们在生存发展中逐渐形成的，它表现为人们最基本的生存模式，其中也包含与自然界斗争经验的长期积累。他运用选择和萃取的方法对城市中的各种建筑类型进行分析、归类，并对已有的类型进行重组以形成新类型。在《城市建筑学》一书中，他提出“类似性城市”的概念，以西方理性主义为思想基础，将城市建筑归纳提炼后抽象为几种有限的建筑类型，而每种类型又可以再抽象为相应的纯粹几何形式。因此，每一种具体的建筑可以被分类到某种特殊的“房屋”类型，这一类型又可以分类到相应的形式，从而使城市中的“房屋”凝缩为不可再简化的形式，这就是建筑的原型。与此同时，他认为建筑是对社会文化和生活方式的反映，文化的一部分被组织到类型的基因中，通过形式表现出来，形成不同的类型。因此，类型是原型的具体化，在建筑和城市领域，它们试图揭开事物的表象，揭示事物内在的、深层结构[1]。

类型是可以作为一种形式常数，对不同时间和地域的建筑进行分类和描述，包含功能类型和形式类型。功能类型的分类基础是功能性质，而形式类型的分类基础是形式特点。功能类型与形式类型是一个统一体，建筑形式的独特性往往源自独特的建筑功能要求[2]。然而形式类型可以相对独立，如果将形式类型与功能类型强制对应，则阻碍了形式创造的可能性，而如果忽视功能类型的制约作用，则会容易落入任意性的形式主义泥沼。传统建筑的形式类型极为丰富，远远超出了“大屋顶”或“马头墙”的简单形式。传统建筑的形式类型包含单体、群体、整体的层级结构，这一点在徽州传

1　汪丽君．建筑类型学 [M]．天津：天津大学出版社，2005：168-169.

2　魏春雨．地域建筑复合界面类型研究 [D]．南京：东南大学，2011.

统聚落建筑中有突出的表现。徽州现存有大量传统村落，由于村落建筑的整体性、系统性及连续性使得这种内在深层结构形态得以传承延续。

对于地域性建筑来说，通过归纳原型作为研究路径，可以帮助我们从建筑表象发现其内在本质，对地域性建筑及其演变与地域自然环境、社会文化和技术经济等多种因素的关联思考，整体系统地认识地域性建筑，发掘其形成的内在机制与基本原则。地域建筑原型中所遗传的地域基因和本土建造思想与行为，表达了人们对地域环境的真实认识。挖掘地域性建筑原型中蕴含着的朴素原理与文化内涵，将地域的乡土知识与现代科学知识相结合，从而建构与地区发展相适应的建筑策略[1]，对当代地域性建筑设计仍然具有重要借鉴意义。

2.2.3 场所理论

场所（Place），是由物质的具体物及其功能、形态、质感、色彩等性质所共同组成的一个整体。场所理论以现象学（Phenomenonlogy）为哲学基础，主要包括存在现象学下的场所理论和知觉现象学下的场所理论。科学通过理性分析将事物分解为抽象的数据和图表，而忽略了事物本身以及人对事物的感知。基于对科学的反思，现象学立足于事物本身，寻求人的感受与体验。现象学以埃德蒙德·胡塞尔（Edmund Husserl）的“还原”思想为基础，形成了马丁·海德格尔（Martin Heidegger）的存在主义现象学和莫里斯·梅洛-庞蒂（Maurice Merleau-Pont）的知觉现象学。建筑学领域的场所理论，主要为克里斯蒂安·诺伯格-舒尔茨（Christian Norberg-Schulz）创建的以“场所精神”为核心的场所现象学，以及由斯蒂文·霍尔（Steven Holl）、尤哈尼·帕拉斯玛（Juhani Pallasmaa）、卒姆托发展的知觉现象学。

挪威建筑理论家诺伯格-舒尔茨所著的《场所精神：迈向建筑现象学》（1980），以德国哲学家海德格尔的定居、场所为思想基础，提出了“场所的结构”“场所的精神”等概念，赋予场所以人们可以感知的意义。舒尔茨认为真正的建筑学应关注“场所构造的意义”，以“存在空间”阐释了有意义的场所环境，并以“细部凸显了环境特征”来说明构造之于场所的作用。只有这样，建筑才是真实环境的真实呈现，而不是没有意义的形式。因此，好的建筑应该是能够“实现场地的意愿，生成环境特定的建筑形态”。同时，舒尔茨认为，场所不仅具有其所在地域的自然特征，还与相应地域人们之间存

1 魏秦，王竹．地区建筑原型之解析 [J]．华中建筑，2006，24（6）：42-43.

在紧密联系。人与环境共同形成了一个完整的世界，不同的场所环境为人们提供了不同行为的具有功能和意义的空间，因此场所并非抽象的空间和区位，而是由人参与的包含空间和事件的具体整体环境，对地域的人们具有特殊的意义[1]，人成为首要因素。

场所精神和建筑提供了人类超越物质空间的精神性空间，它使人类思考自身的意义，而这种意义通过建筑与环境转化成物质空间。因此，建筑超越了抽象的几何概念，是具有意义的象征物，舒尔茨称之为“建筑的意义”。场所是具有历史和记忆的空间，其构成元素和符号反映在建筑和环境中，形成人们对场所的认同，从而反映地域文化。与场所紧密相关的是场地，场所理论认为每一处场地的建筑都具有唯一性，建筑需要积极回应这唯一场地的环境，充分发掘场地信息、地域材料、光线、色彩的地域特质。对场所、场地意义的深刻理解和挖掘后的地域性建筑设计，并非对形式主义的追求，而是对延续场所记忆和地域精神的努力。

2.2.4 适应理论

“适应”（Adaptation）一词的拉丁词源为“adaptatus”，意为“调节、改变”，适应一词首先用于生物学领域并成为现代名词，之后广泛用于哲学、社会学、地理学、文化学、生态学等学科中。“适应”是生物特有的普遍存在现象，生物在环境作用下，不断调整自身的形态、生理和行为以适应环境的变化，生物体这种应对外界环境条件的适应能力则称为适应性。在遗传学中，指生物个体和种群通过遗传和变异与不断变化的环境动态调节适应的过程。在生理学中，指生命体在外部环境变化时其生理机能的调节和变化。在心理学中，指生命体的感受器官受到外部刺激其分析器的感受性发生的变化。20 世纪 40 年代以后出现的控制论、系统论、信息论和 70 年代出现的耗散论、协同论、突变论中，都包含适应观，并将“适应”的概念推广到生物技术、工程技术、经济管理等诸多领域[2]。生物为了适应生存环境的变化，必须改变自生的形态，而其形态的变化则是通过基因的变化。地域性特质对于地域性建筑的传承，正如基因对生物形态具有的决定性作用。

从系统的角度看，系统形成稳态和演进的基础，是系统内部与环境外部之间不断协调适应的过程。在适应系统中，一般将系统的各子系统称为适应主体，主体具有主动性，能够与环境和其他主体进行交互和学习，并以此调整改变自身的状态和行为。

1　诺伯舒兹．场所精神：迈向建筑现象学 [M]. 施植明，译．武汉：华中科技大学出版社，2010.

2　夏桂平．基于现代性理念的岭南建筑适应性研究 [D]. 广州：华南理工大学，2010.

系统因此不断演变和进化，通过分化和聚合产生新主体、新层次，形成多样性。与此同时，适应并不是量的增加，而是质的提升，是群体在环境中寻求最佳、提升竞争力并不断完善的动态过程。在生物界，适应的对象主要包括有机主体和客观环境两大系统，并由此构成一个整体系统，适应的过程就是有机主体与客观环境两大系统形成动态协调的过程。

建筑领域引入适应的概念，伴随 20 世纪中叶生态思想的兴起而产生，旨在改变工业革命以来不可持续的生产方式，转而以一种对自然友善的态度，协调建筑与自然、文化、技术的关系，实现可持续发展。适应的概念引入建筑设计领域，拓展了建筑的内涵，使设计超出建筑本体思维，走向广义的环境思维，使建筑设计活动具有适应性和系统性。

2.3 地域性建筑设计理论建构

2.3.1 地域性建筑设计的影响因素

地域性建筑是一个复杂的系统，其影响因素众多，从适应性机制来看可以归纳为自然、文化和技术三个方面的地域环境因素，上述因素成为地域性建筑的制约或条件，而这种制约或条件成为地域性建筑形成的机制，也是地域性建筑形成所包含的三个方面（图 2-1）。建筑会受到诸多地域因素的综合影响，地域性建筑的命题具有特殊价值，一方面建筑需要适应一地域的自然地理环境、资源条件的客观影响，另一方面也不能忽视人的主观能动作用。因此，需要通过对自然、文化、技术环境因素的深入分析，厘清影响因素与地域性建筑之间的作用关系。

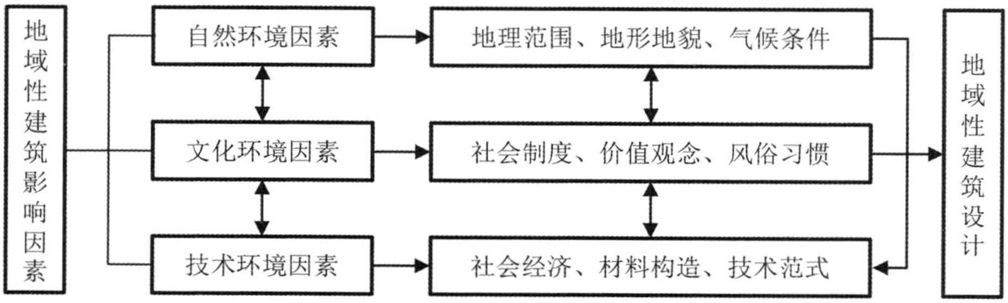

图 2-1　地域性建筑影响因素

1.自然环境因素

自然环境是一切生物存在的基础，也是人类和地域性建筑形成的基础，梁思成先生深刻地指出："建筑之始，产生于实际需要，受制于自然物理，非着意于创新形式，更无所谓派别。其结构之系统及形制之派别，乃其材料环境使然。[1]"建筑开始产生的时候，就在与自然环境不断地相适应，人们在建造建筑的过程中，不断探索与地域自然环境相适应的实践活动，因此特定地域的自然环境是地域性建筑形成的首要影响因素。自然环境因素涵盖着地理因素、气候状况、资源条件等方面的内容。

1）地理因素

地理因素是地域性建筑形成的根本前提和首要物质基础，不仅决定和制约了地域建筑的选址布局、空间形式、材料结构、技术体系等物质形态与技术行为，还极大地影响着地域性建筑文化的演化发展。人类的建造活动在特定地域的地点上进行，反映了人与自然地理、建筑与自然地理的关系，因此自然地理因素是地域性建筑研究首要面对的问题，地域性建筑受到自然地理因素的影响，如地质水文、地形地貌等，是当地人民为了居住需要，适应特定地理环境的建造结果。

2）气候因素

在自然环境的诸多因素中，气候因素对人类生活影响最为直接，它影响到人类文明各阶段的环境条件和生产生活方式，对地域性建筑的基本构成要素如建筑群体布局、单体形态以及空间构成，都具有重要影响。不同地域的建筑呈现出的鲜明特征，很大程度上是为了适应地域气候条件的结果。

3）资源条件

地域资源条件主要是指提供地域性建筑建造的本土材料，地域材料能够就地取材，并且可以循环利用回归自然，具有自然生态的可持续性。人们选择能够用于建造房屋的地域材料，发展出与之相应的建造技术，形成了适应地域资源条件的知识和技术体系。在农业文明时期，"土（砖）、木、石"作为三大传统材料能够就地取材，长期以来是地域性建筑建造的主要材料，由于材料性质、自然地理和人文价值的不同，形成了丰富多样的地域性建筑。在工业文明时期，城市化和工业化程度不高的地区，对地域资源的充分挖掘和利用，不仅满足了保护建造技艺的需要，也是生态可持续发展的内

1 梁思成. 中国建筑史 [M]. 北京：生活·读书·新知三联书店，2011.

在要求，对其进行技术提升，依然能够满足现代人生产生活的需要。不同地区的资源条件的差异，是影响地域建筑多样性的重要原因之一。

2.文化环境因素

“文化是建筑的灵魂”，地域性建筑的形成与文化环境因素密切相关，对建筑问题的研究需要增加文化的视角，因为不同地区的建筑植根于不同的文化土壤[1]。不同地区文化环境的差异是影响地域性建筑形成的重要因素，与地域性建筑相关的文化环境因素主要涵盖社会制度、价值观念、风俗习惯等因素。它们蕴含了地域基因和历史信息，在适应现实中不断发展，共同影响了地域性建筑的形成，综合地反映在地域性建筑中，是地域性建筑形成的内在动力。

1）社会制度

建筑服务于人的生活，其对象不仅是自然的人，也是社会的人。社会制度深刻影响着建筑的发展，贯穿在每个历史阶段。建筑的设计建造也并非建筑师个体的随意行为，而是受到一定相关制度的约束。中国古代建筑的营建制度在社会等级制度的影响下，严格规定了不同类型建筑的等级、形制、材料、装饰、色彩等方面，如唐代《营缮令》、宋代《营造法式》、明代《明史·舆服志》等都作了明确规定。现代建筑在不同地域的表现亦与不同社会制度息息相关。现代地域性建筑受到特定地区相关意识形态、建筑制度、政策的约束和导向，同时也受到历史与当下文化的共同影响。

2）价值观念

对地域性建筑影响最大的文化因素是价值观念，包括特定地区的哲学观、对待历史的态度、审美观念等方面。价值观念是人们认定事物、辨别是非的取向，表现为特定的思维模式和行为模式，是某一地域整体环境综合作用下的结果，决定着地域文化和地域性建筑的人文内核。某一地区传统价值观念与现代价值观念的此消彼长对地域文化的演化发展影响重大，在建筑领域表现为对地域建筑文化的认同程度，以及对现代建筑文化的学习和吸收的速度和程度。

1　吴良镛 . 广义建筑学 [M]. 北京：清华大学出版社，2011：78.

3）风俗习惯

风俗习惯是与主流权威文化相对应的民间文化，是主流文化的重要补充，也是地域文化中的特殊部分，包含了物质和非物质、实体与空间的多重内容。建筑作为文化的载体，其实体和空间包含了大量的文化含义，承载了特定地域文化的风俗习惯，以各种不同的形式表现出来。在特定的环境中，人们通过实体和空间表达的各种信息，保持和延续地方的风俗习惯，营造出具有环境认同感的场所环境。

3.技术环境因素

建筑是一种通过技术实现的过程，技术成为影响建筑设计的重要因素。建筑的发展依赖于建筑技术，而建造有特色、品质优秀的建筑，必须要学习研究建筑技术，包括对传统技术和现代技术的熟悉和掌握。此外，地域的经济发展水平为技术提供了支撑，也是影响和制约地域性建筑形成的重要因素。

1）经济水平

“建筑就是经济制度和社会制度的自传。[1]”经济发展水平是地区社会发展的基础，内在地影响着地域性建筑的发展。无论在传统和现代社会，建造活动都会消耗大量的人力、物力和财力，从表面上看，经济因素影响了建筑材料、技术的选择；从深层来看，经济发展影响了地域的文化与社会意识，而文化与社会因素对建筑布局、空间形态等又产生了影响，可以说经济是地域建筑系统中影响其是否能建成的因素。对于地域性建筑来说，造价高低并非建筑特色和品质的决定性因素，选择与地域经济发展相适宜的建筑策略，不仅符合地域实际情况，更是实现资源节约和可持续发展的内在要求。

2）传统技术

传统建筑技术是在人们进行地域建筑营造过程中，与当地的自然、文化环境长期互动适应的基础上逐步完善调整而形成的，具有与特定地区土地的高度契合性。通过材料制造加工技术、结构形式技术、装饰工艺技术等，建造出具有地域特色的建筑形式、结构、构件，积极地回应了地域的生态和文化环境。随着时代的发展，现代建筑在功能、体量、高度、材料等都与传统建筑有着巨大差别。挖掘传统建筑技术进行技术提升，使其适应现代建筑的需要，不仅能够体现地域建筑特色，同时能够以最小的环境支持和成本代价满足建筑的舒适要求。

1　赛维．建筑空间论——如何品评建筑 [M]. 张似赞，译．北京：中国建筑工业出版社，2006：98.

3）现代技术

技术是建筑建造和发展的重要支撑，技术因素决定了不同建筑材料的结构与构造，现代建筑也在技术推动下得到不断发展。但我们对技术因素的产生影响需要审慎地看待：一方面，现代主义建筑在技术的支撑下不断突破人类极限，人们认为技术可以解决一切；另一方面，正因人们对技术的迷恋，产生了对自然的破坏和人类情感的漠视。因此，现代地域性建筑设计，如何将现代技术与地域实际结合是一个重要研究课题，“地域的差别使得 21 世纪多种技术仍然并存的时代。新技术的不断革新能大力推动生产力的发展，但是仍然需要与地域社会、经济、文化的深度结合”[1]。具体而言，现代技术只有充分结合不同地域的自然、文化与社会环境，才能建造符合地域实际情况的地域性建筑，从而形成建筑的地域性特色。

4）因素之间关系

地域性建筑建筑的三个影响因素不是孤立的，而是相互独立又相互联系，整体综合地影响着地域性建筑的形成以及设计和建造。三者在地域性建筑的形成过程中是一个整体系统，自然环境是人类及各类生物赖以生存的最基本载体，是建筑物得以建造实现的物质基础。文化环境是人类创造的物质财富和精神财富的总和，是长期形成的反映社会价值取向的思想和行为模式，以及由此形成精神形态，对建筑的形成具有深层影响。技术环境是人类为适应特定地域的自然与文化环境，通过适宜的技术手段，使建筑得以建造实现的操作途径。吴良镛先生在《广义建筑学》中指出，“地区的划分有地理因素的影响，也有历史因素、文化因素的影响。聚居在一个地区的人们不断认识本地自然条件，钻研建筑技术对不同生活需要的满足，包括习俗等，形成了地区的建筑文化与特有的风格”[2]。由此可以看出，地域性建筑的形成依赖于自然环境，表现于文化环境，并最终实现于技术环境。只有对三个因素进行系统性思考才能真正实现地域性建筑，建筑的地域性才能得以凸显。

2.3.2 地域性建筑设计的适应性内涵

建筑是环境和时代的产物，建筑不能脱离环境和时代存在，也不应超越地域的现实条件。对于徽州地域而言，传统样式复制和大体量、高能耗、新时尚的建筑设计都

1 吴良镛．国际建协“北京宪章”[J]. 世界建筑，2000(02)：17-19.

2 吴良镛．广义建筑学 [M]. 北京：清华大学出版社，2011：51.

不符合可持续发展的时代要求，“地域性建筑设计的目标，并非对地域城市和建筑风格的简单保护和坚持，而是深入探究地域性建筑的内在发生机制，探索适应地域性城市和建筑特殊环境的设计理论和设计策略”[1]，实现建筑与环境的和谐关系。地域性建筑设计对地域环境的适应，不仅与地域环境形成深层关联凸显地域性特征，而且符合可持续发展和宜居环境建设的内在要求，其适应性具体表现在适应自然环境的自然共生、适应文化环境的文化融合、适应技术环境的技术适宜（图 2-2）。

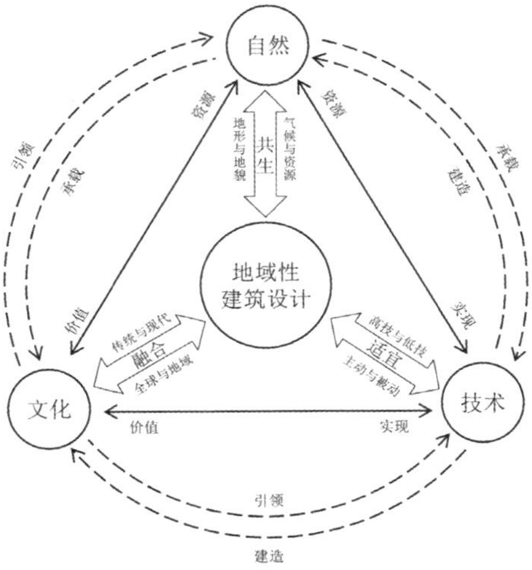

图 2-2 地域性建筑设计理论概念图

1.适应自然环境——自然共生

人类的生存和人类社会的发展最终仍然依赖于自然，人与自然的和谐共生已经成为人类可持续发展的必然选择。任何建筑都存在于特定的自然环境中，自然环境为人们的生存和建造提供了物质基础，建筑面对地域自然环境的地理、气候和资源条件的差异和多重制约和限定，形成了千差万别的地域性建筑形态。不仅如此，传统地域建筑是人与自然的对话和沟通，是自然环境的一部分，体现了对自然环境的尊重和敬畏，形成了与自然和谐共生的状态。现代建筑在现代文明的影响下，对自然环境的响应逐渐减弱，对自然环境的破坏也愈发严重，引发了人们对地域自然环境适应的再认识和环境意识的自觉。

徽州地域性建筑，从布局到形制、从结构到形态、从材料到构造，都体现出与地域自然环境的适应，形成了与自然环境之间天人合一、和谐共生的适应状态。在徽州当代地域性建筑设计中，应对建筑所处的自然环境进行全面的考虑，包括地理、地形、气候、资源等多种因素，以适应的自然观来建构建筑与自然和谐共生的整体环境，并寻求时代背景下与自然环境的融合。

2.适应文化环境——文化融合

建筑受文化的影响不仅显而易见而且是深刻的，在相同或相似的自然环境中，

1 徐千里．地域——一种文化的空间与视阈 [J]. 城市建筑，2006（8）：6-9.

由于受到不同文化的影响，建筑呈现出完全不同的状态。吴良镛先生认为文化是多元和相互渗透的，戴复东先生认为对待文化应该“兼收并蓄”。阿摩斯·拉普卜特认为：“遮风避雨不是建筑的唯一功能，甚至也非最基本的功能……建筑的起源应具有更宏大的视野，将社会文化的因素考虑进去。从更广义的角度来看，它甚至比气候、经济、技术和材料等更重要，建筑是这些诸多因素综合作用的产物，是文化的表达。[1]”随着时代的发展，地域间的文化交流，地域文化吸收域外文化和新文化不断融合发展，建筑也逐渐发生相应的适应变化。正如肯尼斯·弗兰姆普敦所说：“所有文化，不论是古老的还是现代的，其内在的发展都依赖于与其他文化的交融。[2]”

可见文化环境因素对建筑的影响深刻，地域性建筑特色塑造应与变化中的地域文化相适应。地域性建筑设计在不断变化的地域文化环境中，首先应树立文化自信的观念，并以自身文化优质基因和内核为基础，积极吸收现代社会的文明成果，与其他地域文化进行互动和交流，不断对自身文化进行扬弃和融合，最终实现地域性建筑体系的不断演进。徽州当代地域性建筑设计，关键在于对地域文化、地域建筑文化价值再挖掘再认识，积极吸收融合现代文明和域外文化的优秀成果，以实现对地域文化和地域建筑进行科学合理的当代转化，使其满足当代人的物质和精神需求，唯有如此，才能实现地域性建筑设计与地域文化的发展相适应。

3.适应技术环境——技术适宜

现代建筑在现代先进技术的包裹下在世界范围广泛传播，技术的发展一方面促进了现代建筑的发展，另一方面也导致了对自然的破坏和地域文化的消退，引发了建筑师们的理性思考。“今天的技术是世界性的，如果使用不慎，能轻易破坏场所的精神；另一方面，场所是地方化的概念，地方传统和其他约束能抑制技术奇妙的潜力。[3]”可见，现代高技术并非万能，使用不当具有巨大的破坏力；传统低技术也并非腐朽无用，其中蕴含着相当的智慧和科学内核，通过挖掘与提升仍然具有生命力，并且对高技术具有积极的调适意义。与此同时，建筑的物质属性，技术是实现建筑的手段，其发展还受到地方与经济条件的双重影响和制约，技术的可能性不等于可行性，经济是影响技术应用的重要因素。因此，技术的选择并非追求现代高技术，抑或留恋传统低技术，而是充分考虑地方技术和经济发展现实情况的适宜技术策略。

1　拉普卜特．宅形与文化 [M]. 常青，等，译．北京：中国建筑工业出版社，2007.

2　弗兰姆普敦．现代建筑——一部批判的历史 [M]. 张钦楠，译．北京：生活·读书·新知三联书店，2012.

3　陈晓扬．地方建筑中的文化·技术观 [J]. 华中建筑，2007，25（2）：1-6.

徽州地域技术经济条件相对落后，徽州当代地域性建筑设计应采用适宜技术策略，通过对地方传统技术进行现代提升，对现代先进技术进行吸收和地域化，以适应其地域的自然、文化、技术和经济等现实条件，最终推动地域建筑和可持续发展。

2.3.3 地域性建筑设计的适应性原则

传统地域性建筑是与地域自然、文化、技术相适应的结果，具有深刻的适应性智慧和文化认同，挖掘其优秀的文化基因与时代相结合，使其与当代文化相适应、与现代社会相协调[1]，不仅具有鲜明的价值指向，也是地域性建筑发展规律的内在要求。地域性建筑设计的适应性，立足传统和地域，挖掘萃取传统地域性建筑表现形式与蕴含思想的优秀基因和精华，通过对内容和形式的扬弃继承、转化创新，创造适宜的人居环境，以适度创新的原则，适应当代社会发展的需要，实现传统地域性建筑的现代转型和现代化。

1.融合原则

融合原则，通过融合传统和现代、地域与全球，“古为今用、外为中用，辩证取舍、推陈出新”，摒弃消极因素，继承积极思想，注重生态保护、以人为本，传承传统地域建筑环境理念、转化传统地域建筑语言、表达建筑空间逻辑、创新建筑界面形式等方式，实现地域性建筑的当代适应。

挖掘萃取是地域性建筑设计融合原则的基础性工作，是再阐释过程。传统地域性建筑在环境和时代的影响下，形成了与其自然、文化、技术相适应的地域性建筑思想和形态，如徽州天井民居、江南水乡民居、云南一颗印民居、贵州屯堡民居、山西合院式民居、福建土楼、广东大厝等。挖掘是从系统性、科学性和人文性的要求和适应的角度对地域性建筑的审美思想、形态空间、材料结构及其适应性智慧进行挖掘，对其类型形制和发展脉络进行梳理。萃取是对挖掘梳理的结果进行进一步提炼，采用类型学的方法萃取出地域性建筑的基因精华、原型类型、适应机制，为创新提供基础。

2.适度原则

地域性建筑设计的适应性创新应采用适度原则，应以创造适宜的人居环境为目标，强调自然生态与文化生态的和谐统一，避免机械的功能主义、肤浅的形式主义、至上

1　中共中央办公厅、国务院办公厅印发《关于实施中华优秀传统文化传承发展工程的意见》[EB/OL].（2017-01-25）. http://www.gov.cn/zhengce/2017-01/25/content_5163472.htm.

的技术主义倾向；同时，应避免一味复古和过度创新，前者易导致假古董产生，后者则易出现奇奇怪怪的建筑现象。中国传统文化中的因地制宜、中庸智慧，是地域性建筑设计的重要思想资源，建筑师深入分析环境因素，寻找适宜的策略，或传统、或现代、或模仿、或抽象、或高级、或低级……主要在于因地制宜对“度”的把握。传统的继承和发展应以传承为基础，以创新为引领，对传统进行适度的创新，形成源于“传统”又高于“传统”的结果。现代建筑的地域转化同样需要以创新为基础，对现代理念进行地域转化，吸收地域的文化基因，从而形成现代理念的地域化和整体演进。总体来说，现代地域性建筑设计的适应性设计应体现为“在时间上实现对传统地域建筑文化价值的传承；在空间上实现与世界现代建筑文化的交流”[1]。

3.人本原则

地域性建筑设计的适应性应以人本原则为根本和目标。国家新型城镇化提出新型城镇化和核心是人的城镇化，是实现人的全面发展，上述融合原则和适度原则均应建立在人本原则的基础之上。

人类社会意识到人本主义应摒弃人类中心主义的狭隘，以生态优先、可持续发展为前提，才能实现人的全面发展。城市和建筑领域的生态运动、地域性建筑等理论兴起，形成生态优先、文化多元化的全球共识，从而实现城市和建筑的可持续发展。

从前述研究可以看出，建筑的地域性是对一定时空范围内建筑及其与环境因素的相适应的结果，具有系统性、继承性和变化性的特征。地域性建筑设计，则是要寻找传统地域性建筑的文化基因，与当代文化相适应、与现代社会相协调。“地域性建筑研究是对建筑整体研究的补充和完善，也是进行地域性建筑设计创作的必由之路”[2]，对两者的研究具有同等重要的意义，地域性为适应性提供了经验基础，适应性为地域性注入新的要求，以适应新时代社会发展的需要。

地域性建筑设计对当代建筑学具有巨大的积极意义，它们源于对地域的自然环境和人们的原始智慧的尊敬，创造出植根自然却又超越自然的理想人居环境境界。地域性建筑设计强调传统和现代、地域和全球、同一和特殊的辩证关系，具有极大的适应性和包容性。地域性建筑设计，主张以积极对现代文明的学习和吸收，对地域传统文化的传承，以形成延续的地域性建筑发展脉络；以全球的视野看待地域具体的问题，将地域的经验与全球共享，形成共时性的全球—地域建筑系统；注重特定地域范围内

1　魏秦，王竹．建筑的地域文脉新解 [J]. 上海大学学报（社会科学版），2007，14（6）：149-151.
2　曾坚．地域性建筑创作 [J]. 城市建筑，2008（6）：6.

地域性建筑的整体同一性与个性，同时注重与外部环境相比较的地域特殊性。它们消除二元对立状态，相互融合、相得益彰，适应社会发展的现实需要。

2.4 小结

本章首先对地域性建筑的概念进行了系统阐释，总结出其空间依托性、时间延续性、地域多样性和地域层级性四个属性，以地域理论、原型理论、场所理论和适应理论为基础，对地域性建筑理论的梳理，从地域性建筑的自然、文化、技术三个环境因素，阐述各自的影响机制以及相互关系。继而以适应性理念作为应对策略和深层内核，对地域性建筑对自然、文化、技术的进行多维关注，从自然共生、文化融合、技术适宜三个方面对地域性建筑设计进行了理论建构。最后提出地域性建筑设计应对传统地域性建筑深入挖掘提炼，以融合原则、适度原则、人本原则为基础，通过创造转化实现传统与现代、全球与地域的融合和整体演进，以适应地域环境和社会发展。

第 3 章

徽州地域性建筑特色解析

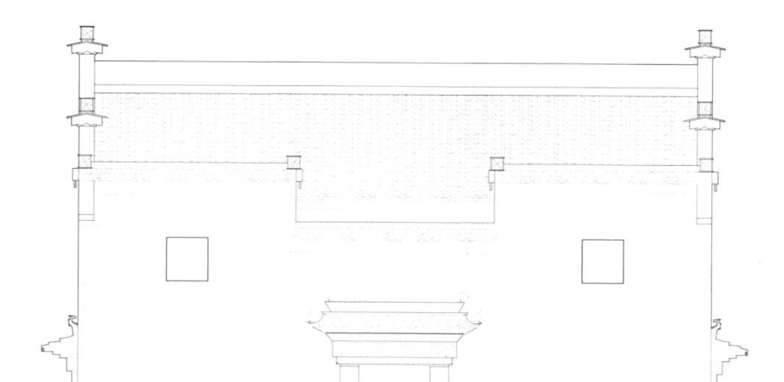

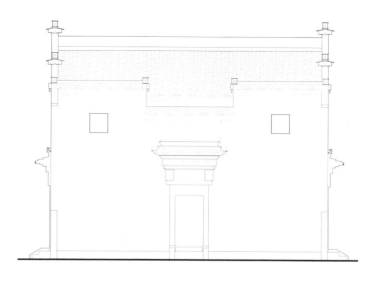

3.1 徽州传统地域性建筑影响因素

3.1.1 自然环境因素

1.地理范围

“徽州”是一个历史地理概念，在地域空间上，它位于皖、浙、赣三省交界处，包括现今安徽省黄山市（屯溪区、徽州区、黄山区、歙县、黟县、休宁县、祁门县），宣城市绩溪县以及江西省婺源县。这个空间范围是受徽文化影响的核心区域。由于研究需要，本书研究范围会涉及受徽文化影响的皖南以及更大的范围地区（图 3-1）。

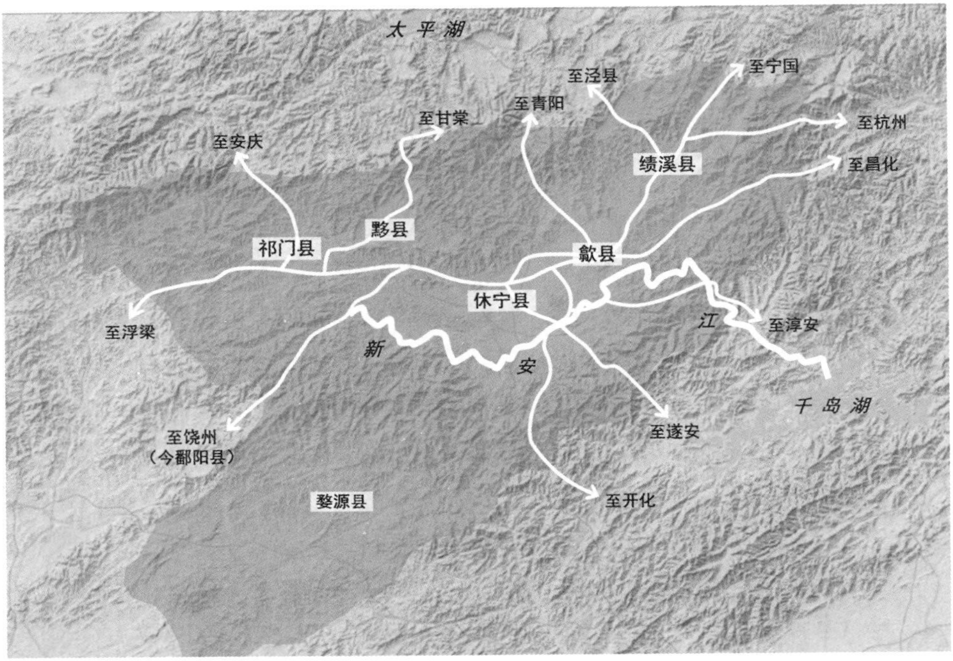

图 3-1　徽州地域范围
资料来源：作者根据天地图改绘

徽州的地理范围具有较大的历史稳定性，自秦统一后，将天下分三十六郡，设歙、黟两县属会稽郡。汉建安十三年（208 年），三国孙吴收复山越，置新都郡，辖歙、黟、新（歙南）、始新（歙东乡）、黎阳、海阳六县；西晋太康元年（280 年），改新都郡为新安郡；隋开皇九年（589 年），设睦州，隋开皇十一年（591 年）置歙州；隋大业三年（607年），改歙州为新安郡，领歙、黟、休宁三县；唐武德四年（621年），改为歙州；唐大历五年（770年），歙州领歙、黟、休宁、婺源、绩溪六县，自此奠定了徽州一府六县的基本格局；北宋宣和三年（1121年），宋徽宗改歙州为徽州，元代改称徽州路，明清改名徽州府。民国二十三年（1934年），婺源划归江西省管辖；民国三十六年（1947年）划回安徽省。1949年4月，徽州全境解放，5月成立徽州专区，婺源再次划属江西省。1971年，改徽州专区为徽州地区[1]。1987年由于行政区划调整，撤销徽州地区，设立地级黄山市，辖屯溪、黄山、徽州三区，和歙、黟、休宁、祁门四县，绩溪县划归宣城市。至此，徽州从行政区变为历史地理概念，而新成立的黄山市依然保留了徽州主要地域范围，与绩溪县、婺源县构成了徽文化的核心地域[2]。徽州地域范围虽然历经变动，但仍然保持了相对的稳定性，对形成和保持政治、经济、文化的特色和相对独立性有很大的作用，这一历史地理和行政区划影响至今。

2.地形地貌

徽州地区位于安徽省长江以南皖南地区，东邻浙江省、西接江西省。区内有黄山、白际山、天目山、五龙山和九华山五大山脉。以黄山山脉为界，南坡有流向钱塘江流域的新安江水系，流向鄱阳湖流域的阊江水系、乐安江水系，北坡有流入长江的青弋江、秋浦河水系。区内中部的断陷区形成两侧的断块隆起带，隆起中心东南侧的天目山、白际山、五龙山等山脉和西北侧的黄山山脉、九华山脉，构成从歙县、屯溪区、休宁县等地的河谷平原，山间分布大小盆地，其中最大的盆地为休宁、歙县及徽州盆地。向南、向北演变为丘陵、低山和中山的地貌格局，地势逐渐上升，地貌特征清晰，山地多呈东北向和近东西向展布。区域地貌以山地、丘陵为主，山间谷地面积不大，处从属地位（图3-2）[3]。

许承尧《歙事闲谭》记载："徽之为郡，在山岭川谷崎岖之中，东有大障之固，西有浙岭之塞，南有江滩之险，北有黄山之厄。即山为城，因溪为隍。百城襟带，三面距江。地势斗绝，山川雄深。自睦至歙，皆鸟道萦纡。两旁峭壁，仅通单车。[4]"险峻的地形成为避世隐居的好地方，中原名门望族为避战乱，举族南迁徽州。封闭的地理环境、闭塞的陆路交通和稳定的社会环境，为徽州形成独特的地域文化提供了自

1 何警吾．徽州地区简志[M]．合肥：黄山书社，1989．

2 2008年，成立"徽州文化生态保护实验区"，保护范围包括安徽省黄山市的全境，安徽省绩溪县，江西省婺源县。徽州文化生态保护实验区总面积为13 881平方千米，总人口200万。

3 黄山市地方志编纂委员会．黄山市志[M]．合肥：黄山书社，2010：94-100．

4 许承尧．歙事闲谭[M]．合肥：黄山书社，2001：635．

然地理条件，而通向四方的水系则加强了徽州与外界的联系，促进了徽州与其他地区的信息交流。

此外，徽州的山水环境，为人居环境提供了环境支撑，丰富的砖石木资源，为徽州地域性建筑的建造提供了充足和特色的建筑材料。

图 3-2 徽州地形地貌图
资料来源：根据天地图改绘

3.气候特征

徽州位于安徽省最南端，属于亚热带季风气候，受地理位置和相应大气环流的共同作用，具有湿润性季风气候的特征，表现为气候温和，四季分明，冬夏长、春秋短，雨量充沛、光照充足的特点，属于夏热冬冷地区。境内光照充足，但由于徽州地处山区，是安徽省日照时数最少地区。境内年平均日照时数低于 2000 小时，在 1750 ~ 1960 小时之间，年平均气温 15℃ ~ 17℃。黄山市境内年平均降水量在 1400 ~ 2000 毫米之间，是安徽省降水量最多的地区。春季雨水多，夏季多暴雨天气，年平均湿度为 80%。受海洋影响较大，以一年为周期，随着冬夏季节的交替，夏季多偏南风，把海洋暖湿空气带到大陆上，形成潮湿、多雨而炎热的气候特征；冬季多偏北风，把极地大陆的干冷空气吹向东南海洋，由于黄山市远离冷空气发源地，沿途又不断有山岳阻挡，使得冷空气不断变性，至影响本地时，虽有大风和降温，影响力大大弱化，这也决定该区域具有季风气候的特点。[1]

西北部的黄山山脉和其他山脉一道阻挡了冬季西北的寒冷空气，徽州冬季相对北部地区气温较高；夏季东南季风为徽州山区带来丰富的降雨，梅雨季节更增加了环境的湿度，加之海拔较高，其气温也稍低于平原地区。徽州气候呈现夏热冬冷、湿度大、温差大的特征，这既影响着徽州人的生产生活，也影响着在徽州民居的建筑的群体布局、单体形制、建造材料和工艺等[2]。建筑内向封闭以抵御寒冷，天井以利于夏季通风，材料以石材和白垩以防水防潮。

3.1.2 文化环境因素

建筑人类学家拉普卜特在《宅形与文化》中指出："影响人类宅形的并非自然气候等物质环境，而是思想观念、宗教信仰、风俗行为等社会文化，这些是宅形的决定因素。[3]"本节对徽州建筑形成的文化环境因素进行阐释。

1.人口社会因素

历史上自东汉、西晋、唐代、北宋时期，中原名门望族避乱南迁，给徽州地区带来了儒家文化和先进技术，直接促使了徽州地区生产力的发达和文化兴盛。徽州文化在北宋后期崛起，至南宋就有"东南邹鲁、礼仪之邦"的盛誉。在明清时期由于徽商的兴盛，徽州文化发展到顶峰。从文化角度看，徽州文化是山越文化与中原文化、地域文化与域外文化的冲突融合的结果。20 世纪 90 年代以后，徽学与藏学、敦煌学并列成为我国三大地方显学。

古徽州的先民是当地的山越原住民和南迁的黄河流域中原移民，经历漫长的历史时间不断融合所形成。古徽州地区的原土著居民为古越人，亦称"山越人"，传为禹之苗裔，最初以鸟为图腾，习水便舟，巢居而筑，断发文身，善铸铜，并以印纹陶为其文化代表。1959 年，在屯溪弈棋挖掘的西周墓和汉墓中，出土了品类众多的釉陶和青铜器，证明了这一地区在两千多年前就有比较发达的楚越文化[4]。

徽州地域僻于一隅，自然环境优美，成为隐居理想之地。从东汉至南宋这一漫长的历

1 黄山市地方志编纂委员会 . 黄山市志 [M]. 合肥：黄山书社，2010：94-100.

2 段进，龚恺，陈晓东，等 . 世界文化遗产西递古村落空间解析 [M]. 南京：东南大学出版社，2006.

3 拉普卜特 . 宅形与文化 [M]. 常青，等，译 . 北京：中国建筑工业出版社，2007.

4 单德启 . 冲突与转化——文化变迁 • 文化圈与徽州传统民居试析 [J]. 建筑学报，1991（1）：46-51.

史时期，徽州历史上曾有三次大规模的移民潮，西晋后期“永嘉之乱”、唐代末期“黄巢之乱”、宋代“靖康之变”。古徽州地区的大规模中原移民主要为躲避战乱，或“官于此土，爱其山水清淑”而隐居于此。大规模的中原移民不仅改变了徽州地区的人口数量和结构，而且带来了中原地区的大量财富、文化和技术[1]。迁入的世家大族崇尚风水，通过风水选址营建村落；坚持宗法制度，聚族而居；宣扬儒家教化思想，如讲究伦理秩序等，从生产到生活，从制度到文化，都对原生文化产生重大影响。原住民与移民共同促进了徽州地区社会政治、经济文化的大发展，形成了融合中原文化与山越文化的徽州文化。

始于汉代末期终于南宋时期的三次中原大移民，引发了徽州地区的第一次文化变迁，主要表现为一种被动的冲突与接受，形成了“徽文化”的基本构架。始于南宋时期盛于明清时期，由于徽州人大量外出经商，是徽州地区的第二次文化变迁，主要表现为主动的文化融合，丰富了徽州文化的内容。近代以后，徽州文化受到了西方近代文化的影响，“西风东渐”促使了近代中西文化的碰撞和渗透。徽州地区经济的迅速发展，继而促进了徽州文化的繁荣。徽商受乡土、风水观念和宗法思想和文化的影响，将大量的资本投入徽州建设家园，大量建设村落和建筑，极大地推动了徽州建筑文化的发展，最终形成了独具特色、保留完好的徽州地域性建筑与文化。

2.哲学原点因素

徽州文化是中原文化与山越文化的融合，更准确地说是融合了山越文化的中原文化，其文化内核是中原文化，体现了中原文化在徽州的发展。徽州文化与中原文化具有相同的文化本源，即以《易经》为其哲学原点。《易经》是中国文明史的“源头活水”[2]，是中国思想和文化的核心，体现了华夏民族对宇宙和自然的基本看法，它深刻地影响着中国文化，并延续至今。

“易”的本义，《说文》解释“日月为易”，《系辞》解释为：“仰以观天文，俯以察地理，是故知幽明之故。”它包含了天地宇宙间的所有事物，是中国古人解释和认识宇宙，解释变化的现实世界和未来发展趋势的知识体系。《易经》的核心思想是阴阳对立统一思想，正所谓“一阴一阳谓之道”[3]。它认为世界事物是阴阳融一，宇宙万物是对立统一，源于《易经》这一思想，形成了中国传统哲学天人合一的自然观和天圆地方的宇宙观。

1 单德启.安徽民居[M].北京：中国建筑工业出版社，2009.

2 南宋朱熹《观书有感·其一》：“半亩方塘一鉴开，天光云影共徘徊。问渠哪得清如许，为有源头活水来。”

3 周易[M].杨天才，张善文，译注.北京：中华书局，2011.

“天人合一”是中国文化中朴素的自然观。它源自道家对于人与自然关系和儒家人与社会关系的认识。道家以天道为中心、儒家以人道为中心，均表现出“生生之谓易”的生命意识。《易经》强调人与自然的和谐共生，以此达到“天人合一”和“生生不息”的境界。道家以天道阐释自然，庄子认为“无为为之之谓天”[1]，万物皆顺乎本性，依道而行，可以看到道家的自然将具体自然与天道自然的两重性合一，并以此建构了天道、地道、人道相统一的宇宙模型，继而体现为“天地人并生为一”的境界。天人合一的自然观在中国传统文化中表现为对“自然”的本质追问，是传统文化的哲学根基。徽州村落和建筑以天人合一的自然观为依据，村落选址充分顺应自然，形成天人并生境界；建筑形态隐喻自然，和谐共生；建筑材料取于自然，质朴自然。

源于“天圆地方”的宇宙观，中国传统城市形态、建筑形态、院落形态以方形为原型。《易经》中，将方与正、中、刚作为对应概念，形成方正、中正、刚健的含义。“方正”代表着刚强正直的行为规范，“中正”代表着“刚健”，“刚以动，故壮。大壮利贞；大者正也”，“天行健，君子以自强不息”[2]。中国古人把“方正”“刚健”看作是君子追求的最高人格目标，象征天地宇宙运行的生生不息的动力。“中”的另一层含义则表现为“中道、审时、合宜”的内涵。“中也者，天下之大本也。”[3]儒家认为“礼”是“国”之本，而“中”是“礼”之本，表现为不偏不倚、变通不羁的特性，凡“得体合宜”“中无定体”等都是“中”的内涵，体现出随时空人事的不同，呈现变化多层次的特点。中国传统民居形态方正、布局严谨、中轴对称、尊卑有序。徽州地域人多地少，房屋建筑体量精巧，注重多层次，整体秩序和谐，建筑形体以方形为原型构成单体形态，以方形天井为核心组织建筑内部空间，通过中轴对称协调均衡空间，建筑群体体现中心和边缘的等级次序的空间结构。徽州建筑顺应地势，呈现出规则个体的不规则整体，表现出因地制宜的灵活性，这些物化形态均体现出传统文化哲学原点的深层影响。

3.风水理论因素

风水起源于古代先民对自然的崇拜，其内容包含对天、地、人规律和谐关系的探寻。风水与《易经》关系密切，以阴阳八卦为理论基础，以“气”为动力来源，更将住宅

1 庄子 [M]. 方勇，译注 . 北京：中华书局，2015.

2 周易 [M]. 杨天才，张善文，译注 . 北京：中华书局，2011.

3 礼记（下）[M]. 胡平生，张萌，译注 . 北京：中华书局，2018.

视为人之重器，上升到“阴阳之枢纽、人伦之轨模”[1]的高度。风水理论认为有良好的空气和水源的地方，“藏风、聚气、得水”，生命便会生生不息，人应该按照气的运行规律选择并改造自然之地。风水理论表面看似有着某种神秘色彩，本质上却包含了中国古代先民在面对大自然的力量，体现出的原初生存观念，为“天人合一”提供了方法和知识。

风水在徽州受到极大的推崇，“风水之说，徽人尤重”[2]。徽州的自然地理环境，为风水提供了环境土壤，迁入徽州的中原移民重视宗族的生存繁衍与繁荣发展，高度重视村落的选址和环境。此外，朱熹的风水论，也广泛地影响了徽州人。休宁万安罗盘的兴起，便与徽州人崇尚风水和徽州多风水师有关。

风水理论对徽州村落建筑的选址建造有着重要的指导作用，主要体现在徽州村落均由风水堪舆师的“择地”“点穴”“喝形”[3]，不仅选址科学合理，而且具有吉祥如意的文化意义。村落营造重视水口建设，注重营造封闭性、保护性的整体环境，建筑的大门朝向，内部空间布置也注重风水，避凶求吉。风水理论贯穿徽州村落建筑建设的整个过程，营造出理想的人居环境，也呈现出徽州地域重视自然环境保护的文化性格以及风水理念影响下的人居环境特质。

4.宗法制度因素

宗法制源于周代，是对宗族进行管理的制度，是适应大一统王朝的社会组织形式。“宗族是在宗法观念的规范下，由男性血缘关系主导的各个家庭所组成的社会群体”[4]。其普遍组织形式体现为，聚族而居，由宗族管理族内一切事务[5]。宗法制度在徽州地区，表现得格外强烈。“千年之冢，不动一抔；千丁之家，未尝散处；千载之谱，丝毫不紊；主仆之严，虽数十世不改，而宵小不敢肆。[6]”在徽州的传统社会中，宗法制度以及由此形成的宗族社会组织，起到了管理族群事务和生存发展的作用。严密的宗法制度一方面增强了族群的凝聚力，保证了地方的安全稳定，促进了地方的经济发展，同时也使徽州建筑在宗法制度的控制下，呈现出严谨内向的特征。

宗法制度的对徽州建筑影响深远，从村落整体布局、建筑单体形制到内部陈设和

1 王玉德，王锐 . 宅经 [M]. 北京：中华书局，2011.
2 赵吉士 . 寄园寄所寄 [M]. 合肥：黄山书社，2008.
3 何晓昕 . 风水探源 [M]. 南京：东南大学出版社，1990.
4 冯尔康 . 中国古代的宗族和祠堂 [M]. 北京：商务印书馆，2013.
5 赵华富 . 徽州宗族研究 [M]. 合肥：安徽大学出版社，2004.
6 丁廷楗，卢询修，赵吉士，等 . 徽州府志（康熙）[M]. 沈阳：辽宁教育出版社，1998.

装饰图案等各方面都有体现。徽州村落的整体规划，以宗祠为中心展开，形成宗祠、支祠、家祠的等级结构。徽州传统地域建筑的单体形制，在空间上体现为宗法制度的等级观念，是宗法制度的物质载体。建筑组团空间以血缘亲疏来布局划分，建筑内部空间按照家庭伦理和尊卑秩序来安排居住空间。徽州传统民居的建筑单体形态方正规整，为矩形或方形，封闭外墙和内向天井形成三合院或四合院形制及其组合形式，虽因顺应地形地势作适应变化，但清晰明确地表现出中轴对称的内在秩序[1]。

5.文化思想因素

徽州地域文化受到儒家思想，特别是宋明理学思想广泛深刻的影响[2]。南宋朱熹是宋代理学的集大成者，他继承了先秦孔子的儒家学说，融合了道、释思想，建立起宏大精深的思辨哲学体系，被称作“新儒学”或“理学”，对中国中晚期社会产生深刻影响，对徽州的影响更是深远。徽州为“程朱阙里”，徽州人以“东南邹鲁”“礼仪之邦”[3]为荣，《茗洲吴氏家典》中记载道：“我新安为朱子桑梓之邦，则宜读朱子之书，取朱子之教，秉朱子之礼，以邹鲁之风自待，而以邹鲁之风传之子若孙也。[4]”以理学思想为内核的徽州文化是对儒家文化的继承发扬，是徽州建筑文化的思想基础和文化背景，也是其融合外来文化的文化基因。

理学作为徽州文化的思想内核，影响渗透到着徽州建筑文化的各个方面。宋明理学的理气二元论和“理一分殊”思想，从本体论、认识论来阐释世界。“理一”注重的是整体性、统一性，“分殊”注重的是多样性、差异性。“理一分殊”在徽州建筑中体现在，以背山面水的村落原型和三合院的建筑原型，形成徽州村落建筑整体和谐、特色鲜明的整体形态，为“理一”；而各村落与建筑又因自然环境和文化环境的不同，产生了变化无穷的个体形态，为“分殊”。徽州村落建筑呈现出“理一分殊”的整体形态和丰富灵活的个体形态，这对当代城市改变“千城一面”和“一城千面”的现象具有启示意义。

此外，理学吸收了道家的自然和辩证思想，吸收佛学涵养省察功夫以认识“天理”[5]，强调对生命和世界秩序的体验，在日常生活中感受自然和人生的意义。朱子认为理即自然即日常，因此主张“平易之处其旨无穷”平淡自然的审美思想。但平淡不是苍白无力，

1 吴永发，徐震．论徽州民居的人文精神 [J]. 中国名城，2010（7）：28-34.

2 吴永发，徐震，合肥工业大学建筑与艺术学院．徽州民居的人文解读 [C]// 中国民族建筑研究会，2009.

3 程瞳．新安学系录 [M]. 合肥：黄山书社，2006.

4 吴翟．茗洲吴氏家典 [M]. 刘梦芙，点校．合肥：黄山书社，2006.

5 耿静波．文化交融与互鉴——宋代理学与佛教思想关系探讨 [J]. 云梦学刊，2017（6）：20-24.

而是淡中有味；自然也不是随心所欲，而是理中有法。朱子大加称赞李白“清水出芙蓉，天然去雕饰”的境界，批评刻意、晦涩和怪癖的思想，认为理应“无情意、无计度、无造作”[1]。这种平淡自然之美深深地融于徽州建筑之中，表现出质朴高雅的审美特征。

6.风土民俗因素

风土民俗是宗法制度教化的辅助和补充，但它不同于宗法制度说教式的“礼”的规定，民俗的教化功能具有大众化、潜移默化的特点，体现出“乐”的精神。此外，风土民俗与生活方式关系密切，同时形成仪式性和生活性的场所，增加了村落的认同感和归属感。

徽州村落以农耕文化为基础，以儒商文化为提升，民俗活动多与节日、祭祀、庆典等各种传统生活日相联系，除仪式性活动外多会伴随举行娱乐性活动，如目连戏、舞草龙、跳钟馗、仗鼓、抬阁、上梁仪式等，为村民提供交往、娱乐的机会。此外，在徽州的众多村落中，常在村口建有塔桥、牌坊、亭榭、祠堂、戏台等建筑，形成村落公共空间和景观节点，平日成为村民日常交往的外部空间，民俗节日则成为开展各类活动的公共场所，人们的共同参与增加了共同信仰和村落凝聚力。而这种活动与建成空间环境，以及新的文化风尚又进一步影响了人的行为，形成了相互作用的影响。

3.1.3 技术环境因素

徽州地区古代已取得一定的技术成就，其系统性的发展奠基于隋唐时期，发展于宋元时期，兴盛于明清时期。唐代主要是名优特产享誉全国，如茶叶、文房四宝。宋元时期徽州技术跻身全国先进行列，产生了一批影响全国的人物和成果，如朱熹倡导“格物”及对自然现象的解释，此外在地理、方志、医学、生物、植物学、造纸术、炼铜法等方面成就斐然。明清时期，徽州技术进入空前发展阶段，出现了一大批名流和能工巧匠，内容涉及数学、天文学、物理学、生物学、地学、医学、农学、光学，以及制墨、印刷、染织、建筑、髹饰等门类，取得了领先于全国的优秀成果，并影响海内外[2]，亦对徽州建筑产生影响。

1　吴永发，徐震．论徽州民居的人文精神 [J]. 中国名城，2010（7）：28-34.

2　张秉伦，胡化凯．徽州科技 [M]. 合肥：安徽人民出版社，2005.

1.徽州对教育的重视

徽州自宋代以来，重视教育事业，创办书院社学数量居众多，书院林立，社学星罗，重教思想深入人心，“几百年人家无非积善，第一等好事只是读书”“锦世泽莫如积德，振家声还是读书”。繁荣的教育不仅使得徽州科举者众多，而且大大提高了徽州人的文化素养，为文化、商业、技术的发展提供了必备的条件。

徽州教育受朱熹“格物致知”思想的影响，重视对自然现象的观察和研究。明清时期经世致用的社会思潮增强了徽州人求真务实的精神，更加重视科技知识的教育。随着西学东渐，徽州教育将中西科技知识列为教学内容，以江永和戴震最为突出，强调格物知识的重要性，产生了广泛的影响。

2.徽商对技术的促进

徽商在明清达到鼎盛，也正是徽州技术蓬勃发展的阶段，徽商的发展对徽州技术的发展有着不可忽视的作用。徽州教育培养了大批具有较高文化素养、善于决策、运筹帷幄的徽商，使得他们能在竞争中胜出，而徽商大力资助教育，捐资办学，促进了教育的发展。徽商足迹遍及大江南北，能够广泛接触到许多新事物、新知识、新思想，包括西方科技，从而开阔了眼界，获得了大量的信息。徽商集工商贸易于一体，技术是传统手工行业繁荣的根本。徽商在技术上精益求精，锐意创新，从而领先于国内同行，这是徽州科学技术发展重要因素。

徽商发达以后，将大量资本投入家乡建设，推动了徽州村落建筑的发展。徽州建筑、园林、雕饰、髹饰等技术适应了官宦、文人和徽商对住宅品质的需求，促使工匠们锐意进取、不断创新而形成特色。

3.徽州建筑中的创新

创新是一个民族的灵魂，是科技发展的动力，也是明清时期徽州技术在全国独树一帜的重要原因之一。徽州技术著作及成就，创新精神突出，兼收并蓄、择善而从，“师古而不泥古”，或敢言人所未言，或在某领域领先，或者在技术上不断发明，推陈出新。

在建筑技术理论方面，主要为北宋时期的《营造法式》、清代的《清式营造则列》、民间广为流传的《鲁班经》。民国姚承祖《营造法原》根据其祖姚灿庭著《梓业遗书》，对香山帮和徽州帮的建筑营造产生重要影响[1]。选址中重视风水，也促进了风水术和罗

1 祝纪楠.《营造法原》诠释 [M]. 北京：中国建筑工业出版社，2012：378.

盘制作技术的发展。程大卫、戴震等人在数学方面的专研，推动了土地丈量和计算方法的进步。此外，明代徽州人黄成所著的《髹饰录》，为我国唯一一部漆器工艺著作，推动了徽州建筑中漆工艺的发展。徽州雕版印刷业的发展，则促进了信息的交流[1]。

在建筑技术实践方面，徽州建筑从材料、结构、装饰等方面体现出创造性。徽州建筑的大量建设，促进了砖材、石材、木材的采集、加工、制作等一系列建造技术的发展。徽州原为山越地区，与三次移民带来的文化和技术融合创新，形成徽州建筑特有的穿斗式和抬梁式混合型的木构架。徽州建筑的装饰技术，主要为手工雕饰艺术，并逐步发展成徽州“三雕”艺术。诸多工艺技术的精进，促进了建筑营造技术的整体的发展，徽州建筑成为中国传统建筑的典型代表，同时由于技术精湛，提高了建筑的耐久性和审美性，大量明清时期建筑得以保留，有些至今仍在使用。

3.2 徽州传统地域性建筑类型与特色

3.2.1 传统村落类型与特色

1.村落类型

1）基址类型

徽州地处皖南山区，处于黄山、天目山、白际山、五龙山、形成的盆地中，地形以山地丘陵和山间盆地为主，整体地势北高南低，区内新安江、丰乐河、秋浦河、阊江等大小河流纵横，形成典型的山地环境。徽州村落在选址中尊重自然重视风水，一般都充分利用和适应自然地形条件，依山就势，邻近水源，形成星罗棋布、形态多样的村落类型，村落建筑与自然环境和谐共生、天人合一的境界。徽州地区“八山半水一分田，半分道路和庄园”的地貌环境，使得村落的选址和建设，根据村落所处的地理环境特征，主要可分为三种基址类型。

（1）盆地型

徽州地区较大的盆地主要为歙县、休宁、黟县盆地，盆地土地面积较大土壤肥沃，有利于农业生产，是徽州村落的主要选址区，不仅土层深厚土质较好，平坦的地势还有利于村落的建设。其不利之处是缺少保护与防御措施，很难达到风水中的理想人居要求。因此，盆地型基址需要进行补基修正，村落通过改造水道、修建水堨、营建水

1　徐学林．徽州刻书 [M]. 合肥：安徽人民出版社，2005.

口，营造具有安全感和归属感的村落环境，以补其不足。如歙县棠樾，位于歙县盆地，由于地势平坦，为增加锁钥气势把住关口，在村落“巽位”吉方水口旁人工砌筑了七个大土墩，俗称七星墩，植大树以障风蓄水，建造桥梁和路亭以供行人，形成安全而生态优美的村落环境（图 3-3）。

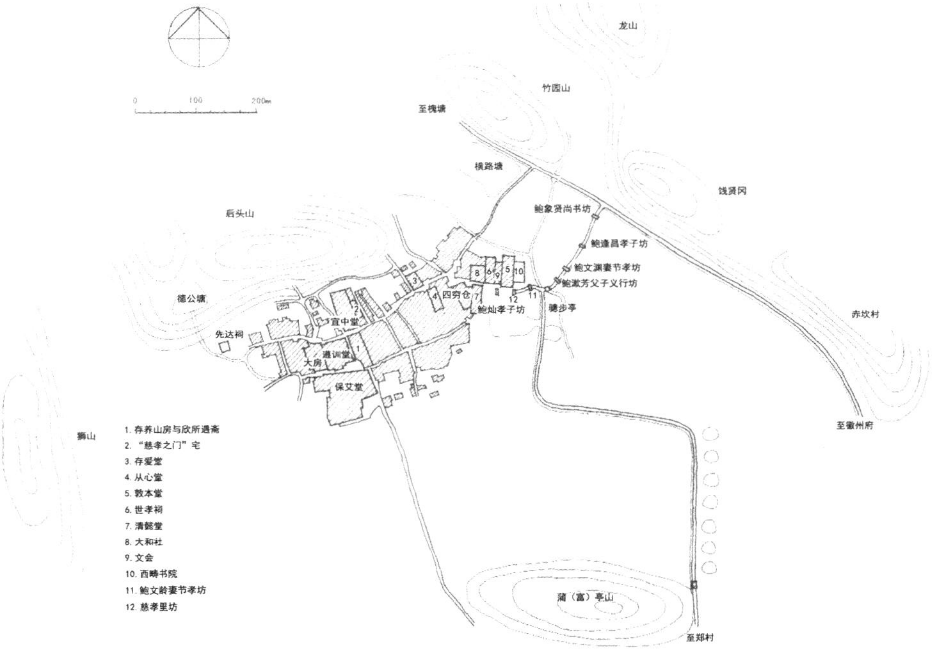

图 3-3 盆地型徽州村落
资料来源：东南大学建筑系 . 棠樾 [M]. 南京：东南大学出版社，1992.

（2）山地型

徽州地处皖南山区群山环抱，历来成为避难徙居的场所，而聚落选址也多依山而建。位于山脚的村落，背山面水，坡缓田整，交通便利，如西递等村落。位于山坳的村落，在四周山体围合的狭小平地和坡地建设，地形较为复杂，农业交通不甚便利，如徽州区灵山村等村落（图 3-4）。位于山坡处村落，村落依山而建，建筑依等高线布局，村内道路需通过台阶联系，如歙县阳产村、休宁祖源村等村落。这些山地环境中的村落，依据自然环境的条件，在建设中顺应地形变化，并通过改造，营造出顺应自然、适应环境、满足生产生活的村落环境。

（a）山口型（西递）　（b）山坳型（灵山）　（c）山坡型（阳产）

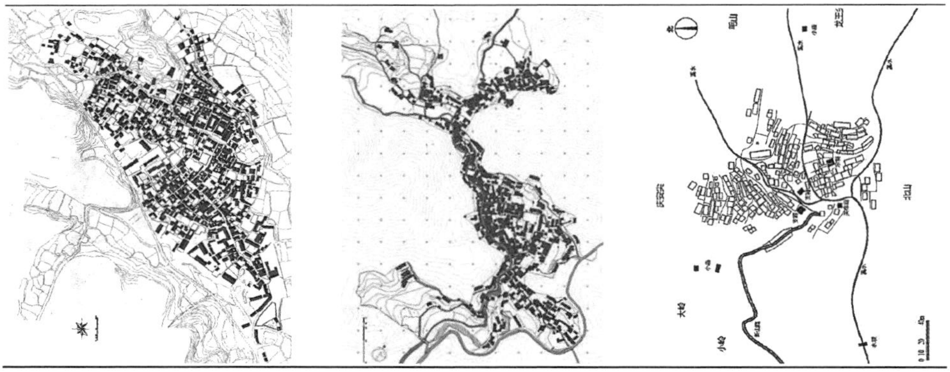

图 3-4　山地型徽州村落
（a）资料来源：段进，龚恺，陈晓东，等．空间研究 1：世界文化遗产西递古村落空间解析 [M]. 南京：东南大学出版社，2006.（b）黄山市城乡规划局提供．（c）资料来源：朱雷．另类徽州建筑—歙县阳产土楼空间解析 [D]. 合肥：合肥工业大学，2016.

（3）滨水型

徽州域内水系主要有新安江、青弋江、秋浦河、阊江，以及境内的丰乐河等支流，沿水系发展形成的村落也是徽州村落常见形式之一，此类村落或临水、或近水，商业型如歙县渔梁（图 3-5）、休宁万安、屯溪老街等，形成沿水系方向的鱼骨状布局，主街前店后坊，河埠头沿河分布，便于商业运输和生活需要；农业型如祁门汪口，村落距离水体较远，中间有农田，便于农业生产和防洪。滨水型村落受到区位条件和环境的影响，形成的商业型和生活型村落形态，体现出自然、文化、经济的综合性影响[1]。

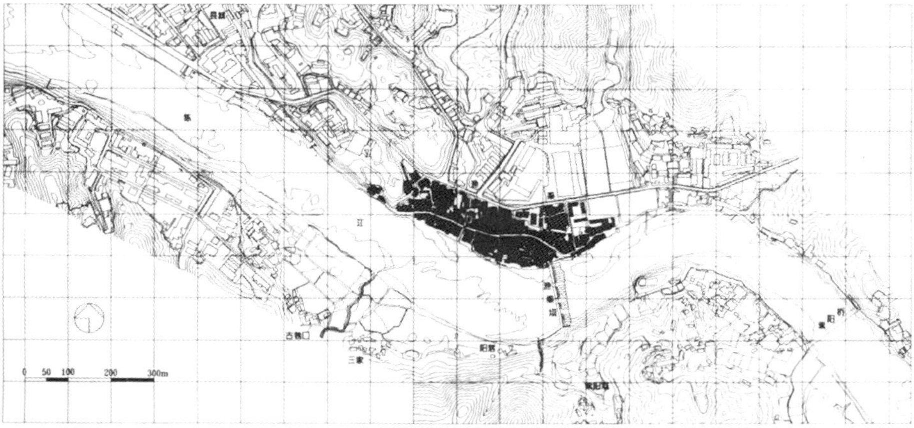

图 3-5　滨水型徽州村落
资料来源：东南大学建筑系．渔梁 [M]. 南京：东南大学出版社，1998.

1　刘仁义，金乃玲．徽州传统建筑特征图说 [M]. 北京：中国建筑工业出版社，2015.

2.村落特色

1）崇尚自然，择地而居

中国传统文化崇尚自然，认为良好的自然环境有利于人口繁衍和聚落发展，为了选择理想的人居环境，聚落选址择地而居选，在风水理论的指导下，选择“枕山、环水、面屏”的理想自然地理环境，即村落基址前背靠来龙山、前有案山朝山，水口处两山护卫，河流溪水环绕而过[1]（图3-6）。徽州村落选址极为重视自然环境，以风水理论为指导，大都选址在枕山、环水、面屏之处，为村落发展形成良好的人居环境奠定了基础，体现了人为了适应环境作出的主动选择。现存的徽州众多家谱中，记载了家族迁祖选址定居的过程，以及希望家族人丁兴旺、文运昌盛的愿望。徽州村落在经过慎重的“择地卜居”之后，大都处于良好的自然环境之中，为人们的生产生活提供了基本的环境空间和资源条件，村落在这个空间中逐渐扩展生长。

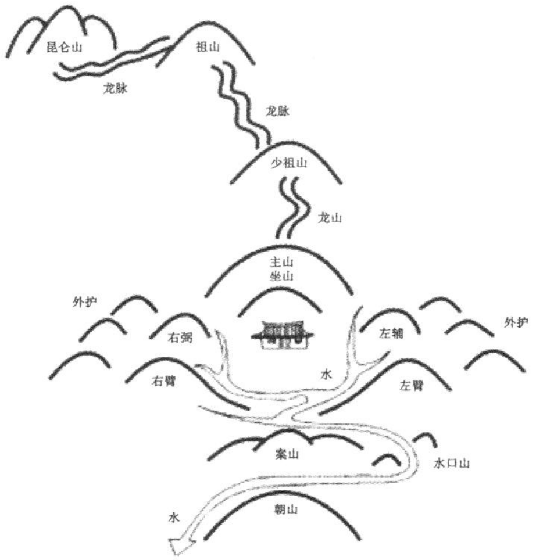

图 3-6 理想人居环境模式
资料来源：王其亨，等．风水理论研究（第 2 版）[M]．天津：天津大学出版社，2005.

山水相依的自然环境是理想的村落选址，但是徽州山多地少，随着人口不断迁入和人口增长，并非所有的基址都完全符合理想模式的标准。在面对非理想村落基址环境时，崇尚自然的徽州人，对自然环境进行主动积极的改造和调适，经过精心规划设计，逐渐形成满足理想人居的居住环境。规划的重点是对自然水体的改造，通常采取建坝筑堨、挖塘蓄水、调整水道、修建水系，植树造林、保持水土，营造水口等措施，形成村落供水排水系统，满足了居民生产生活用水、排水，以及消防用水的需要，大大改善了村落的人居环境。

徽州村落在建设发展中，极为注重人居环境的保护。各宗族的族谱中都明确记载了保护村落山林的条文，特别是对水口林和龙山林的保护，规定任何人不得砍伐，有的村落将保护山林的规定刻于石碑以起警示作用，对理想的村落人居环境起到了有效保护（图 3-7）。

1 王其亨．风水理论研究 [M]．天津：天津大学出版社，1992.

(a) 明隆庆歙县许氏宗族许村山川

(b) 清嘉庆黟县叶氏宗族南屏村

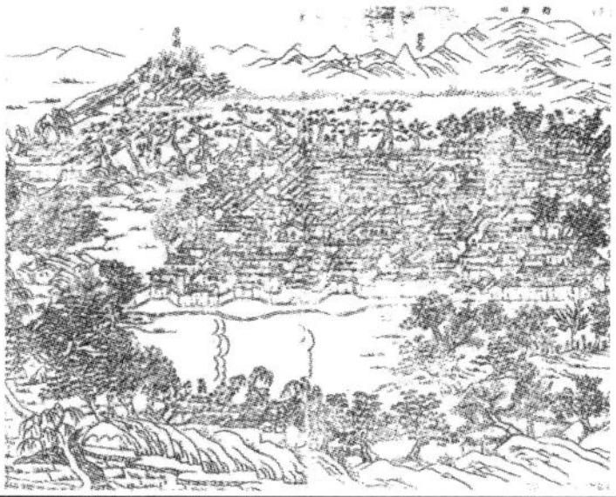

(c) 清光绪祁门程氏宗族善和村居

(d) 民国绩溪洪氏宗族坦川村

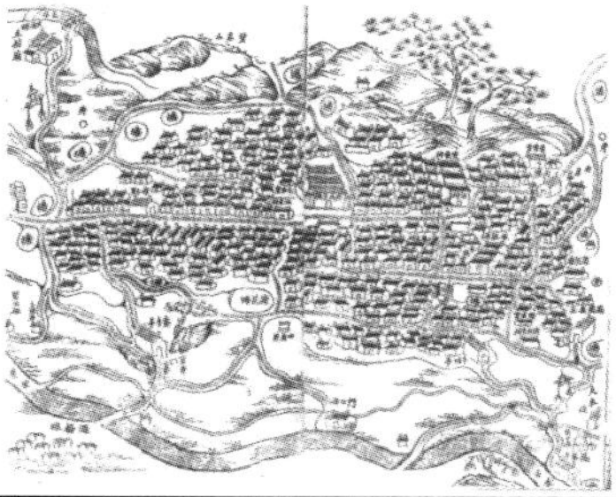

图 3-7 理想人居环境模式下的徽州村落
资料来源：根据卞利．徽州聚落规划和建筑图录 [M]. 合肥：安徽人民出版社，2017 整理

2）注重宗法，聚族而居

汉代以来中原汉人移民进入徽州，为了抵御自然、人为的危害，保障族群的生存并增强竞争力，保持了严格完整的宗族组织和聚族而居的聚落形态。至明清时期，徽商在宗族的支持下兴盛，而宗族组织又受到徽商的资助而繁荣，形成紧密的依赖关系，在空间和社会组织上均体现出聚族而居的形态。

在宗法制的影响下，徽州的同姓或多姓宗族聚族而居，形成村落的重要特征。徽州村落布局中，充分体现出这种宗族意识，宗祠设在村落的心理和祭祀中心，宅居围绕宗祠布置，随着宗族发展各房的宅居围绕本房支祠布置，宗祠依然是宗族的中心，宗族壮大，各房又有小的分支，形成更小层级的组团，类似细胞生长的组织结构，当村落无法满足人口的不断增长，则出现外迁的情况，外迁的村落按照同样的模式逐渐生长，依然形成聚族而居的同构性网络结构（图 3-8）。

宗法制度是儒家“礼”制的具体表现，宗祠、支祠等建筑群等级化和程式化的布局适应了宗法制的需要，通过物化的形式更加强化了儒家宗法制的伦理道德秩序。村落中乡约民俗则是对“礼”的有效补充，体现出“乐”的特点，在空间上体现出灵活有机的布局，以适应多变的地域环境。

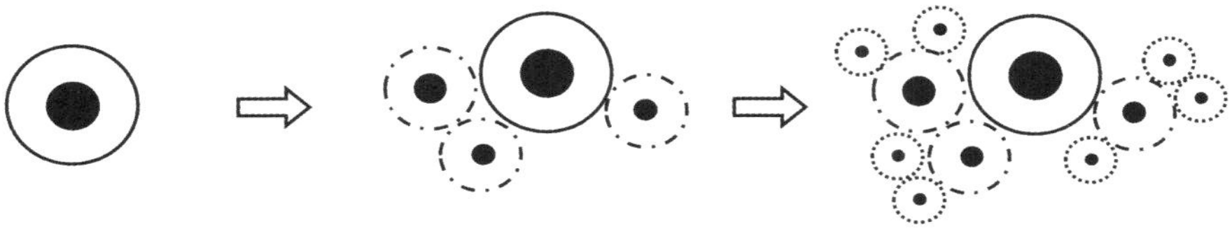

村落初具规模时期
宅居地围绕宗祠布置
宗祠是整个村落的祭祀和心理中心

宗族发展分房分支后
各房头的宅居地围绕本房支祠布置
支祠成为本房派的祭祀和心理中心
而宗祠是整个宗族的中心

宗族壮大，各房又有小的分支
从而形成更小层级的组团
村落的发展就是在组团之间的缝隙
饱和后以增加组团的方式不断扩大

图 3-8 宗族发展示意图
资料来源：段进，龚恺，陈晓东，等．空间研究 1：世界文化遗产西递古村落空间解析 [M]. 南京：东南大学出版社，2006.

3）天人合一，秩序而居

徽州村落形态由自然环境、文化环境和技术环境因素共同决定，自然环境主要包括山水格局、地形地貌、植物植被等，文化环境包括价值观念、风水观念、宗法礼制、乡约民俗、理学文化等，技术环境则包括村落选址的风水术、村落营建需要的丈量、修筑等技术。在这些因素的影响下，徽州村落形态呈现出适应环境，整体和谐，秩序清晰的特点。

从村落整体格局来看，村落在风水指导下与山水环境发生轴线、视觉、心理等内在有机关联，并通过理水植树等措施，营造出理想的人居环境。从村落空间序列来看，徽州村落包括水口、村口、主街、巷道、坦、牌坊、祠堂、民居等建筑与空间要素。这些要素按照序列层次的空间模式，又依据自然地形、人口规模、经济实力等因素进行适应性调整变化，形成由公共到私密的空间序列。从村落空间形态来看，在宗法制、乡约民俗以及理学文化的影响下，形成等级化、秩序化与灵活有机共存的外部空间网络结构。

徽州村落外部空间的有机秩序，表达了中国传统建筑文化的人居理想，其营造理念和具体建造尊重自然、注重秩序，形成秩序与有机的统一，体现出儒家“天人合一”的文化内涵，使居民舒适而诗意地栖居。

3.2.2 传统建筑类型与特色

黄山市历史上称“徽州”，传统建筑类型丰富、数量众多，素有“东南邹鲁”“文物之海”之称。根据第三次全国文物普查统计，黄山市境内共有不可移动文物8032处，除列入世界自然遗产和国家历史名城各有1处，世界文化遗产2处，中国历史文化名镇、名村17处，全国重点文物保护单位31处，省级重点文物保护单位93处外[1]，古民居、古祠堂遍布于全市各个乡镇村落，与优美的自然山川相得益彰、与深厚的文化环境交相辉映。

1.传统建筑类型与形制

徽州传统地域性建筑中，民居、祠堂、牌坊数量最多，也最为典型，除此之外，书院、戏台、亭廊、塔桥等多样化的建筑类型适应和满足了当时人们物质和精神生活的需要。

1）民居

徽州传统聚落中民居数量最多，为适应不同的自然地形环境，在儒家文化的影响下，并受技术经济的制约，形成了适应平地环境的天井式合院民居，适应山地环境的土墙屋、石头屋、树皮屋，以及适应滨水环境的吊脚楼。

徽州地域传统建筑类型中，天井式合院民居的数量最多最为典型。徽州天井式民居建筑，适应了徽州独特的自然地理环境和文化环境，显示出鲜明的地域特色。徽州合院民居大都背山面水，坐北朝南，并依据地形灵活布置。背山能够防御冬季北风的侵袭，面水有利于引入夏季东南季风，朝向多为东南和西南方向以争取良好的日照，近水便于居民生产生活取水方便。徽州民居单体建筑形态方整紧凑，占地较小而有效使用面积较大，主体建筑以中轴线对称布局，附属功能在主体建筑旁灵活布置，多为二至三层（图3-9）。徽州民居的基本原型形制为三合院，即“凹”字形，通常为三开间，俗称“一明两暗”或“明三间”（图3-10）。正中的厅堂面向天井，形成半开敞明亮空间，而两侧的卧房则较狭小阴暗，楼梯在明堂背后。三合院作为徽州民居的基本形制，通过组合形成三种基本建筑单元，“回”字形、“H”形、“日”字形。“回”字形是由两个三合院对接，中间一个天井，形成四合院形式，俗称“上下对堂”；“H”形是由两个三合院厅堂部分连接，两端各一个天井，厅堂之间以木板墙分隔，中间设

1 黄山市文化和旅游局.《黄山市徽州古建筑保护条例》新闻发布会实录[EB/OL].（2018-01-09）. https://wlj.huangshan.gov.cn/zwgk/public/6615733/8976862.html.

置中堂两侧通行，俗称“一脊翻两堂”；“曰”字形由两个三合院串联，单元之间以木板墙分隔前后连通（图 3-11）。合院民居依据自然和环境条件，按照上述几种形制，整体布局通过灵活组合多方向生长，能够适应人多地少矛盾下村落人口发展和高密度居住环境[1]。

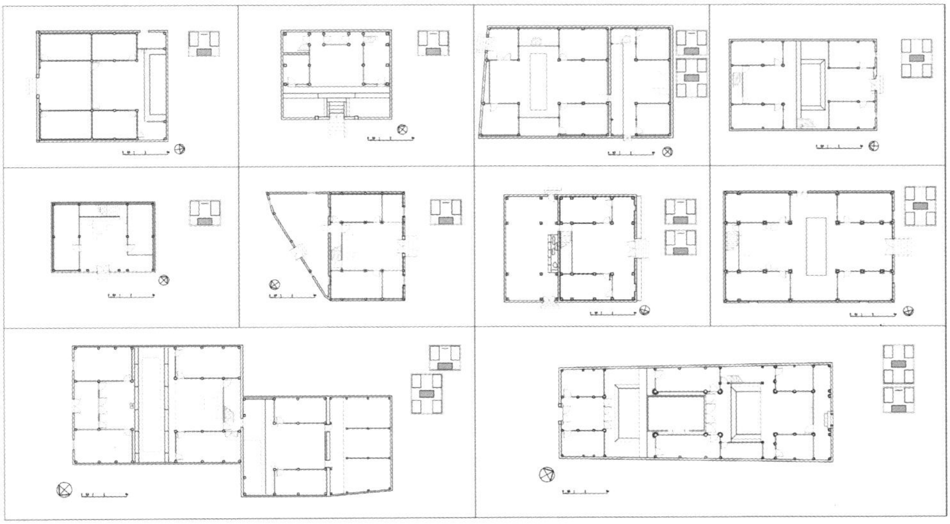

图 3-9　徽州民居多样类型

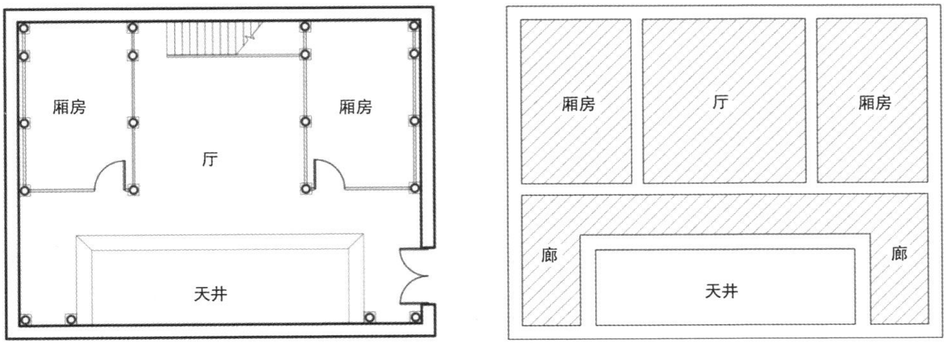

图 3-10　徽州民居三合院原型提取

1　单德启 . 从传统民居到地区建筑 [M]. 北京：中国建材工业出版社，2004.

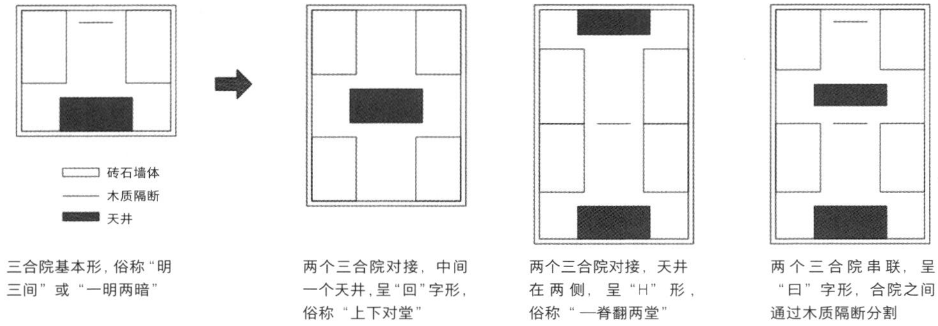

三合院基本形，俗称“明三间”或“一明两暗”
两个三合院对接，中间一个天井，呈“回”字形，俗称“上下对堂”
两个三合院对接，天井在两侧，呈“H”形，俗称“一脊翻两堂”
两个三合院串联，呈“曰”字形，合院之间通过木质隔断分割

图 3-11　三合院原型及其组合

徽州多山地，一些高海拔山地村民就地取材，使用红土作为建筑材料建造成土墙屋，其平面形制与徽州典型合院式民居有所不同，典型村落如歙县阳产。土墙屋地基用周边石材砌筑，外墙取红壤版筑，内部采用木结构，以一至二层居多。平面布局简单实用，多为两开间或三开间[1]。土墙屋一般不设天井，厅堂与大门直接相通，楼梯一般置于太师壁其后，房间均直接对外开窗采光通风，左右间为卧室或杂间，厨房等辅助房间另设。因受山地环境地域制约[2]，土墙屋无论是单体建筑还是整体村落，都体现了建筑对山地环境的适应（图 3-12）。

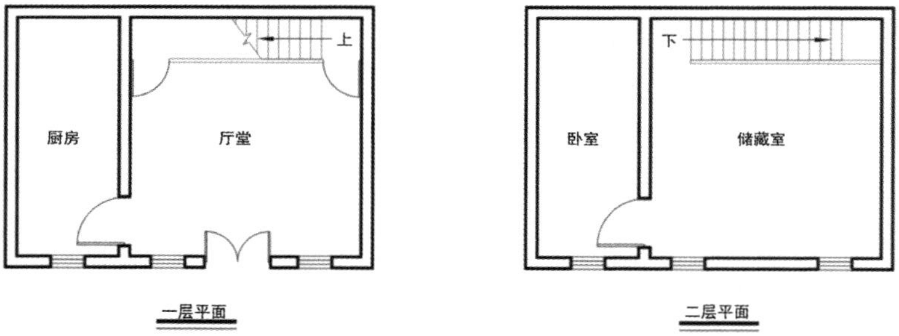

图 3-12　阳产土楼基本平面形制

在徽州深山地区还有石头屋和树皮屋，分布在各区县多石多林深山区，典型村落如休宁石屋坑村。石头屋建筑形制受徽州地域文化影响，多为一至二层，平面形态多为矩形的二开间或三开间。楼梯一般位于正堂的太师壁后方，左右两间为房间或杂间，另设厨房和其他的辅助用房。石头屋集中分布的地区，石材资源丰富，居民就地取材，

1　中华人民共和国住房和城乡建设部 . 中国传统民居类型全集（上册）[M]. 北京：中国建筑工业出版社，2014：382-383.

2　朱雷 . 另类徽州建筑——歙县阳产土楼空间解析 [D]. 合肥：合肥工业大学，2016.

采用石材作为外围护结构，起到遮风挡雨以及防盗的作用，同样体现出建筑与环境的适应性（图 3-13）。而由于有些村民家庭贫困，功能布局和结构体系与石头屋相似，但采用树皮作为外墙（图 3-14）[1]。可以看到受经济条件的影响，同一地区呈现出迥然不同的建筑形态。

图 3-13　石头屋

图 3-14　树皮屋

资料来源：中华人民共和国住房和城乡建设部 . 中国传统民居类型全集（上册）[M]. 北京：中国建筑工业出版社，2014.

吊脚楼是我国传统民居中一种古老的建筑形式[2]，徽州地域的吊脚楼，主要分布在新安江沿河以及山区谷溪处，如歙县渔梁老街、休宁万安老街等，体现出强烈的滨水环境适应性。黄山市歙县渔梁老街，位于古徽州府城南门外南临练江渔梁坝，它是古代徽州发展过程中形成的一个商业交通性聚落，呈现出与大部分徽州村落迥然不同的面貌。渔梁老街最有特色的是前店后坊的吊脚楼，适应于生活、经商和防洪的需要，其面阔两至三间，采用双坡顶，前后进深约 8 米，前部约三分之二在陆地上，后部三分之一位于河滩地，靠木柱支撑，护坡采用毛石砌筑，其形制、材料等方面是徽州民居和干栏式建筑融合的结果（图 3-15）[3]。

1　中华人民共和国住房和城乡建设部 . 中国传统民居类型全集（上册）[M]. 北京：中国建筑工业出版社，2014：385-386.

2　刘晶晶，龙彬 . 类型学视野下吊脚楼建筑特色差异 [J]. 建筑学报，2011（s2）：142-147.

3　东南大学建筑系 . 渔梁 [M]. 南京：东南大学出版社，1998.

(a) 外观　　　　(b) 剖面

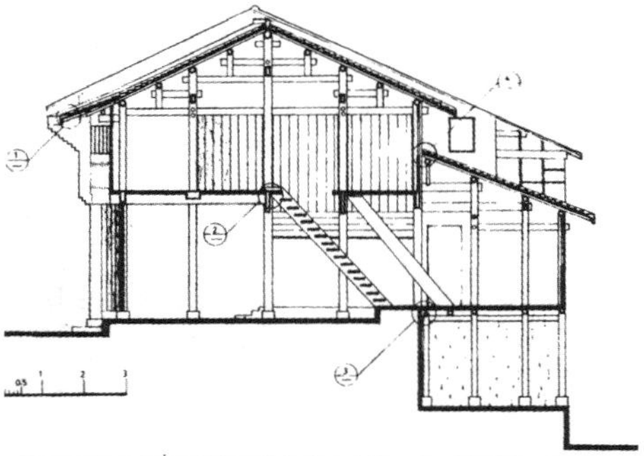

图 3-15 渔梁老街吊脚楼
资料来源：东南大学建筑系 . 渔梁 [M]. 南京：东南大学出版社，1998.

2）祠堂

徽州人重视宗法制和宗族血缘关系，不惜斥巨资修建祠堂，祠堂不仅是祭拜祖先的场所也是宗族的象征。国家祭祖制度的变革，徽商的鼎力支持，明代中叶以后徽州祠堂兴盛[1]。宗族祠堂是徽州村落中最重要规模最大的建筑，祠堂平面形制一般为四合院式，砖木石结构，外围高墙封闭，民居不可筑靠，前低后高，山墙也随之起伏[2]。平面布局为中轴对称，空间序列一般由三进院落组成，第一进称仪门（或门厅），第二进称享堂（或正厅），第三进为寝室（或寝殿），有的横向拓展有贮藏、厨房等辅助功能空间。祠堂入口门楼为第一进，通常采用屋宇、牌坊、八字等形式，形成与民居的区别，增加威严崇敬之感。入口仪门后为第二进，多为正方形院落，中间明堂采用石铺地通往正厅，两侧设有多间单檐侧廊。正厅主要是祠堂主要空间，占整个祠堂面积的三分之一，其空间高敞，结构为抬梁式与穿斗式的混合结构，梁柱多采用银杏木（白果）圆柱，柱下设石础，一些正厅檐柱为石材以防止雨水侵袭。第三进为寝殿，是安放祖先牌位的地方，一般作两层高，地基比正厅稍高。寝殿与正厅之间通过天井联系，其台基边缘设置石雕栏杆。祠堂门楼、正厅、寝殿作为建筑的主体部分形态突出，规模宏大，祠堂前也多建有照壁、祠坦，有些祠坦前设有溪水、池塘，桥廊等，形成祠堂广场，扩大祠堂门前空间规模，适应了祭祀时的空间需求，也增强了祠堂肃穆敬畏的空间环境氛围[3]（图 3-16—图 3-18）。

1 陆林 . 徽州村落 [M]. 合肥：安徽人民出版社，2005.
2 郑建新 . 解读徽州祠堂：徽州祠堂的历史和建筑 [M]. 北京：当代中国出版社，2009.
3 中华人民共和国住房和城乡建设部 . 中国传统建筑解析与传承（安徽卷）[M]. 北京：中国建筑工业出版社，2016.

图 3-16 棠樾敦本堂外观

图 3-17 棠樾敦本堂享堂

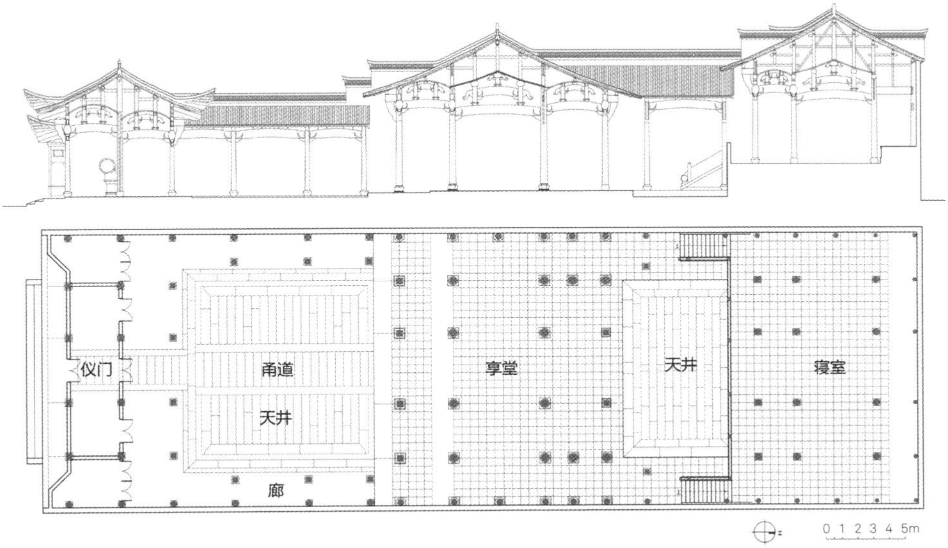

图 3-18 棠樾敦本堂平面图和剖面图

3）牌坊

牌坊作为一种纪念性建筑，由木构乌头门演化而来。明清时期，徽州地区深受朱熹理学的影响，修建了大量的牌坊，适应了封建社会伦理道德的教化需要。徽州牌坊多用石材建造，有门楼式、冲天柱式和四面式三大类。从形态构成上看，牌坊分为上下两部分，上部为门楼，下部为基础，常见的有“单间双柱三楼、三件四柱五楼”。牌坊具有多种功能，除了基本的教化功能，还有坊门和标志的作用[1]，其形态注重位置布局与标志意义，主要设置在徽州村落的水口村口、道路节点以及祠堂前，丰富了景

1 杨烨．徽州古牌坊 [M]. 合肥：黄山书社，2000.

观并具标志性，最具代表性的如棠樾村村口的七座牌坊，形成村落入口的前导序列空间（图 3-19）。歙县县城的许国牌坊，位于县城道路交叉口，由两组四柱冲天牌坊结合而成（图 3-20），兼具标志性和纪念意义。不同的功能、空间、环境，徽州的牌坊采用不同的形态，体现出清晰的环境适应性。

图 3-19　棠樾牌坊群

图 3-20　歙县许国牌坊

4）其他建筑

明清时期的徽州由于朱熹理学兴盛，加上宗族支持和徽商的资助，徽州书院迅速兴起[1]。徽州书院多选址于山林僻静之处，融合了讲学、藏书、祭祀、居住、游憩等多种功能。徽州书院布局深受儒学礼制思想的影响，书院布局规整中轴对称，体现了儒家伦理的等级性和秩序性。山门、院落，或者院坦是书院的前导空间，以营造幽静严肃的氛围；讲堂是教学和活动的主要场所，一般位于书院中心位置和轴线上，以凸显其重要性；祭祠是书院的精神场所，多置于讲堂之后的轴线尽端，以营造幽静的环境。藏书楼一般二至三层，同样位于轴线上并与书斋毗邻，成为书院重要的标志空间。书院整体布局和辅助用房根据需要自由组合，并因地制宜设有书院园林，美化了环境柔化了秩序。徽州书院受儒家思想和自然环境的影响下，布局严谨而灵活，如歙县雄村竹山书院[2]（图 3-21、图 3-22）、歙县紫阳书院、休宁还古书院等。

徽州山水环境多样复杂，为了满足生产生活需要，徽州人在河溪山涧、水口园林中因地制宜，修建了大量的桥梁[3]。徽州古桥常采用石材和拱结构，一方面由于徽州盛产石材；另一方面石拱桥坚固耐用泄水量大，迎水面通常呈船尖形，可以有效应对频发山洪的冲击。如渔梁坝下的紫阳桥，为九孔拱桥，采用本地的红砂岩[4]。跨度不大的

1　李琳琦 . 徽州教育 [M]. 合肥：安徽人民出版社，2005.
2　陈瑞 . 徽州古书院 [M]. 沈阳：辽宁人民出版社，2002.
3　朱文杰 . 徽州的桥 [J]. 城乡建设，2017（10）：80.
4　谭陶 . 徽州古桥的建筑文化解析 [J]. 赤峰学院学报（自然科学版），2016，32（12）：40-41.

图 3-21 雄村竹山书院外景

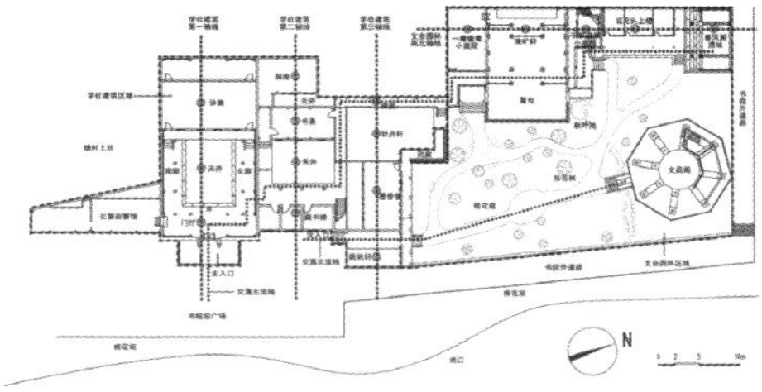

图 3-22 雄村竹山书院总平面图
资料来源：毕忠松.徽州古书院竹山书院建筑布局浅析[J].安阳工学院学报，2014（6）：47-51.

小桥通常采用单拱和平板结构，拱桥造型优美，主要用于园林景观中，如位于潜口的荫秀桥（图 3-23）。此外，徽州村落中的廊桥以桥和廊两种建筑类型叠加而成，具有交通、遮阳避雨、休憩观景、交流聚会等功能，还具有重要的景观价值。如祁门桃源村风雨廊桥，桥身为石材砌筑，廊为砖木结构，廊两侧墙体开有不同形状的漏窗，不仅改变了长廊的单调感，也形成廊内观景的框景效果，增加了空间情趣（图 3-24）。

塔在徽州地区与徽州文化融合，被赋予风水和精神意义，主要建于村落周边山上岸边，具有扼关口、保财气、兴文运等作用，也起到了丰富村落景观，强化居民对环境感知的作用。徽州塔的体量一般较小，比例适中形态纤细，以砖石材料为主。按功能大致可以分为佛塔、风水塔、文峰塔。按材质可分为石塔、砖石木混合塔两种，形式多为阁楼式塔。佛塔用以置佛像、镌佛字、藏佛经等目的，多随寺庙而建，如歙县长庆寺塔等。风水塔旨在弥补山川之缺憾，有保平安的目的，如休宁县巽峰塔等。文峰塔的建造旨在期盼文运昌盛，如岩寺的文峰塔等。

图 3-23 潜口荫秀桥

图 3-24 桃源村廊桥

2.传统建筑空间与形态

1）外部空间

（1）街巷空间

街巷空间是徽州村落和建筑室外空间中最普遍的一种空间形态，是在地形条件、价值观念、乡规民约和自发建造因素的多重影响下形成的，适应了徽州聚族而居和分户发展的需要。徽州村落中的主要街道，一般平行于村内溪流而设，与街道相连的支巷，共同形成村落的交通网络，众多街巷空间连接外部和建筑空间，成为内外空间的中介。具体来说，徽州建筑街巷空间具有以下特征：第一，街巷网络层级清晰。徽州村落街巷空间由交通性主街、生活性巷弄，以及备弄三个层级构成，街巷功能、人的行为以及宅院布局决定了街巷空间的尺度，高宽比在 1 ～ 10 之间，围合感强。第二，空间曲折变化，富有节奏感。徽州村落街巷大多曲折，宽窄和方向具有动态变化的特征，形成丰富的节奏感。第三，街巷交叉口多样，空间丰富。交叉口通常错位交接，形成“丁”字形或者局部空间放大的小型广场。这些不同程度的转折，使得街巷既畅通，又具有丰富的空间和景观，从而增强了空间的实用性和可识别性（图 3-25）。第四，街巷空间景观丰富统一。徽州村落街巷空间通常在建筑入口前发生变化，形成丰富多变的空间，街巷底界面石材铺地，侧界面墙体门楼，顶界面马头墙，材料、装饰、高度统一，共同形成丰富而统一的街巷空间景观。

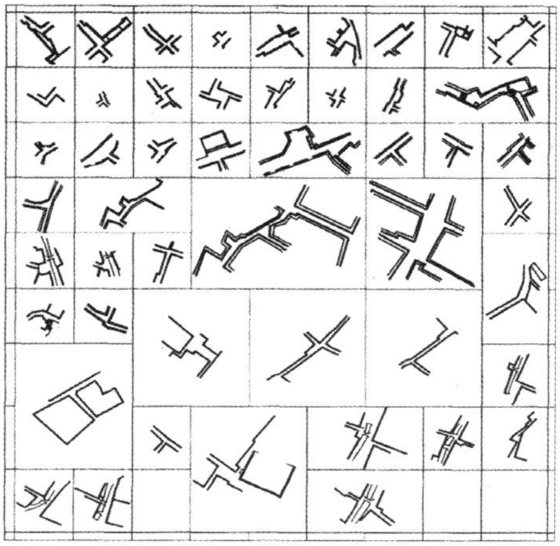

图 3-25　街巷交叉口平面空间示意图
资料来源：段进，龚恺，陈晓东，等. 空间研究 1：世界文化遗产西递古村落空间解析 [M]. 南京：东南大学出版社，2006.

（2）节点空间

徽州村落中的节点，包括水口、村口等空间，主要包含道路河流交汇点、古树、公用水井及亭、廊、桥、塔等。与街巷空间不同，节点相对街巷空间较为开敞，除了交通性功能，还有交往休憩等社会性功能。由于节点空间常位于村落道路和河流交汇等处，布置灵活、空间宽裕，适合邻里交往，常建有亭、阁、廊桥等，如呈坎环秀桥、西溪南绿绕亭、北岸廊桥、灵山水口廊桥等。

（3）面状空间

面状空间主要有各类坦，坦一般位于祠堂、社屋、戏台前，类似现代的广场概念，主要起到满足村落各类公共性活动的集散作用，如祭祀、民俗、看戏等活动。此外，坦在日常生活中还用于村民晾晒谷物。徽州村落中，受场地条件的制约，坦的尺度相差很大。如歙县棠樾鲍氏祠堂的前坦空间较大，由祠堂、牌坊、石柱、旗杆共同限定（图3-26），而歙县昌溪吴氏祠堂的坦空间，由于村落空间的限制，与西侧戏台共同使用室外公共空间。这也可以看出尽管祠堂作为村落等级最高最重要的建筑，需要较大的公共开放空间，但仍然会根据现实条件，因地制宜控制空间的尺度（图 3-27）。

图 3-26　棠樾鲍氏祠堂前坦空间

图 3-27　昌溪吴氏祠堂前坦空间

2）内部空间

（1）天井

天井是徽州民居中最典型、最具特色的内部空间（图 3-28）。天井作为徽州民居的核心空间，使得街巷与宅内、室外与室内、一层与二层之间形成紧密联系和良好过渡，并具有采光、通风、排水、防火等多种功能。徽州民居四周高墙围合很少开窗，天井成为室内采光的主要来源。徽州民居天井窄长，长宽比一般为 1 ：4 ～ 1 ：2，光线柔和给人以静谧舒适之感；由于热压和风压的作用，天井能起到拔风的作用，促进民居内部的空气流通，降温除湿；徽州多雨，雨水汇集于天井中，经暗沟排入村落水系通往村外，雨水聚集在天井下方地面的蓄水池，能够有效调节室内小气候；徽州民居一般为二层，其内部高深的天井还具有防火防盗的作用。徽州民居通过天井，将厅堂、厢房和各空间进行整合，形成以天井为中心的基本单元，提高了布局的灵活性和适应性。

徽州民居中，与天井相对的是庭院空间，一般位于建筑入口、侧院以及后院，主要以院墙与建筑外墙围合而成，具有过渡空间、休闲空间的作用，属于室外空间。徽州民居平面方正，宅基地受地形地貌和周围街巷的影响呈不规则形状，规整平面与不规则用地之间形成一定的不规则用地，这些不规则空间被充分利用起来，形成特色的徽州庭院空间（图 3-29）。庭院是徽州园林[1]的一种特殊的形式，其空间规模介于园林与天井之间，形态自由，空间体验更接近于园林空间[2]。因用地紧张，徽州庭院空间一般较小，形状也不尽规整，布局相对紧凑，与天井空间尺度完全不同（图 3-30）。徽州民居庭院布局因地制宜，其形态自由随机，庭院内的花木与盆景、亭台与水景，在丰富建筑空间、家庭生活起居、调节小气候上都起到积极的作用，体现了徽州人追求自然雅致的精神境界。

图 3-28 天井空间

图 3-29 庭院空间

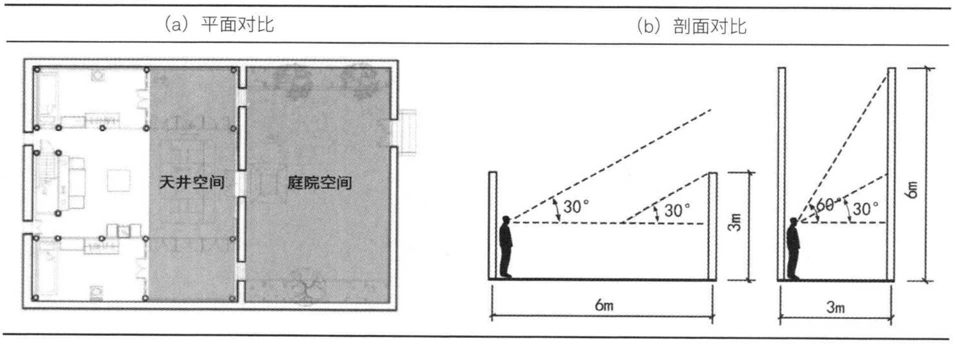

图 3-30 庭院与天井空间对比
资料来源：王惠．徽州传统民居天井空间的地域性传承 [J]. 吉林建筑大学学报，2017，34（5）：76-80.

（2）厅堂

厅堂是徽州传统民居中重要的综合性功能空间，具有日常会客、议事、礼仪等功能，与入口、天井等形成中轴序列，适应了儒家宗法伦理秩序的要求。在徽州民居建筑中，

1 徽州园林可分为村落园林、水口园林、私家园林、院落园林。村落园林如宏村、西递等，水口园林如南屏水口园林、呈坎水口园林等，私家园林如唐模檀干园、西溪南果园等，院落园林广泛分布在徽州民居中，如宏村承志堂、西递履福堂等。

2 洪振秋．徽州古园林 [M]. 沈阳：辽宁人民出版社，2004.

厅堂是最能体现徽州人崇儒重教的空间单元，位于建筑的中轴线上，通常面向天井空间敞开，另外则由隔板围合，形成半开敞空间，空间形态规整方正（图 3-31、图 3-32）。

（3）连廊

廊是徽州建筑中重要元素之一，不仅是连接建筑与天井、庭院之间的联系空间，也是构成传统建筑外部空间特征和划分空间的重要手段。徽州民居中廊空间位于天井的两侧，一面与建筑外墙相邻，一面与天井相连，形成较为狭长的长方形侧廊空间（图 3-33）[1]。除侧廊，徽州建筑中还有檐廊、游廊、等廊空间，起到连接、过渡、分割空间的作用。

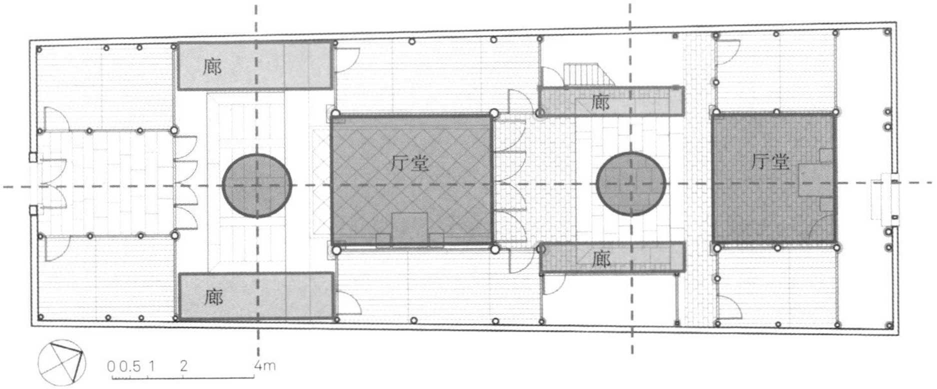

图 3-31　厅堂与廊空间关系

图 3-32　厅堂空间

图 3-33　廊空间

3.传统建筑材料与结构

徽州地处皖南山区，山地及丘陵居多。山民从适应山区生活的实用功能出发，就地取材，采用“干栏式”建筑，以适应山地和潮湿的自然环境。随着中原移民的迁入，

1　张岚元 . 徽州传统民居建筑装饰与空间的协同作用研究 [D]. 合肥：安徽建筑大学，2017.

加上徽商的兴盛、文化的融合与经济的振兴，砖木结构在徽州广泛建造，形成了融合干栏式与院落式优点，采用砖石木材料建造的徽州天井合院式建筑形态。

1）材料选择

徽州地处山区，土木石资源丰富，民众就地取材、就近取材，一般以砖、石、木为原料建造房屋。徽州建筑外墙多以青砖[1]砌筑，青砖由采自当地的黏土加工成型，制作工艺复杂，砖主要用于建筑的维护结构墙体，多采用空斗墙砌法，砖体扁长以减少墙体荷载和节省材料[2]。青砖通过雕刻也常用于装饰，因砖雕雕刻精美又耐风雨侵蚀，常用于门楼、门罩、照壁等处。建筑屋面小青瓦也由黏土烧制而成，有利于防水和保温隔热。徽州盛产石材，常采用麻石、青石、红砂岩等，用作路面、基座、墙角、柱础、栏杆、抱鼓石等要求坚固防潮等部位，显得沉稳厚重（图 3-34）。徽州气候温暖湿润，适宜于树木生长，森林资源丰富。徽州建筑内部结构多使用杉木、银杏木，根据建筑的类型、部位的不同使用不同的木材。祠堂多用银杏木、一般民居多用杉木。木构架的结构、构造和装饰三者将工艺和艺术相融合，一般刷桐油而不施油漆，显得古朴典雅，体现了徽州建筑的特色（图 3-35）。作者在调研中发现，在一些交通不便的村里，拆除下来的旧材料会循环使用，本土材料的使用和旧材料的循环使用，符合生态文明可持续发展的内在要求。

图 3-34　砖墙与石材铺地

图 3-35　融合装饰的木构架

1　黏土在焙烧过程中，黏土中被氧化的 Fe^{3+} 部分还原为 Fe^{2+}，外观呈青色。

2　周海龙，郑彬，张宏，等. 徽州民居砌体外墙材料、构造与热工性能初探 [C]// 建筑环境科学与技术国际学术会议，2010.

2）结构特征

徽州建筑吸收融合了抬梁式木构架和穿斗式木构架的各自优势，形成了新的混合结构体系（图 3-36）。徽州民居、祠堂的厅堂因需要较大的开敞空间，通常采用抬梁式木构架，两侧厢房空间较小则采用穿斗式木构架。穿斗式木构架常用于山墙面，增强了建筑的整体性能。这种混合结构形式对特殊功能和复杂地形具有良好的适应性，广泛用于民居、祠堂、戏台等建筑中。另外，木结构体现出明显的地域特征，采用梭柱、柱础、斜栱等宋式做法，檐柱多用石材以防止雨水侵蚀（图 3-37），这也是与徽州封闭环境相适应的结果。

图 3-36　抬梁与穿斗混合式木构架

图 3-37 木材与石材混合

4.传统建筑细部与装饰

1）马头墙

马头墙是徽州建筑最为鲜明的细部特征和地域基因，是适应防火需要的一种创造。马头墙超出屋顶形成形式统一的硬山山墙，与程式化的平面形制，形成徽州聚落群体建筑和谐统一的整体形态（图 3-38）。从构造上看，马头墙主要有“坐吻式”“印斗式”“鹊尾式”三种形式（图 3-39）。坐吻式马头墙等级最高，主要用于祠堂、社屋、寺庙中。印斗式、鹊尾式马头墙的等级次之。从形式上看，徽州地区马头墙的形状呈阶梯状，多为二三档，因受江南地区建筑的影响，偶有圆弧形等形状。马头墙因建筑的群体组合形成具有丰富的韵律感，如“单幢、数幢民居的马头墙因规模不同、位置不同、高低不同、轴向不同，表现出连续的韵律、渐变的韵律、起伏的韵律、交错的韵律等不同的韵律”[1]（图 3-40），同时地形走向和起伏变化也增加了这种韵律感。

1　单德启 . 村溪 • 天井 • 马头墙：徽州民居笔记 [C]// 清华大学建筑系 . 建筑史论文集 . 北京：清华大学出版社，1984.

图 3-38　马头墙实景

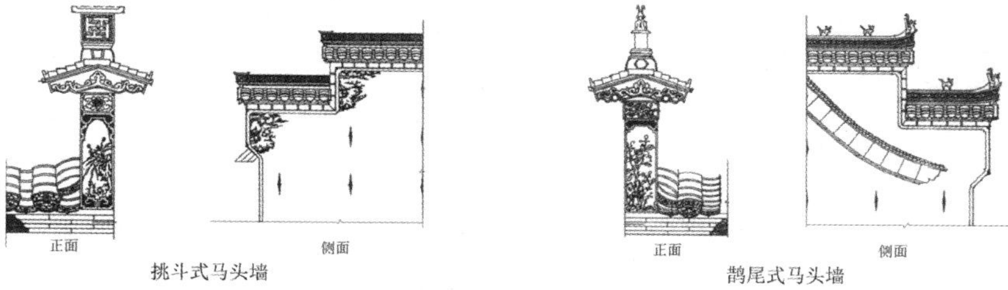

图 3-39　马头墙构造形式
资料来源：朱永春 . 徽州建筑 [M]. 安徽人民出版社，2005.

（a）西递村马头墙　　（b）马头墙韵律美

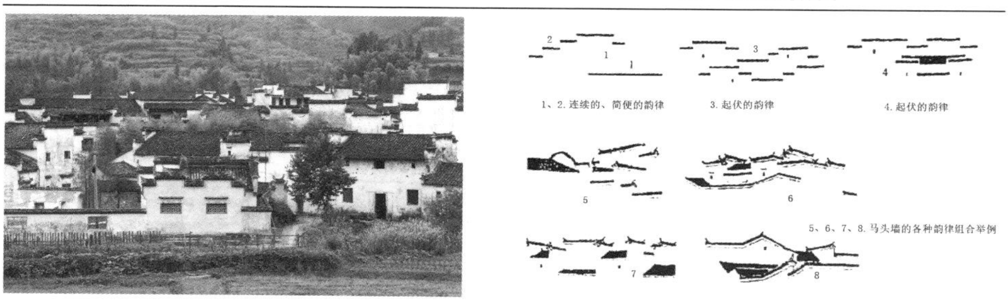

图 3-40 马头墙韵律美
资料来源：单德启 . 村溪 • 天井 • 马头墙：徽州民居笔记 [C]// 清华大学建筑系 . 建筑史论文集 . 北京：清华大学出版社，1984.

2）门楼

徽州建筑均设有门楼，门楼不仅是入口的标志，也是建筑中重点装饰的部分，象征了主人的身份和地位，是徽州建筑重要的构成要素。徽州门楼按形式大体可以分为四类（图 3-41）：门楣式、垂花门式、牌楼式、八字门楼式。门楣式工艺简单、造型朴素，在徽州地区传统民居建筑中使用广泛。垂花门式因其模仿北方四合院的入口门楼而得名。牌楼式或称门坊，由门楼和门罩两部分组合而成，一般用于祠堂或者受殊荣的民居，等级较高，采用徽州牌坊的式样，以增加威严宏伟气势。八字门楼式是从平面上看，大门向内退进一段距离，形成“八”字形，象征该户为经商或做官人家。徽州门楼上均有精美的砖雕和石雕，也有的简化为水磨青砖。

（a）门楣式　（b）垂花门式

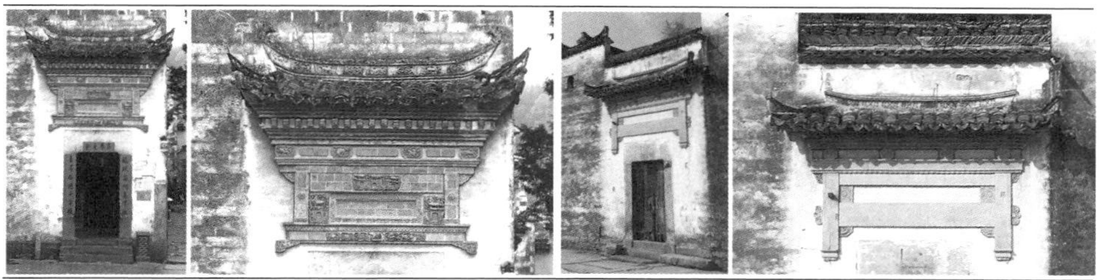

（c）牌楼式　（d）八字门式

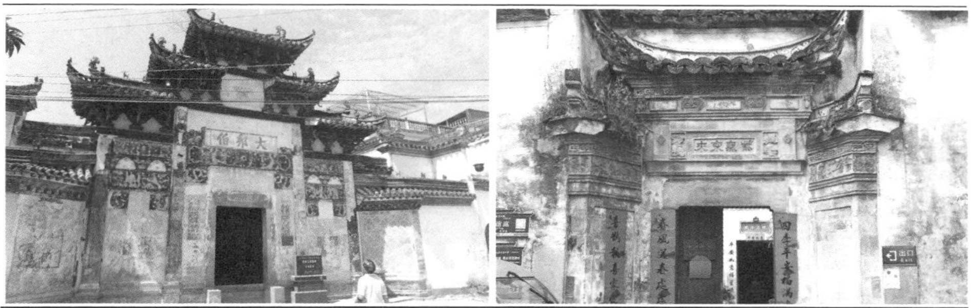

图 3-41 门楼样式

3）隔扇

隔扇，徽州俗称“格子门”“格子窗”，是徽州建筑内部用于空间分隔的建筑构件，也用于面向院落的建筑外立面。隔扇其高度为地栿至枋下皮距离，宽度则适应开关的便利性，并由开间宽度和樘数决定，体现出局部对于整体的适应性。隔扇在无玻璃的年代，便于采光、观景，也产生良好的装饰效果。明代至清代初期，徽州建筑中的隔扇简约质朴，多为木格和柳条窗。清代中期以后，随着财富的增加和审美的变化，隔扇雕饰趋于繁琐（图 3-42、图 3-43）。

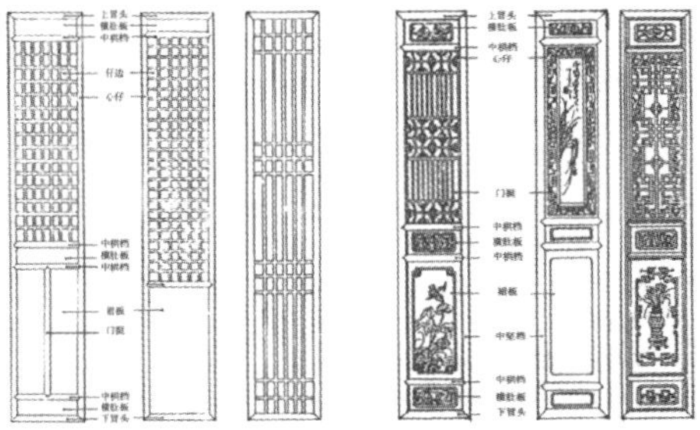

图 3-42　隔扇

（左为明代至清代初期，右为清代中叶以后）

资料来源：朱永春．徽州建筑 [M]. 合肥：安徽人民出版社，2005.

图 3-43　宅内隔扇门窗

4）飞来椅

飞来椅，亦称美人靠，是位于徽州建筑楼层中的弧形栏杆，其形状由传统的鹅头椅发展而来。飞来椅主要见于建筑内部，也用于临街店铺外立面，起到丰富建筑外立面的效果，此外用于亭、廊等构筑物中，供人休息，实用而雅致（图 3-44、图 3-45）。

图 3-44　绿绕亭飞来椅

图 3-45　亭廊飞来椅

5）三雕装饰

徽州建筑中，建筑构件一般通过三雕进行装饰，包括砖雕、石雕、木雕。徽州三雕的艺术价值和成就极高，常见于民居、祠堂、牌坊等建筑中，其工艺精湛，寓意深刻，不仅美化了建筑空间，还适应了儒家文化和耕读文化的精神需要。

徽州砖雕材料主要选用徽州地域特制的青灰砖，其质地细腻坚固，广泛用于徽州建筑的门楼、门套、屋檐、屋顶等处。砖雕题材包括人物花卉、园林山水等，具有鲜明的地域特色与生活气息，其用料与制作工序复杂、工艺考究，雕刻技法主要采用高浮雕和镂空雕，明代砖雕古朴自然，清代趋于工巧繁缛[1]。

石雕在徽州建筑中应用广泛，由于其材质坚固防潮性能好，不仅用于石桥、石坊、石亭，还常用于祠堂民居的台基、栏杆、柱础、漏窗等建筑构件，多用浮雕、圆雕、透雕等。相对砖雕、木雕，石雕由于材质限制雕刻相对简单，题材一般用动植物、纹样等，雕刻风格古朴雅致。

徽州建筑室内主体结构和室内家具均使用木材，装饰以木雕为主，在徽州三雕中数量最多。徽州建筑木雕包括三类，一为梁架、斜撑、斗拱等，属承重体系组成部分；二为隔扇、栏杆、门罩等，属建筑构件部分；三为床、桌椅、屏风等家具部分。木雕题材广泛，有山水、人物、花卉以及各类吉祥图案等，技法常采用浮雕、圆雕、透雕等[2]。

5.传统建筑色彩与审美

1）外部色彩

徽州建筑无论是祠堂还是民居多为粉墙黛瓦，在田园、山林、河塘的衬托下，给人古朴雅致、含蓄内敛的美感。徽州建筑为提升耐久性，墙体采用白垩粉刷防水，黑色的小青瓦主要用于徽州建筑屋面和墙脊防水，使得整个村落显得沉稳而厚重。白墙与马头墙呈现的线状黑色，门罩、小窗等呈现的面状、点状黑色，共同形成了朴素自然的整体色彩，与周围自然山水环境和谐共生，融为一体。徽州古民居历经沧桑岁月，墙面被风雨侵蚀为灰色，石牌坊、石桥、石栏杆为青石材料，大片的灰黑色调，更增添了历史的凝重感和时间之美。

在徽州整体黑白色调的村落中，也还存在一些夯土构筑的土墙屋、石墙屋、树皮屋，一般用作居住、贮藏，或者饲养之用，色彩为红黄色，成为黑白灰主色调的和谐点缀。此外，由于徽州村落多位于山野之间，徽州人重视农耕山林种植，四季色彩不同，春季油菜花的黄色，夏季稻田翠竹的绿色，秋季乔木的红色，冬季雪景的白色，黑白灰的建筑与四季植物共同形成了自然丰富多彩的季节色彩。

2）内部色彩

中国传统文化中，无论是儒家的反对奢靡，还是道家崇尚的返璞归真，反映在徽州建筑中是追求自然之美，反对建筑物过多装饰。徽州建筑外部色彩朴素淡雅，内部大都采用木结构，色彩以原木色为主，色彩沉稳淡雅，少施油漆，格调统一和谐。原

1　姚光钰．徽式砖雕门楼 [J]. 古建园林技术，1989（1）：51-56.

2　姚光钰．徽州明清民居工艺技术（下）[J]. 古建园林技术，1993（4）：6-10.

木材质自然，天井中光线照射其上形成二次漫反射，使得进入室内的光线柔和均匀，产生丰富的色彩和光影效果，并给人以静谧神秘的心理感受。徽州建筑这种色彩和光线营造出的静谧空间氛围，是世界上所特有的[1]。徽州建筑在明代中期以前较为淡雅朴素，不施华色[2]。随着明清时期财富的增加，建筑外部保持色彩朴素的同时，内部装饰色彩趋向华丽。

3）建筑审美

徽州建筑表现为“中、正、和”基础上的“静、虚”，而江南建筑则表现出“闲、静、清有余，中正不足”。徽州建筑中“静、虚”的审美表现主要是依靠建筑单体，通过空间围合、封闭、静物等要素，达到寂静无声、人宅相配的审美意境；万物看似寂静不动，却又随时间悄然而动；空间安静、色彩淡雅、装饰简洁，“富有儒雅气”[3]。徽州建筑的审美是“中、正、和”与“静、虚”的混合体，与江南建筑注重“闲、静、清、虚”的审美体验，以及与北方建筑偏重“中、正、和”的审美体验[4]具有一定的地域审美差异性。

3.2.3 传统村落建筑特色提炼

徽州村落和建筑是中国传统民居的典型代表，因其特殊的自然地理环境，融合山越与中原文化的徽州文化，以及明清时期繁荣的经济和先进技术，形成与之相适应的独具特色的地域性特征；对其进行归纳总结，有利于深入认识其地域性特色，为徽州当代地域性建筑设计提供借鉴。

1.自然共生的理想模式

基于徽州自然环境的条件，徽州人为了宗族的繁荣将选择和营造理想人居环境作为追求的目标，注重选址、安全以及整体环境的营造，体现了人居环境的重要价值。徽州村落的选址均以风水理念为依据，选择“依山傍水、藏风聚气”“枕山、环水、面屏”的理想人居环境模式，而对非理想环境的村落基址，采取适应性改造策略。村

1 茂木计一郎，稻次敏郎，片山和俊．中国民居研究 [M]. 汪平，井上聪，译．台北：南天书局，1996.

2 张仲一，曹见宾，傅高杰，等．徽州明代住宅 [M]. 北京：建筑工程出版社，1957.

3 郭因．应该如何看待徽州民间建筑艺术——徽州民间建筑艺术首次研讨会小结 [J]. 东南文化，1993（6）：164-165.

4 肖宏．从传统到现代——徽州建筑文化及其在现代室内设计中的继承与发展研究 [D]. 南京：南京林业大学，2007.

落的营造首先是保护生态环境，并合理高效利用地域资源，对自然山体进行保护，村落建筑顺应地形减少对山体的破坏，对自然水体的科学规划与适应改造，以满足人们生产生活和消防排涝的需要。此外，通过保护林木和植树造林，起到保护、挡风、隐蔽、美化环境的作用。徽州村落营造出满足聚落物质生活和精神需要的理想人居环境，体现出天人合一、和谐共生的传统生态理念。

2.文化融合的营造理念

人类文明的发展有赖于文明的融合互鉴，徽州建筑的营造理念，融合了中原文化和山越文化，体现出文化融合的典型特征。

1）村落布局遵从人文秩序

徽州的中原移民带来的中原文化与原有土著山越文化融合，形成了遵从宗法制聚族而居的聚落空间模式，在村落中以祠堂为祭祀和心理中心，形成民居围绕宗祠、支祠建造的村落聚居模式和聚落特征。严格的宗法制度、朴实的耕读传统、和谐的邻里交往，以及高雅的生活情趣，形成了主次分明的空间结构和层次递进的空间序列，呈现出高度秩序化和有机化的村落空间布局。

2）建筑空间反映礼乐思想

徽州建筑的单体空间融合了儒家伦理的礼乐思想，形成以天井为原型的三合院，通过不同拼接方式形成建筑的群体组合。单元平面以天井为中心组织空间，中轴对称，方整中正，体现了“礼”的秩序主导，而庭院、辅助用房的设置及其组合结合地形因地制宜，体现了“乐”的灵活调适。徽州地域性建筑中采用天井空间，满足了高密度的居住环境中居民生活对采光通风防潮等需要。徽州建筑的“礼”适应了儒家思想对理性秩序的建立，而“乐”则是对复杂自然地形自然秩序以及个体建房自发秩序的双重适应，形成了适应自然与文化整体有序的空间形态。

3）建筑形态体现地域特色

徽州建筑在形态上极具地域特色，表现为融合了北方规整方正和南方精巧雅致的整体形态，马头墙、门楼和三雕的细部形态。马头墙不仅具有防火防盗的功能，也是徽州建筑最具特色的形态要素，多样的群体组合以及地形的起伏，形成高低错落的韵律感。徽州建筑外部极少装饰，门楼作为重点装饰部位，与简洁的外墙形成简繁对比美。

徽州建筑的砖石木三雕作为装饰元素，在建筑构件上普遍使用，其材质质朴、雕刻精湛、寓意深刻，为徽州建筑增添了美感和意义。

4）建筑装饰表达高雅特质

徽州地域性建筑色彩融合了时间的因素，无论是祠堂还是民居均采用白墙黑瓦，以黑白灰为基调，与山水环境和谐融合，给人以一种质朴淡雅的美感。历经沧桑岁月，徽州古村落民居原来洁白的石灰粉墙已被风雨侵蚀形成大片的灰黑色调，更加增添历史的厚重感。建筑内部色彩木结构以木本色为主，少量施以油漆和色彩，整体质朴素雅。此外，简洁而富有寓意的建筑装饰，体现了徽州建筑中庸内敛和质朴高雅的审美特质。

3.技术适宜的建造手段

明清时期徽州经济繁荣、技术先进，村落建筑的建造采用与之相适应的适宜技术，体现在多方面。村落选址依据风水术选择“枕山、环水、面屏”的理想环境，采用风水术对非理想环境进行改造；建筑单体采用地床式与干栏式相结合的建造方式，通过天井解决采光通风防潮等问题；建筑材料就地取材，充分利用当地砖石木材料；结构技术融合抬梁式与穿斗式结构，增加了结构和功能的适应性；装饰采用三雕工艺与经济发展和技术水平相适应。

徽州传统地域性村落建筑的适应性机制是通过自然共生的理想模式、文化融合的营造理念和技术适宜的建造手段，适应了自然环境和社会环境，营造出“天人合一”的理想人居环境，体现出强烈的地域性特色，这对徽州当代地域性建筑营造良好的人居环境具有极大的启示和现实意义。

3.3 徽州现代地域性建筑发展脉络

近代以来徽州地域性建筑的发展是在中国建筑发展的大背景下展开的，其发展脉络既有着与中国建筑发展的相似因素，如社会经济发展水平、现代建筑实践、复古思潮等内容，又受到徽州地域特殊的自然地理、社会文化以及技术经济等因素的影响。徽州地域与外界一直保持着互动，但总的来说，由于区位和交通条件的制约，其整个社会经济发展和城市建设活动相对滞后，徽州地域性建筑发展缓慢。20 世纪 20 年代现代建筑在中国开始传播，其发展曲折而艰辛[1]，徽州现代地域性建筑发展同样如此，将时间向前追溯到1840年，大致可分为：先期探索时期（1840—1948年）、曲折前行时期（1949—1977年）、回归发展时期（1978—1999年）、多元创新时期（2000年至今）四个阶段。

3.3.1 先期探索时期（1840—1948年）

在建筑领域，传统建筑的现代继承，贯穿中国近代建筑的历史，“对中国传统建筑文化的探求和传承，一直是建筑创作和学术活动的重要方向和坚定的观念，建筑创作立足传统，在我国的近现代建筑发展中，展现出曲折而显现的过程”[2]。从20世纪之初的“中国式”到二三十年代的“中国固有式”，构成了中国近代建筑的鲜明特征。

徽州近代建筑体现出徽州地区从传统社会向现代社会转变的历史特征，主要体现在对传统建筑的沿袭与改造，对西方现代文化的吸收和融入。徽州地区位于内陆山区，相较于近代城市，其建筑依然保持了地域文化、建造工艺等鲜明的传统特征。

1.徽式、西化建筑

徽州城镇在明清时期发展较快，但由于不具备形成近现代城市发展的条件，且较少受到西方文化的影响，其西方文化的传播途径主要依靠在外经商或留学的乡里人，具有西方文化特征的建筑在村落中呈点状分布，并表现出不稳定和零碎化的状态[3]。

徽州近现代建筑分为，“徽式”建筑、“西化”建筑和“西风”建筑[4]。徽州近现代西化建筑体现了对西方建筑文化的局部模仿，保留了徽州传统建筑的整体风貌，但功能上已逐渐实用化，装饰上吸收简化的窗楣、拱门、券洞、水平线脚等西方建筑元素，并在本土文化与西方文化之间不断碰撞协调，如呈坎潨川小学（1905）等。“西化”建筑的整体风貌已接近西式建筑，如黄山区知还山庄（1927）、屯溪老街绩溪会馆等，其建筑立面强调轴线对称，突出中心与采用规则抽象的几何造型，同时采用了西方古典的构图手法，追求外观端庄、稳定和完整，建筑材料采用了洋灰（混凝土），细部也采用了一些西方柱式以及几何形（图3-46—图3-48）。

1 邹德侬，曾坚．论中国现代建筑史起始年代的确定[J]．建筑学报，1995（7）：52-54.
2 曾坚，邹德侬．传统观念和文化趋同的对策[J]．建筑师83，1998：45-50.
3 裴鹤鸣．徽州近代建筑遗存现状及其特征研究[D]．合肥：安徽建筑大学，2017.
4 朱永春．徽州建筑[M]．合肥：安徽人民出版社，2005：65.

图 3-46　呈坎潨川小学
资料来源：程嘉楷 . 徽州老照片 [M]. 济南：山东画报出版社，2016.

图 3-47　知还山庄
资料来源：裴鹤鸣徽州近代建筑遗存现状及其特征研究 [D]. 合肥：安徽建筑大学，2017.

图 3-48　屯溪老街绩溪会馆

2.“中国固有式”建筑

图 3-49　黄山观瀑楼

20 世纪，在中国近代“中体西用”“中道西器”“国粹主义”“文化本位”等主流文化观念影响下，西方学院派建筑教育背景的中国第一代建筑师设计出一批“中国固有式”建筑。“中国固有式”成为国人眼中“中体西用”的民族建筑文化复兴的标志，如燕京大学、南京中山陵、上海市政府、南京博物院等，均采用了“中国固有式”建筑形式。徽州地区虽地处山区，但与外界交流频繁，黄山自古以来是文人墨客向往之地，民国时期多有文人在黄山修建别墅度假之用，零星建造一些“中国固有式”建筑，如黄山观瀑楼建于民国二十八年（1939 年），为两层楼房，占地面积 626 平方米。该楼由上海溥益纱厂总经理徐静仁投资，1954 年曾进行整修（图 3-49）。徽州地域“中国固有式”建筑数量较少，因其一般由建筑师设计且造价较高，且与徽州地域文化差异较大，难以形成适应地域环境的稳定形态。在广大乡村地域仍然延续着传统建造模式。

3.传统建造体系

这一时期的徽州地域建筑，建造者仍多为传统匠人，使用的建筑材料仍为传统砖石木，建造技艺也多为传统工艺，即使是一些使用了洋灰（混凝土）的建筑，仍然体现出强烈的徽州地域建筑特色。虽然景区有一些按照现代体系建造的“中国固有式”建筑，但总的来说，这一时期传统建造体系仍然是主流。建造体系的变化依赖于建筑材料、建筑技术以及观念的整体改变，这一时期的徽州不具备现代建造体系的社会经济基础，而其整体改变是在中华人民共和国成立后徽州地区社会经济的整体转型。由此，亦可以看出不同建造体系之于地域性建筑具有的影响。

3.3.2 曲折前行时期（1949—1977 年）

1949 年中华人民共和国成立，政治制度、社会意识形态发生重大转变，在受到苏联的影响下，大小城市普遍采用“社会主义民族形式”指导建筑设计[1]，而此后受国内政治意识形态反复变化，以及徽州社会经济发展和文化环境因素的共同影响，徽州地域建筑呈现“民族形式”弱势发展、现代建筑初步探索、设立本土设计机构、建筑技术缓慢发展的特征。建筑风貌上主要表现在对民族形式与现代理念的模仿与改进，并积极探索现代建筑材料和技术的应用，在艰难曲折探索的同时，也为传统建筑文化的发扬奠定了基础。

1.“民族形式”建筑发展概况

这一时期徽州“民族形式”建筑主要表现为民族形式、新古典主义、共和国形式的弱势发展。徽州地域的“民族形式”建筑，在相当程度上进行了简化，一方面受徽州传统文化审美中追求实用简约淡雅的影响，另一方面也是受经济条件和技术条件的制约。

民族形式建筑多位于景区内，如黄山北海宾馆位于黄山风景区北海景区，始建于 1958 年，建筑采用中轴对称、歇山式屋顶，体现出典型的民族形式特征，而且对民族形式进行了简化处理。

新古典主义建筑是 20 世纪 50 年代中国建筑的主流[2]。屯溪人民电影院，1950 年建成，是徽州地域最早建成的混合结构建筑物，由姚少轩[3]先生设计，采用松木连接代替钢架[4]。建筑形态中轴对称简洁大方，入口门廊采用无装饰方柱，山墙开窗讲究比例关系，体现出新古典主义建筑特征和徽州建筑简洁形态意象的混合。

此外，受苏联影响，徽州 50 年代出现了一些苏式风格建筑。歙县原县委礼堂位于歙县徽城镇，建于 1956 年，大礼堂入口处有三个筒形拱门，四根柱式支撑，具有仪式感。

1　郝曙光 . 当代中国建筑思潮研究 [M]. 北京：中国建筑工业出版社，2006.

2　严何 . 古韵的现代表达——新古典主义建筑演变脉络初探 [D]. 上海：同济大学，2009.

3　1941 年毕业于大夏大学土木工程专业。

4　屯溪市地方志编纂委员会 . 屯溪市志 [M]. 合肥：安徽教育出版社，1990.

外墙采用混凝土砂浆粉刷，线脚工整[1]。山墙处理简洁，弧形和水平女儿墙，是苏联模式的地域本土化，适应了当时的政治和地方经济技术环境。

2.地域性现代建筑探索

随着徽州地域工业化的进行，现代建筑的理念也在同时引入，主要体现在现代建筑的功能适应性与简洁的造型，建筑形式及空间为了适应新的功能需要，逐渐挣脱传统建筑形态的束缚，不拘泥于固定的模式。这一阶段主要是对现代建筑理念的学习和吸收，受意识形态、地方经济、建筑技术，以及观念和认识等因素的影响，徽州地域建筑特色则体现不足。

阊江饭店位于祁门县县城，1958 年由张天胜[2]设计，1960 年竣工。主楼高 5 层，建筑面积 6000 平方米，砖木结构。根据场地条件，整体形态设计成 L 形，主入口处理成外八字形。其造型受 Art Deco（艺术装饰风格）的影响，墙采用窗间墙内凹，用类似马头墙的女儿墙封檐（图 3-50）[3]。屯溪饭店 1976 年 11 月建成，为 6 层大楼，建筑面积 5958 平方米，是屯溪 20 世纪 70 年代首座 6 层混合框架结构建筑物，也是当时最高建筑物。建筑依山就势，形态自由舒展，采用横向长窗、玻璃幕墙等现代建筑语言，整体白色色调，形成淡雅明快的建筑意象。1978 年，黄山林校在屯溪市郊重新建校（现为黄山学院）。主教学楼为 5 层混合结构，建筑面积 4345 平方米，外墙大量应用水刷石。[4]校舍均建于山地环境，并与山地环境形成良好的契合关系，而这一时期由于缺少对地域文化特色的追求，体现出适应现代建筑使用功能的要求（图 3-51）。

图 3-50　祁门阊江饭店
资料来源：祁门县地方志编纂委员会办公室编 . 祁门县志 [M]. 合肥：安徽人民出版社，1990.

图 3-51　黄山林校教学楼
黄山林校办公室 . 安徽省黄山林业学校校志（1956—1988）[Z]. 黄山林校，1988.

1　同济大学国家历史文化名称研究中心，上海同济城市规划设计研究院 . 歙县国家历史文化名城保护规划 [R].2015.
2　祁门县建筑安装工程公司工程师，1943 年毕业于浙江建筑学校。
3　祁门县建筑安装工程公司 . 祁门县建筑安装工程公司志 [Z].1992.
4　黄山林校办公室 . 安徽省黄山林业学校校志（1956—1988）[Z]. 黄山林校，1988.

3.地方设计机构形成

20 世纪 50 年代以前，徽州地区建筑设计由工匠领班建造，建筑物大部分为木结构或砖木结构，一般为平房，少数二层，建筑风格绝大部分为典型的徽派民居形式。1958 年，为服务地方工业建设，成立屯溪基建办公室（黄山市建筑设计研究院前身），开始有建筑设计[1]，成为日后推动徽州地域特色建筑设计的主要力量。地方设计机构由于设计力量薄弱，设计目标主要是为了满足工业生产生活最基本的功能需要，而也正是因此，徽州地域建筑注重实用性，呈现出地域性的质朴与真实，这种特质也一直延续至今。

4.建筑技术缓慢发展

徽州传统建筑材料为木、石、砖和石灰，中华人民共和国成立初期，仍以木、石、砖、石灰为基本的建筑材料。自 1958 年以来，先后建立屯溪水泥厂，徽州地区水泥厂及各县水泥厂，年产量也从开始的几千吨发展到几万吨，徽州地域性建筑从木、石、砖和石灰等传统的基本建筑材料，逐步转变为使用钢筋混凝土材料。建筑结构也发生了相应的变化，从传统的砖木结构逐步向混合结构转变，如 1964 年建成的徽州地区影剧院采用 20 米跨度的梁架混合结构。钢筋混凝土的使用，实现了从砖木结构，到砖混结构，再到框架结构的技术进步，建造主体逐渐由传统匠人逐渐过渡到建筑工人[2]。由于材料、技术、人员的限制，这一时期属于现代建筑技术引入、吸收和学习的时期，建造规模体量较小，建筑质量和品质不高，建筑的整体发展处于曲折探索的阶段。

3.3.3 回归发展时期（1978—1999 年）

改革开放以后，随着思想文化的逐步开放，经济快速发展以及重新引入中国的西方建筑理论。徽州地域城市转型，旅游业兴起、徽州建筑研究等因素，这个时期的徽州地域性建筑探索呈现快速发展的趋势。其中既有地域文化的传承，又有现代文化的吸收，同时还包含文化融合所产生的新观念和新思想。随着徽州文化、徽派建筑的价值为人们所认识，徽州建筑的现代继承与探索日益受到重视，焕发生机。这一时期徽州地域性建筑，逐渐体现出的徽州地域性特征，建筑设计以徽州建筑为原型，不仅在徽州地区逐步发展，而且逐渐影响到徽州以外地区。这一时期属于建筑地域性探索的回归发展阶段。

1　黄山市地方志编纂委员会 . 黄山市志 [M]. 合肥：黄山书社，2010：213.

2　黄山市地方志编纂委员会 . 黄山市志 [M]. 合肥：黄山书社，2010：213.

1.地域建筑回归与现代建筑发展

徽州地域建筑在经历了曲折前行时期，在改革开放后，由于对传统建筑文化的日益重视和徽州地域社会经济的发展，迎来了地域建筑的回归发展时期，一批具有时代特征和地域特色的建筑物建成，为徽州地域性建筑发展注入了新思想和新语言。

1979 年 7 月，清华大学建筑系朱自煊教授主持、编制完成的《屯溪市城市总体规划》[1]，充分利用自然景观和交通条件大力发展旅游业，保持原有建筑风格和历史悠久商业街特色，把屯溪建成皖南旅游区域中心和花园城市[2]（图 3-52）。这不仅奠定了城市的整体格局，在此后城市规划和景区规划中，将自然和文化作为城市建设的关注重点。位于屯溪老街东侧的旅游商贸城，强调文脉的延续，保持商业步行街的传统。一方面与老街取得协调，另一方面与其东侧的现代建筑形成联系，在城市层面起到了联络传统与现代的过渡作用；并通过小尺度策略，与古朴的屯溪老街相互呼应，成为中心城区最具活力的商业街区（图 3-53）[3]。

图 3-52　屯溪老街

图 3-53　黄山旅游商贸城

清华大学汪国瑜、单德启先生设计的黄山云谷山庄，1981 年开始设计，1987 年竣工，建筑群布局吸取徽州村落的适应性经验，依山就势，由北向南随地势而下，化整为零形成不同大小的天井和院落。建筑形态汲取徽州建筑中最具特色的马头墙和粉墙黛瓦，营造出徽州传统村落和建筑的整体意象[4]，体现了建筑与自然和文化的高度融合（图 3-54）。东南大学齐康先生设计的黄山国际大酒店（1995），该建筑背

1　朱自煊．屯溪老街历史地段的保护与更新规划 [J]. 城市规划，1987（1）：21-25.
2　周广扬．屯溪小城规划出台纪实 [J]. 工程与建设，1999（2）：39-43.
3　陈琍，程铨．黄山旅游商贸城规划设计浅析 [J]. 安徽建筑，2000（5）：7-8.
4　汪国瑜．营体态求随山势 寄神采以合皖风——黄山云谷山庄设计构思 [J]. 建筑学报，1988（11）：3-10.

山面水、风景宜人，采用现代酒店功能，将传统马头墙进行简化镂空处理，形成具有装饰意味的山墙和粉墙黛瓦的意象。建筑造型虚实结合，具有现代感，体现出融合自然及古朴风格（图3-55）。地方设计单位在设计中逐渐自觉地将徽州建筑元素融入建筑设计中，如1995年建成的屯溪老街三江聚饭店，以马头墙、小披檐等元素灵活组合，形成一组变化生动的徽州地域性建筑（图3-56），适应了徽州为发展旅游业而形成徽州特色的努力。

图3-54　黄山云谷山庄

图3-55　黄山国际大酒店

图3-56　屯溪老街三江聚饭店

建于老街对岸的花溪饭店（1989），是在高层建筑中探索徽州地域特色的尝试（图3-57），但由于限于符号的运用，选址不当和过大的体量对环境形成了破坏，也因此于2016年遭到了拆除的命运。随着对现代建筑的进一步传播，20世纪末建成的黄山市市政府办公楼和黄山市电信大楼，通过抽象简化的形态，白色调以及强烈的虚实对比，表达出徽州地域建筑的特征，简洁协调的整体形态适应了现代功能和审美需要（图3-58）。

图3-57　花溪饭店

图3-58　黄山市市政府办公楼

3.地方设计机构逐步健全

2006年，黄山市全市共有建筑工程设计、工程勘察设计院17家。其中黄山市建筑设计研究院、黄山市城市建筑勘察设计院、安徽省徽州古典园林建筑研究所，成为徽州地域建筑创作的主要力量[1]。部分项目获得省部级奖项，市建筑设计研究院的设计作

1　黄山市地方志编纂委员会.黄山市志[M].合肥：黄山书社，2010：213.

品多次在省、市获奖。设计机构数量的增加，设计项目的获奖，为城市建设提供了技术支撑，也为地域性建筑创作积累了技术力量。虽然获奖级别和数量与国内大型设计机构仍有较大差距，但地方设计机构在建筑设计中坚持地域特色，对徽州地域城市整体风貌的统一起到重要作用。

4.建筑技术快速发展

这一时期随着城市建设的需要，高层建筑大跨建筑不断发展，建筑技术快速发展，建筑施工能力提升。20 世纪 80 年代初，地方施工企业即能建造高层建筑，如新安江宾馆 7 层（1985）、徽州地委办公楼 9 层（1988）、黄山百大商厦 7 层（1988），以及花溪饭店 10 层（1989）。90 年代末，本土施工单位已经能建造 20 层建筑物，黄山市市政府办公楼总建筑面积 23 000 平方米，总高度 84.6 米，21 层，施工采用先进的泵运砼和整体提升架工艺技术，主体施工创造了 5 天建造 2 层的高速度。黄山市电信枢纽办公楼 21 层，总高度 99.97 米，建筑面积 15 600 平方米，是黄山市第一高楼，也是黄山市第一座智能化大楼，从破土动工到主体封顶仅用 13 个月的时间。黄山市体育馆建筑面积 11 700 平方米，设有 3500 个座位，采用大型交叉圆筒网壳结构，平面长向尺寸 88 米，短向尺寸 78 米，建筑造型具有表现力 [1]。建筑技术的进步，满足了城市发展对高层建筑的大跨建筑的需求，也丰富了徽州地域建筑设计类型。

3.3.4 多元创新时期（2000 年至今）

21 世纪至今，中国改革开放已四十余年，中国经济持续高速增长，城镇化不断推进，世界也迈入经济全球化的发展时期。随着全球化城市化的进程，城市面临空间趋同、环境恶化等诸多问题，如何传承传统建筑文化，如何面对生态危机，成为中国建筑发展必须面对的问题。经过几十年的探索，地域性建筑的概念愈发清晰，中国建筑师意识到，建筑设计应回到建筑原点，立足本体、适应环境才是真正的地域性建筑。吴良镛先生起草的《北京宪章》展望了 21 世纪建筑学的发展方向，认为“文化是历史的积淀，是城市和建筑之魂”“地区建筑学不只是地区历史的产物，更是与地区的未来相连” [2]。

2000 年以来，黄山市随着融入全球化逐渐形成徽州当代地域文化（图 3-59），社会经济快速发展，农业、工业、旅游产业、房地产业规模迅速壮大，形成以黄山风光

1　曹国峰，陆余年，姚念亮．黄山体育馆屋盖网壳静动力分析 [J]. 空间结构，2004，10（1）：27-30.
2　吴良镛．国际建协《北京宪章》：建筑学的未来 [M]. 北京：清华大学出版社，2002.

为龙头，以徽州文化为特色，以国际化旅游为目标的旅游型城市。随着交通条件的改善，特别是高速公路和高铁的开通，黄山市逐渐形成“米”字形交通节点，与周边经济发达城市的经济互动日益频繁，市场经济的繁荣和发展，城市建设快速推进，逐渐形成以屯溪为中心的城乡一体格局。城乡发展迎来了建筑设计特色凸显、多元创新的全新时期。

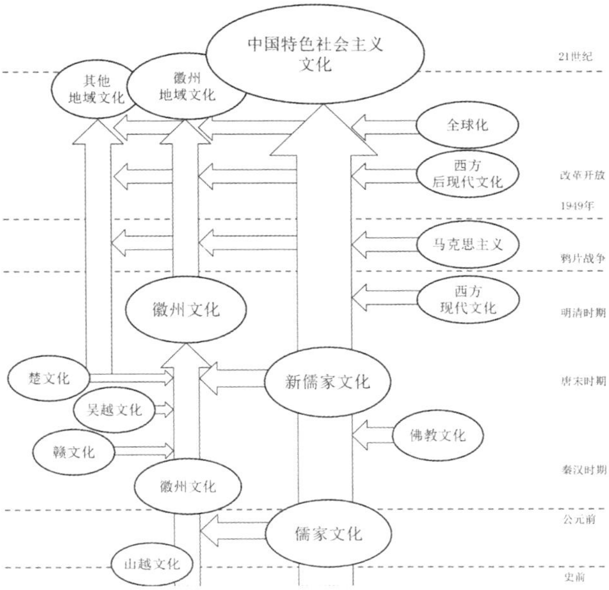

图 3-59　徽州地域文化发展脉络图

1.各方力量合力支持

新一轮的黄山市总体规划以建设皖南中心城市为目标，带动了黄山市迈入 21 世纪后城乡社会快速发展的新时期，凸显徽州地域文化特色成为社会各界的共识，既有政府政策引导，也有专家学者和居民的支持，形成自上而下和自下而上的良性互动状态。

地方政府为弘扬徽州地域建筑文化，塑造城市整体风貌，制定了一系列政策。城市发展规划中明确建筑应体现徽州建筑特色，地方政府还发布了一系列地方文件，实施了一系列措施，发布了《关于弘扬徽派建筑文化、加强规划建设管理暂行规定》(1999)、《黄山市关于进一步加强规划管理弘扬徽派建筑文化的通知》（2002）、《黄山市徽派建筑风格保护管理暂行规定》（2006），要求规划和建筑设计研究单位要加强对徽派建筑创新的探索和研究，在满足功能与现代生产、生活方式相适应的同时，要注意传承徽派建筑风貌。面对多元文化的冲击，2005 年黄山市建筑学会发布了《维护黄山市地方建筑特色行动宣言》，体现了本土建筑界对待传统与现代辩证而理性的认识[1]。2012 年安徽省发布《关于加强徽派建筑特色保护与传承工作的意见》，将徽州建筑核心区扩大到绩溪、旌德和泾县。黄山市自 2009 年开始实施“百村千幢”工程，“徽州古建筑保护利用工程”（2014），采用“保徽、改徽、建徽”措施对古建筑严格保护。

1　维护黄山市地方建筑特色行动宣言——致全市各界参与维护地方建筑特色的倡议书 [J]. 徽州社会科学，2005(4)：35-36.

2017 年，黄山市政府制定《黄山市中心城区城市空间特色规划》，通过导则的形式制定分区分类指导，使徽州建筑风貌具有了更加具体的可操作性[1]。《黄山市城市控制性详细规划通则》(2019) 中规定建筑风貌应坚持徽派建筑特色，体现“精巧、雅致、生态、徽韵”特征，建筑色彩以白、灰色为基调，不得大面积使用艳丽色彩，不得追求“大、洋、怪”，形成传统文化和现代技术融合发展的趋势。

20 世纪 50 年代开始，东南大学刘敦桢先生、建筑科学研究院张仲一先生先最早对徽州建筑进行了研究。随着 80 年代民居研究的重启，徽州地区吸引了众多学者的关注，如清华大学单德启先生、东南大学龚恺先生等。为推动徽州建筑的创新和标准化建设，举行了“21 世纪徽派建筑设计竞赛”（2003），编制了标准图集《地方传统建筑（徽州地区）》（2003）[2]、《传统特色小城镇住宅（徽州地区）》（2005）[3]、《黄山市新徽民居建筑设计方案集》（2005）。2012 年《徽州古建筑聚落保护利用和传承关键技术研究与示范》获国家科技部支持，为推动徽州地域建筑保护利用提供了技术支撑。

随着城市规模不断扩大，社会经济快速发展，徽州地域特色建筑设计进入了多元创新的时期。这一时期，除了徽州地区本地设计机构，大批国内外设机构和事务所进入，有些项目通过合作设计，增进了文化交流融合，推动了徽州地区建筑设计行业的整体发展。对徽州地域文化的认同与对现代文化的期许，设计体现徽州地域特色，成为管理者、设计者、使用者和居民的普遍共识，也是所有建设项目的共同追求的目标，无论是历史街区保护性开发还是新建筑地域性表达，呈现出地域性和时代性的特征（表 3-1）。

1　陈雨，伍敏，刘中元，等．历史文化城市空间特色规划编制方法探索——以黄山市实践为例 [J]. 城市规划学刊，2017（s2）：92-97.

2　地方传统建筑（徽州地区）：03J922-1[S]. 中国建筑标准设计研究院，2004.

3　传统特色小城镇住宅（徽州地区）：05SJ918-1 [S]. 中国建筑标准设计研究院，2005.

表 3-1 徽州地域性建筑案例分析（2000—2018 年）

序号	案例	案例名称	位置	设计单位	案例分析
1		徽州府衙	歙县徽州古城	安徽省徽州古建筑研究所、上海同济城市规划设计研究院有限公司	历史建筑恢复建设，从规划布局、空间形态到建筑风貌、建筑细部（包括徽州三雕）等方面，传承徽州传统营造技艺
2		秀里影视城	黟县宏村镇	黄山市城市建筑勘察设计院	古建筑异地保护利用，结合山水自然景观，还原徽州传统村落百姓生产、生活场景
3		湖边古村落	屯溪区新安江延伸段	黄山市建筑设计研究院、上海市政工程设计研究总院有限公司	古建筑异地保护利用和新建相结合，传统街巷空间有机组合，融入周边山水，体现传统村落空间肌理及风貌
4		黎阳 IN 巷	屯溪区黎阳	澳大利亚柏涛墨尔本建筑设计有限公司、深圳奥意建筑工程设计有限公司	尊重历史文脉，保留历史印记，对黎阳老街传承改造，彰显徽州传统商业街区空间肌理，融合传统与现代风格
5		滨江旅游文化服务综合体	屯溪区新安江延伸段	黄山市建筑设计研究院	建筑依水而建，体现传统村落空间肌理，整体再现传统徽州建筑之美
6		黄山元一大观	屯溪区阳湖	上海利恩建筑规划设计事务所	运用抽象的徽州建筑元素符号，街区空间布局层次丰富，传承传统风貌的同时又体现现代商业街区空间肌理
7		黄山雨润高尔夫涵月楼	屯溪区高尔夫度假区	上海秉仁建筑师事务所	整体布局借鉴传统村落形态，将传统民居、徽州园林等传统载体与现代休闲度假功能有机结合

续表

序号	案例	案例名称	位置	设计单位	案例分析
8		百师宫	屯溪徽文化长廊	浙江安地建筑规划设计有限公司、黄山市建筑设计研究院	以徽州水圳为脉络展开布局，再现传统商业街区空间肌理，以现代建筑材料和建构方式，抽象徽州建筑语言
9		德懋堂	徽州区丰乐湖	北京天地都市建筑设计有限公司	建筑群依山就势、点状布局，高低错落，体量精巧，尺度适宜，掩映在自然山水中，体现传统山地村落特质
10		黄山风景区管委会办公楼	黄山风景区南大门	清华大学建筑学院、黄山市建筑设计研究院	通过对马头墙、天井、雕刻、地方材料等元素的借鉴和提炼，以适度的变化，体现现代简洁不失传统的风格，融入自然
11		黄山市建筑设计研究院办公楼	屯溪区齐云大道	黄山市建筑设计研究院	以现代的语言和手法，通过抽象符号及细部构件，造型简洁并体现传统特征，是传统与现代结合的经典案例
12		中国徽州文化博物馆	屯溪区徽文化长廊	黄山市建筑设计研究院	采用徽州村落的整体布局，融合周边自然山水，运用徽州传统建筑语言的现代组合，体现现代与地域的共生
13		徽文化产业园（三雕博物馆）	黄山经济开发区	合肥工业大学建筑设计研究院有限公司、黄山市水墨建筑设计咨询有限公司	通过体块穿插组合、虚实对比、材质变化，整体体现地域性特征，富有现代感
14		新安中学	歙县徽城镇	黄山市建筑设计研究院	建筑群紧凑而舒展，运用抽象的元素和符号，材质虚实对比，格调清新淡雅，营造出校园建筑氛围

续表

序号	案例	案例名称	位置	设计单位	案例分析
15		黄山学院	屯溪区阳湖	同济大学建筑设计研究院有限公司	校园依山就势，整体风格统一协调，将徽州传统符号进行抽象，与现代大学建筑巧妙融合
16		柏景雅居	屯溪区黎阳	澳大利亚柏涛墨尔本建筑设计有限公司、深圳奥意建筑工程设计有限公司	充分利用场地内水体，形成小区水景，白墙青砖木百叶的穿插运用，是现代多高层住宅区的地域性探索
17		玉屏府	屯溪区徽州大道	四川省林业勘察设计研究院有限公司	通过材质与色彩的对比，抽象的徽派建筑元素、符号和构件，白墙、青砖、灰瓦、木格栅，营造出良好的人居环境
18		歙县禾园·清华坊	歙县鱼梁	黄山市建筑设计研究院	借鉴传统村落布局和景观，采用现代的语言和手法，立面丰富，色调清新明快，融传统与现代一体
19		黄山轩辕国际大酒店	黄山区甘棠镇	北京市建筑设计研究院有限公司	建筑结合地形，因地制宜，采用现代建筑语言，尺度比例适宜，对传统元素进行抽象提炼，体现建筑时代性和地域性
20		黄山皇冠假日酒店	屯溪区黄口	中国建筑设计研究院有限公司	建筑多层退台，与周边山相呼应，以现代的材料和手法，对传统徽州建筑元素进行抽象提炼，体现舒展开放形态
21		绩溪博物馆	绩溪县县城	中国建筑设计研究院有限公司	建筑以徽州山水为背景，以“留树作庭随遇而安，折顶拟山会心不远”为理念，营造出微缩村落建筑景观

续表

序号	案例	案例名称	位置	设计单位	案例分析
22		黄山市城市展示馆	屯溪区徽文化长廊	台湾大元建筑及设计事务所	理念源于李白《送温处士归黄山白鹅峰旧居》，营造“黄山四千仞”“丹崖夹石柱”“攀岩历万重”“碧嶂尽晴空”的意境
23		黄山高铁站	屯溪区高铁新区	中铁第四勘察设计院集团有限公司	设计理念以抽象的手法，对黄山磅礴雄伟、天然巧成的形象特征进行诠释，表达交通建筑体现速度的空间
24		黄山太平湖公寓	黄山区太平湖	MAD 建筑事务所	建筑依附于地貌，融入营造山的形态，与太平湖水交相辉映，体现了建筑在自然山水生长的状态
25		休宁双龙小学	休宁县五城镇	北京联合维思平建筑设计事务所有限公司	建筑与村落环境融为一体，建筑材料可循环利用，构件工厂预制、现场搭建，采用绿色建筑设计，减少能耗
26		松风翠山茶油厂	婺源县江湾镇	上海畅想建筑设计事务所	建筑整体形态呼应山势走位，协调河道与人行空间，采用废弃砖材、木材、门板、花格窗等构件
27		齐云山树屋	休宁县齐云山	本构建筑设计（上海）有限公司	建筑通过架空悬挑等方式融入自然，采用建构的方式，使用钢材和当地木材，建构出独特的地域景观建筑

注：案例 1-7、9、14、17、24 由黄山市城乡规划院提供；25 来自吴钢，谭善隆．休宁双龙小学 [J]. 建筑学报，2013（1）：6-15；26 来自罗四维，周伟．厂内场外——松风翠山茶油厂设计 [J]. 建筑学报，2015（5）：78-79；27 来自本构建筑工作室．齐云山树屋 [J]. 建筑学报，2018（1）：53-56；其余为自摄。

2.探索地方特色发展

经过多年的发展，地方建筑设计机构一直坚持以体现徽州地域建筑特色为设计方向，根据徽派建筑的外功能、结构、形式等特点，在建筑设计中利用现代建筑材料，注重生态保护，逐渐形成新徽派建筑特色。中心城区的中国徽州文化博物馆、黄山三雕博物馆、歙县禾园、黄山市建筑设计研究院办公楼、黄山市人大政协办公楼、歙县新安中学、岩寺新四军军部旧址纪念馆等，乡村地域的双龙小学、德懋堂养生居住区、澍德堂民宿等都体现了新徽派建筑特色。

2006 年，全国已有 182 所建筑院校，2013 年发展到 200 多所，形成多元背景的建筑教育，“对不同大学类型和多元的地域资源的认知和利用，以形成特色建筑教育”[1]。为推动徽州地域建筑的发展，黄山学院 2004 年成立建筑学专业，自成立之始，结合自身特点，将徽州地域建筑作为教育特色。各专业结合自身特点，开设与徽州建筑紧密结合的特色课程，包括徽派建筑设计、徽州古村落规划、徽派建筑解析、徽州古园林等十几门课程。与此同时，建成徽州建筑研究中心（2015）、BIM 研究所（2017），并结合教师在徽州地区的实践，为徽州地域性建筑设计培养了后备力量，也形成了富有徽州地域特色的地方建筑教育。

3.探索适宜技术应用

这个时期，徽州地区建筑技术的进步主要体现在对技术的适宜应用，经过 60 多年现代建筑技术的积累，徽州地区建筑技术已经取得了长足的发展，虽然与大城市相比还有很大差距，但是相对于地方性小城市来说，高层、大跨建筑造价、运营成本较高，对城市风貌的影响也较大。徽州地区的建筑师和地方政府对此有清醒的认识，并未一味追求先进建筑技术，而是更加关注技术的适宜应用。宇隆商贸城的建造中建筑采用较小的建筑体量，形成短街道的同时营造出宜人的小空间尺度。三华园等商住楼的建造中，通过框架和砖混的结合，形成底部框架上部砖混混合结构，挖掘混合结构的潜力。在众多的高层建筑中，将建筑高度控制在百米以下避免超高层建筑的建造，并设置类似天井的边庭空间，增加建筑的采光通风。在黟县体育馆、休宁县体育馆等大跨建筑中，通过在屋顶下设置百叶，增加场馆的通风。在黄山市游泳馆中，利用地源热泵作为可持续能源为建筑提供热水。休宁双龙小学，虽然建筑规模很小，但是通过绿色被动式建筑技术的引入，提升了建筑的物理环境品质。在绩溪博物馆的建造中，对地方传统

1 仲德崑 . 走向多元化与系统的中国当代建筑教育 [J]. 时代建筑，2007（3）：11-13.

木构架和瓦材进行创新运用，创造出与当地文化结合的优雅精致的建筑空间和形象。从追求建筑技术的不断进步，到对技术手段的适宜应用，表明徽州地域建筑文化在观念上的进步与成熟，技术手段的适宜应用，对不断提高徽州地域性建筑特色和品质具有重要意义。

3.4 小结

本章主要分析探讨了徽州地域性建筑的背景，地域性建筑的形成有其深刻的社会经济和历史文化背景，作为具有特色徽州地区，不仅受到地域内的众多因素的影响，也受到了更大范围的影响，如胡适所说，我们不应局限于小徽州，而应有大徽州的视野。

对徽州传统地域性建筑的探讨主要针对明清时期，首先从自然环境、文化环境和技术环境系统深入探讨了徽州传统地域性建筑形成的原因，继而深入分析了徽州传统地域性建筑的特征，通过分析可以认识到徽州建筑具有天人合一的村落形态、精巧雅致的建筑形态和质朴高雅的审美形态，具有深厚的文化底蕴。在徽州地域性建筑发展概况中，探讨自近代以来徽州地域性建筑的整体发展情况，并先对每个时期时代的背景进行简要阐述，再深入分析每个时代的建筑发展情况。

徽州地域性现代建筑的发展在其特殊的自然、社会、文化环境中逐步形成了自身特色的发展脉络。近代以来的各个阶段，徽州地域性建筑历经曲折发展，虽然受到西方文化的冲击，但是适应环境和对地域特色的追求仍然成为其发展脉络中一条清晰的线索。特别是改革开放以来，随着地域文化的整体性回归以及对徽州建筑价值的再认识，徽州地域性建筑对地域特色的追求愈加强烈，并呈现出统一而多元城市风貌和建筑形态。徽州现代地域性建筑在对地域特色的追求中，一方面，并非对传统或西方建筑的形态模仿，而是基于对地域的自然、社会、文化的积极回应和建筑本体的回归；另一方面，其地域特色的凸显，是对传统和现代文化的主动积极吸收和融合。建筑地域性的呈现，不能割裂与传统的联系，也不能无视现代文明的进步，不是固守传统，而是在对传统和现代充分和理性认识的基础上，一个主动追求和不断塑造新建筑文化的过程。

通过长时间的考察，可以看到徽州当代地域性建筑经过曲折和艰辛的探索，逐步体现出统一而多元的整体城市风貌和建筑特色，形成与地域环境相适应的状态，这在地域性建筑与环境不适应，特色丧失的当下显得难能可贵。这种统一而多元的地域性建筑是与地域环境相适应的结果，通过自然共生、文化融合和技术适宜策略以实现其适应性设计。

第 4 章

基于自然共生的徽州当代地域性建筑设计策略

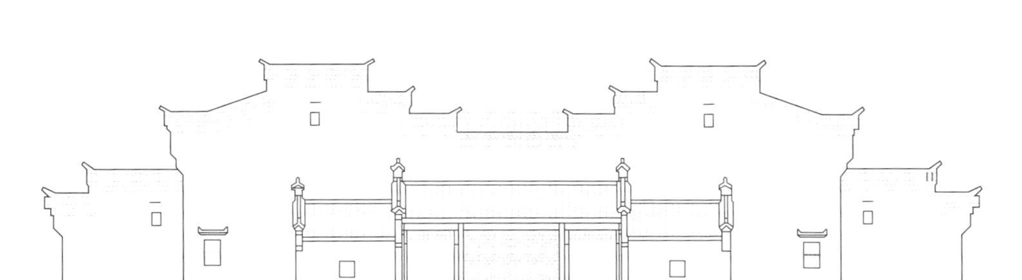

地域的地理、气候、资源是三个基本的环境要素，影响了人类文明，也影响地域建筑的形成。地理影响了建筑的整体构成、构筑方式和建筑形态，气候影响了建筑的总体布局、建筑空间和界面形式，资源成为建筑的构成基础和环境关联。如果不考虑地理、气候、资源等地域的自然条件，建筑与地域环境之间的关联就会弱化甚至割裂，成为环境中的抽象物，建筑的地域特征也就无法体现，千城一面也就无法避免。现代技术的发展促进了现代建筑的发展，但是对其不正确的使用方式以及放之四海而皆准的标准模式，导致了建筑对自然环境条件的漠视，而这种模式抹杀了建筑的地域性、生态性和独特性。接受现代观念，挖掘传统建筑与自然适应的智慧，重塑建筑与自然的共生关系，是生态文明可持续发展的时代要求，也是塑造地域性建筑特色的重要途径。

20 世纪 60 年代以来，西方建筑界逐渐认识到现代建筑理论与实践的不足并开始对其修正，后现代、人情化、地域主义、批判性地域主义等思潮逐渐兴起，这些思潮的共同特征就是对自然环境的重视，并置于建筑设计中重要位置。肯尼斯・弗兰姆普敦指出："任何形式不是孤立存在的，而是将自身作为周边环境的一部分，融入环境之中。[1]"弗兰克・劳埃德・赖特曾如此阐述："建筑是大地与太阳的儿子，大地是人类的母亲，大自然远早于人类出现也将长久存在。人类、建筑与大自然的关系越亲密，就越具有生命力。[2]"日本建筑师黑川纪章的"共生理论"指出，现代城市应在人工与自然、过去与未来、文化与技术之间分别建立共生共融的关系[3]。

崇尚自然、和谐共生是中华文化的优秀传统，形成了天人合一、因地制宜、顺其自然等一系列观念和认识。吴良镛先生的《广义建筑学》和《人居环境科学导论》，将自然视为建筑形成的基础，戴复东先生也注重"自然"之于建筑的重要意义。2013 年，中央城镇化工作会议提出："城镇建设要体现尊重自然、顺应自然、天人合一的理念，依托现有山水脉络等独特风光，让城市融入大自然，让居民望得见山、看得见水、记得住乡愁。"

徽州地区先民基于对自然与生存的深刻认识，重视选址、保土理水、资源合理利用，形成了与自然环境共生的徽州村落、建筑，营造出理想的人居环境。徽州地域性建筑发展到今天，无论从观念上还是形式上，都发生了很大的变化。徽州建筑赖以生存的自然山水环境没有改变，对待自然的地形地貌、气候条件、地域资源的因地制宜的传统也没有改变。自 20 世纪 80 年代以来，徽州地区随着旅游业的发展，出现了一

1 弗兰姆普敦．现代建筑——一部批判的历史 [M]. 张钦楠，译．北京：生活・读书・新知三联书店，2012.

2 荆其敏，张丽安．弗兰克・劳埃德・赖特 [M]. 武汉：华中科技大学出版社，2012.

3 黑川纪章．新共生思想 [M]. 覃力，杨熹微，慕春暖，等，译．北京：中国建筑工业出版社，2009.

批优秀的建筑设计，基于传统自然观一脉相承，对现代建筑自然观的吸收，表现出与自然环境的共生关系，形成了独具特色的徽州当代地域性建筑，对其进一步挖掘和认识，将有益于徽州地域性建筑基因的转化和创新，从而实现整体演进。

4.1 地形条件的综合适应[1]

4.1.1 适应地形的现代阐释

徽州位于皖南山区，山地与丘陵环境特征明显。在山地丘陵环境中，地形地貌对城乡空间和建筑形态的形成与发展具有主导作用，地形地貌是影响山地建筑形态的重要因素[2]。在山地环境中进行建筑设计受到地形的制约，但是将制约的不利转化为有利，则可以实现“创造性的激发”[3]。山地环境的独特地形地貌，使山地建筑呈现出鲜明的特色[4]，为建筑设计注入更多创造力，丰富了人居环境的景观层次和空间特色。

徽州传统地域性建筑在复杂的山地环境中，以营造理想人居环境为理念，村落建筑科学选址、因地制宜、依山傍水，和谐融入山地环境中，表达了徽州人的环境观念和“诠释”（assessment）方式[5]。秀美的自然山水和特色的地域建筑，成为徽州地域性建筑设计灵感之源。徽州地域性建筑是理想人居建筑的典范，营造理念天人合一、村落布局依山傍水、建筑单体灵活有序，与农业文明和儒商文化相适应，形成营造出极高的人类生存境界。徽州山地环境中有众多建筑师完成的建筑实践，体现出对山地环境的积极“应答”[6]，这些成功实践对徽州当代地域性建筑设计具有有益的参考价值。

1.山地地形

关于山地在地理学中的阐释，《辞海》将其定义为：“在陆地表面高度较大，同时坡度较陡，呈隆起性的地貌……它以较小的峰顶和面积区别于高原，又以较大的高

1　参见：黄炜．随形、就势、得体 徽州山地中当代地域性建筑形态的适应性研究 [J]. 时代建筑，2017（2）：142-145.

2　卢峰，徐煜辉，董世永．西部山地城市设计策略探讨——以重庆市主城区为例 [J]. 时代建筑，2006（4）：64-69.

3　荀平，杨锐．山地建筑设计理念 [J]. 重庆建筑，2004（6）：12-15.

4　洪艳，徐雷．山地建筑单体的形态设计探讨 [J]. 华中建筑，2007，25（2）：64-66.

5　弗兰姆普敦．建构文化研究——论 19 世纪和 20 世纪建筑中的建造诗学 [M]. 王骏阳，译．北京：中国建筑工业出版社，2007：8-9.

6　单军，吕富珣，陈龙，等．应答式设计理念——呼和浩特市回民区老人院创作心路 [J]. 建筑学报，2000，25（11）：31-33.

度区别于丘陵。”中国科学院地理科学与资源研究所则从数值对山地进行定义，“绝对高度大于 500 米，相对高度为 200 米以上的地形被归为山地”。

从建筑学角度出发，山地是具有特殊性的场所，这与地理学对山地的认识，有所不同[1]。建筑师对于山地的认识不仅仅局限于地理学的海拔高度、位置信息等，同时关注地形地质，植被地貌、气候水文、历史文化、风俗习惯等因素。不仅如此，还特别关注人在这一特殊环境中的感知，这些因素综合地影响了山地环境中的地域性建筑设计[2]（图 4-1）。

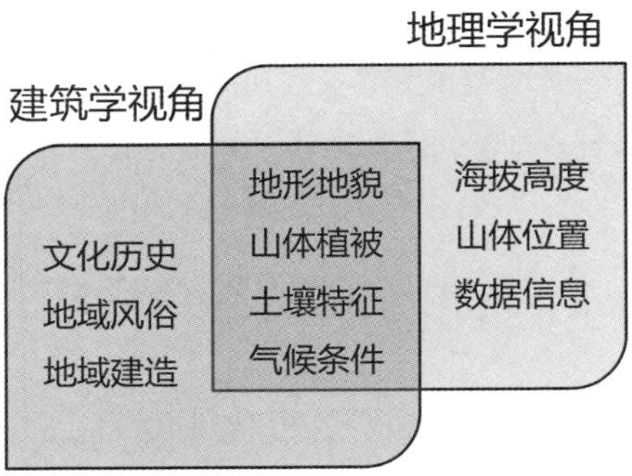

图 4-1　基于不同视角的山地概念
资料来源：宗轩 . 图说山地建筑设计 [M]. 上海：同济大学出版社，2013.

2.适应地形

地形地貌在不同地域具有一定的差异性，在某一地域具有相对的稳定性，是地域性因素中的恒常因素。由于现代建筑与传统建筑在适应地形的背景上存在众多差异，如对地形选择自由度不同、对地形的适应能力不同、建筑群体形成机制不同、对地形的破坏力不同、交通方式的改变等，因此对地形的适应，一方面需要尊重自然、吸取传统智慧，另一方面要注重引入现代思维。

山地环境中的徽州村落和建筑，以自然共生为理念，因地制宜、依山而建、傍水而居。随着人类文明的科技进步，各类工程技术和建筑结构迅速发展，在山地中的建造方式和建筑形态也更加多样[3]。与此相对，技术的进步使得人们改造山地的能力大大提高，却伴随着山地建筑的安全隐患日益增多。山地环境的建筑形态适应，是建筑能够与自然和谐共生的基本保证，具有营造安全、实用、特色的地域性建筑与环境的重任，更具有山地环境生态可持续发展的重要意义[4]。

1　王海松 . 山地建筑设计 [M]. 北京：中国建筑工业出版社，2001.
2　宗轩 . 图说山地建筑设计 [M]. 上海：同济大学出版社，2013.
3　谭侠 . 山地超高层建筑的设计浅谈——以重庆江北嘴金融城 2 号为例 [J]. 城市建筑，2014：1-2.
4　龙灏，彭元春 . 山地地形下体育建筑可持续发展策略与设计方法 [J]. 世界建筑，2015（9）：26-29.

4.1.2 地形地貌的灵活适应

山地地形地貌具有特殊性和复杂性，即使是同一块场地，由于地形地貌的不同也会有明显的差异，解决山地建筑的地形适应问题没有固定模式，必须在具体的场地中因地制宜[1]。建筑对山地地形的灵活适应，不仅可以呈现出地域特色，更是建筑与自然共生的直接反映。国内外众多建筑师的作品都体现出对环境尊重，对地形地貌的适应，并都将适应山地环境作为设计的激发因素，建筑的特色也因为与自然地形的融合得以凸显。

徽州地域以山地丘陵为主，地形地貌多样，地质条件发育复杂，岩体多为花岗岩，地表以黄红壤为主，同时多雨潮湿，决定了地形的适度改造和建筑适合向地上发展。地形地貌的灵活适应，主要是建筑形态对地形地貌的适应，需要解决的主要问题是建筑与山地环境的物地关系，其适应性体现在群体形态、接地形态、建筑形态三个方面。

1.整体形态依山就势

建筑与自然环境的共生，首先需要以人的视野，从全局进行控制，把握其整体形态的依山就势，“依山就势”具有双重意义，其一为顺应山势，使建筑谦卑地置入山地中，与山地环境融为一体；其二为凸显山势，以恰当的形态介入环境，凸显山体的气势和群体的空间节奏，与山体共同形成和谐的整体山水环境。

“势”在中国传统文化中表达为一种隐形的力量，它无处不在却又难以捉摸。“山势”即山的形态及其动势，“千尺势，百尺形”则指的山的尺度，“势”为高峰，“形”为低山，山势有平缓、险峻各种形态。宋代郭熙的《林泉高致》将山势分列为高远、平远、深远三种类型[2]。在建筑与环境的关系中，对山势的把握，不仅是作为视觉上一种联系，更是将山势所体现的某种力量赋予建筑，从而使建筑与地形地貌融合。

汪国瑜和单德启先生设计的黄山云谷山庄开启了徽州地区当代地域性建筑探索的先声，不仅对徽州地区影响深远，在中国建筑史中也占有重要地位。云谷山庄位于黄山山谷中，云谷寺在其北，“罗汉”“钵盂”两峰于东西环抱，夹溪中流，构成南向倾降的谷间盆地，建筑师汪国瑜和单德启先生经过多次选址选择此处，符合徽州“枕山、环水、面屏”的环境原型特征。基地地形从北至南顺势逐渐降低，入口设于场地西侧，距离现有景区索道仅百步之遥。建筑整体形态依山就势，一随山势、二随地势、三随态势，形成大小、高低、聚散、虚实的对比关系[3]，实现了建筑与环境融为一体（图 4-2）。

1　卢峰．重庆地区建筑创作的地域性研究 [D]. 重庆：重庆大学，2004.

2　王志明．初论中国画的“势”[J]. 艺术百家，1998（4）：102-104.

3　汪国瑜．黄山云谷山庄设计构思 [J]. 建筑学报，1988(11)：3-10.

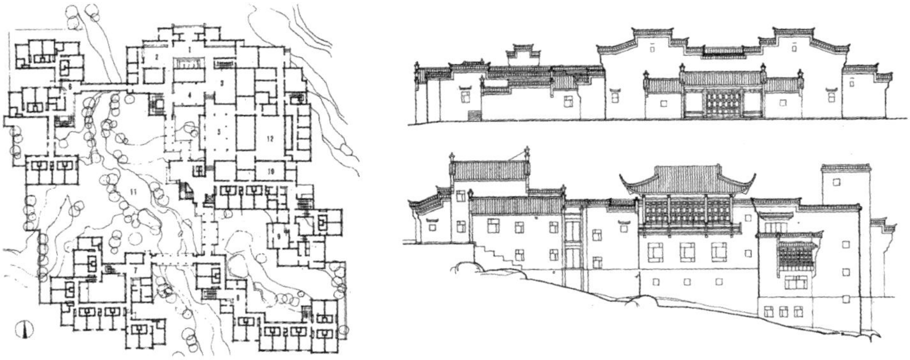

图 4-2 云谷山庄平面图和立面图
资料来源：汪国瑜 . 黄山云谷山庄设计构思 [J]. 建筑学报，1988（11）：3-10.

此外，黄山风景区管委会综合办公楼、黄山国际大酒店、黄山德懋堂度假酒店等建筑均呈现出对山势的适应。首先，建筑选址均位于山脚部位，能够降低山地安全隐患，同时方便与交通市政设施联系。其次，建筑形态顺应山势和等高线变化，使得建筑与山地环境有着共生的适应关系（图 4-3）。

凸显山势为依山就势的另一层含义，建筑以凸显的方式存在于自然环境之中，体现了建筑与自然共生的另一种方式。如徽州地域建筑中的塔阁类建筑，往往修建于山脊增加山势，起到补缺风水或观景的作用。现代建筑由于体量的增大，在山地建筑中，依据山体延展的趋势进行建造，仿佛从山地生长出来一般。马岩松设计的黄山太平湖公寓十幢建筑形态各一，有机地分布在太平湖边的山地丘陵上，仿佛可生长的人造山体。每幢建筑统一而有差异的形态及建筑之间高低错落，类似向空中发展的山水聚落。

2.接地形态因地制宜

因地制宜的接地形态即山地建筑与地形的适应衔接，这有利于减小地形破坏、保护环境，同时有利于降低造价、提高场地安全性，也有利于塑造建筑和环境的独特性。山地建筑接地形态的处理方式首要为顺应等高线方向因地制宜。建筑与山地地形的衔接需要对横向和竖向的两向空间进行处理，横向上需要创建适应建筑功能的分段平台场地，竖向上需要设置适应建筑通风采光防潮的靠山墙体。山地建筑接地设计策略可以总结为三类：第一类是建筑适应地形，基于生态性和经济性的目标，保护环境减少造价，建筑通常采用架空、悬挑、附崖的方式以适应地形；第二类是地形适应建筑，即对场地进行适宜的改造，以满足建筑平面的横向设置，通常采用场地挖填的方式；第三类是建筑和

图 4-3 顺应山势

地形相互适应，如入地、悬挑的方式[1]。徽州地域性建筑多采用后两种策略。

在建筑实践中应根据不同情况适宜使用。齐云山自由家度假营地树屋群落采用了架空的策略，此种方式契合小型体验性旅游建筑的功能，对环境的影响最小（图 4-4）[2]。黄山风景区管委会综合办公楼和黄山国际大酒店因面积较大，采用地形与建筑适应的策略创建了适应功能的场地平台，建筑与山体控制距离以保证采光通风和安全（图 4-5）；德懋堂度假酒店由于地形起伏较大，通过提高勒脚，同时采用附崖、悬挑的方式（图 4-6），使建筑融入山体之中，加之地域石材和元素的使用，凸显出徽州地域性建筑特征。

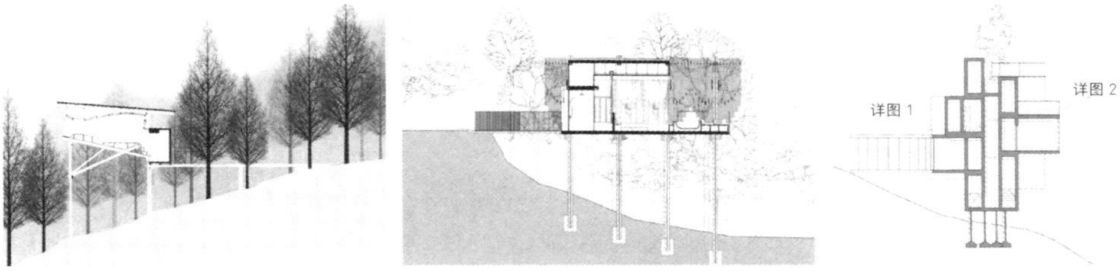

图 4-4 架空策略
资料来源：本构建筑工作室 . 齐云山树屋 [J]. 建筑学报，2018（1）：53-56.

1 戴志中 . 现代山地建筑接地诠释 [J]. 城市建筑，2006（8）：20-24.
2 本构建筑工作室 . 齐云山树屋 [J]. 建筑学报，2018（1）：53-56.

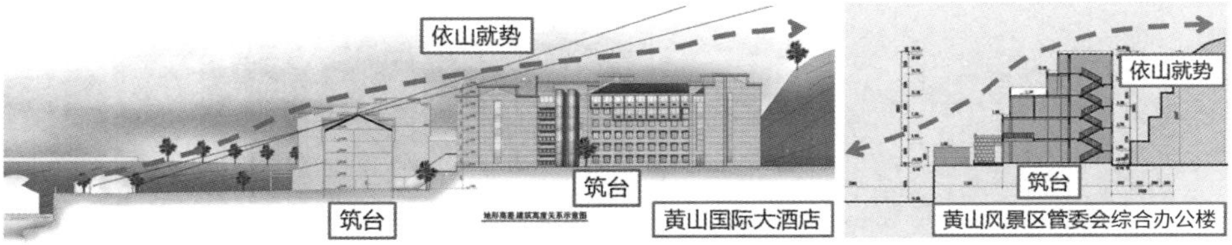

图 4-5 挖填筑台策略

图 4-6 提高勒脚、附崖、悬挑策略

3.建筑形态适宜得体

建筑形态适宜得体即建筑在形体、体量、朝向、布局四个方面形成对山地地形的适应，体现出建筑体量适宜、形态得体的整体特征。徽州的当代地域性建筑的形态，应在传统建筑“三合院”原型的基础上的变化和拓展衍化[1]，通常采用矩形、方形、天井、合院的建筑形态，而山地院落成为适应山地环境重要模式，设计中为了使建筑群更好地适应地形，常将建筑不同功能分解成多个体量，并按照不同的标高和位置进行组织。建筑形体需要进行几方面的控制，控制体量减小山体破坏，剖面退台处理顺应山势，降低高度减少对山体的遮挡，顺应山势适宜拓展发展空间，屋面形式采用坡面混合适应形体，以增强建筑在山地中的适应性[2]。

山地建筑的群体组合，可用聚、散、连、转等方式回应地形，这也是徽州传统建筑中常见的布局方式。其中聚散方式体现了对地形的高效利用和适宜利用，连转体现了对地形的灵活适应，整体呈现出主次分明、灵活变化的空间秩序。体量较大的建筑，一般设在地形平缓的场地，体量较小的条状、点状建筑受地形影响较小，可沿等高线灵活设置。山地环境的复杂性，场地受到山体的影响，建筑朝向的南北向并非最佳选择，往往通过自身的旋转平行等高线而设，以争取更多的用地或者更好的景观，并以此形成良好的建筑与山地环境关系（图 4-7）。

1 揭鸣浩 . 世界文化遗产宏村古村落空间解析 [D]. 南京：东南大学，2007：65-70.

2 赵玫 . 黄山风景区山地建筑设计体量控制研究 [D]. 北京：清华大学，2005：7.

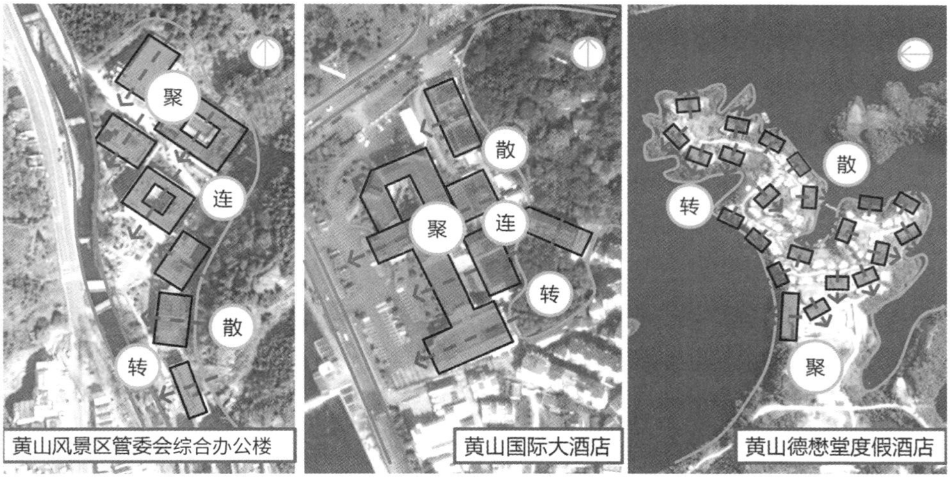

图 4-7　建筑形态布局及朝向

徽州地域性建筑在山地环境中的适应方式，呈现出鲜明的地域性特征。徽州建筑在山地环境中的当代实践，在整体形态依山就势、接地形态因地制宜、建筑形态适宜得体这三个方面，使得建筑和谐共生地融入山地环境，形成独具徽州特色的山地建筑与山地景观。

4.1.3　场地形态的秩序建立

秩序的寻求和建立是人类理性的表现和对真理的渴求，中国传统文化通过对宇宙秩序的探究，形成了一系列的社会制度，以儒家思想作为伦理基础，建筑则通过序列和轴线构成的建筑群体。恩斯特·贡布里希（Ernst Hans Josef Gombrich）认为“不管是诗歌、音乐、舞蹈、建筑、书法，还是任何一种工艺，都证明了人类喜欢节奏、秩序和事物的复杂性”[1]。如果说地形适应主要是应对地形的起伏状态，那么场地适应主要应对的则是建筑如何在场地中建立秩序，以形成秩序感和场所感。秩序的建立，通过场地形态整合和轴线的有效控制得以达成。

麦克哈格（McHarg）认为“场地即原因，对基地的分析是我们的设计之源”，斯蒂文·霍尔（Steven Holl）认为如果特色的秩序（景观、构筑等物理结构）是外在的知觉，现象和经验则是内在的知觉，那么在一个构筑物上外在知觉和内在知觉就是交融在一

1　贡布里希．秩序感——装饰艺术的心理学研究 [M]. 杨思梁，徐一维，范景中，等，译．南宁：广西美术出版社，2015.

起的，当这两种知觉达到高度融合的状态时，就产生了高于单纯前两者的第三种存在，即所谓的场所。隈研吾也直言："自然的建筑，就是与场所建立某种关联，根植于场所，与场所相连。[1]"场地独特性为建筑地域性提供了基础。

1.场地形态有机整合

在山地环境中，场地往往呈无秩序的不规则形态，如何在不规则场地形态中形成秩序，以理性的空间和建筑对场地进行有机整合，营造易于被人感知而具有秩序感的场所。徽州村落由于自发生长建设基地常出现不规则形态，无论是祠堂还是民居建筑，其主体以理性形态和朝向将场地整合，形成独特的场所空间。现代城镇环境中，由于自然地形、周边建筑和道路交通，场地形态更为复杂。如阿尔瓦罗·西扎（Alvaro Siza）所言"建筑师就像是侦探一样，必须去发现基地自身的期待"[2]。建筑形态融入适应整体环境并对场地进行有机整合，塑造出具有秩序感的场所，呈现出其地域性和独特性。

应对不规则场地形态，常采取平行、垂直等几何操作以控制场地空间和建筑形态，营造有机整合的整体环境。建筑的墙体、柱网、空间、广场等要素，在平行、垂直等关系的控制下，形成秩序井然的丰富形态。黄山风景区管委会综合办公楼场地位于景区南大门，背靠山体、面对小溪和公路，呈不规则形状，是典型的山地环境。单德启先生在对场地分析理解过程中，为寻求场地的秩序，经历了不同的阶段。方案一突出了"整体性"和"方向性"这两点原则。方案二形成以主楼中心为轴的布局形式，与公路围合形成较不规则广场，但由于不规则地形影响，其建筑形态和广场的关系难以形成有机整体。方案三通过建筑体型的旋转，将建筑、广场、道路、远处天都峰景观、东侧预留发展用地整合在场地中，完成了对场地整合，形成有机整体（图 4-8）[3]。

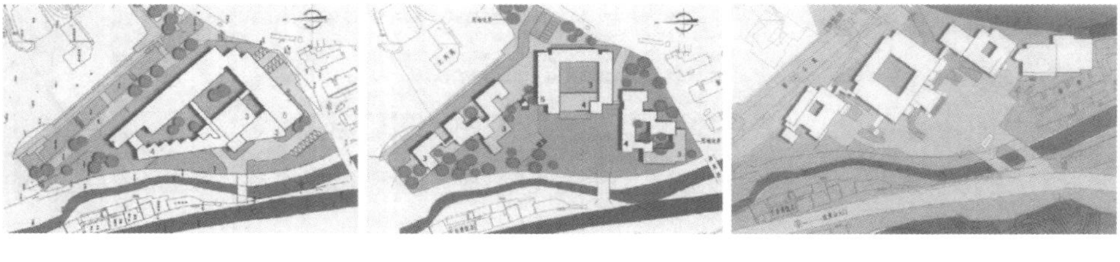

图 4-8 黄山风景区管委会综合办公楼场地整合过程
资料来源：单德启，陈謇．把握环境 因势利导——记黄山风景区管委会综合办公楼创作 [J]. 小城镇建设，2006（6）：55-59.

1 隈研吾．自然的建筑 [M]. 陈菁，译．济南：山东人民出版社，2010.
2 蔡凯臻，王建国．阿尔瓦罗·西扎 [M]. 北京：中国建筑工业出版社，2005.
3 单德启，陈謇．把握环境 因势利导——记黄山风景区管委会综合办公楼创作 [J]. 小城镇建设，2006（6）：55-59.

在徽州地域当代城乡环境中，一些场地环境呈现出某种混乱无序的状态，通过对现有场地的深入分析，新建建筑如徽州村落中的祠堂建筑，以强形式的姿态植入场地形成秩序中心，适应场地原有地形，将场地和整体环境进行有机整合，重塑了场所中心和整体秩序。如绩溪县基督教堂，基地因为与民房毗邻而呈不规则形状，建筑的场地略显局促，北面紧邻一处小山坡，西面邻村道，东面与农户家只有一墙之隔，唯有南面是比较开敞的山丘。建筑底层架空，为村民提供了举办红白喜事的村落公共空间场所，增加了建筑的地形适应与活动适应。建筑师结合场地边界，采用方形中心对称平面的有力形态，落于地面台基之上形成中心重塑了场所秩序，高大的外墙让人联想起马头墙的意象，红色墙体与周边山体红壤相呼应，有效地适应了场地的地形和环境信息（图 4-9）。

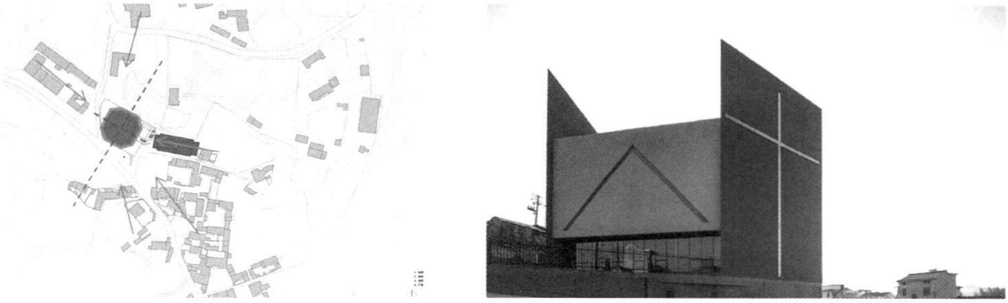

图 4-9 绩溪县基督教堂的场地整合
资料来源：邢迪提供

2.场地轴线有效控制

轴线控制在中国传统建筑和现代建筑中均有广泛的运用，是建立自然秩序的重要法则。徽州传统村落的选址布局，在风水理念指导下，通过“察砂、喝形、补形”等手段，形成村落基址与周边山体形成视觉与知觉联系，在水口的建设中，通过树、桥、阁、塔、牌坊等元素，构成轴线关系和空间序列，营造出安全优美的村落入口空间。民居和祠堂则通过轴线将序列整合，形成符合儒家伦理的建筑空间，而门向的设定则以轴线与周边山水和风水五行发生联系。徽州传统村落建筑通过一系列轴线控制，建立起与自然关联的强烈秩序，给人的定居提供了具有安定感和意义感的场所。

在复杂的山地环境中，通过轴线控制，能够将复杂的自然环境条件整合进理性的秩序，利于空间识别和地域性塑造。黄山学院南校区位于稽灵山山麓率水南岸，校园场地地形条件复杂，建筑师设计了一条贯穿大门、徽文化广场、图书馆的主轴线，主轴线延伸至东侧稽灵山山体，次轴线贯穿场地内山体，与高低起伏的自然山体紧密关联。主轴线与次轴线穿插相交，形成校园的轴线网络，建立起与自然关联的秩序感，自然山体则有柔化作用。建筑及轴线相交处形成校园入口、广场等校园节点景观，融入徽州水口、牌坊、色彩等意象，利于校园的空间识别，也营造具有徽州地域特色的校园空间和建筑形态（图 4-10）。

在纪念性建筑中，往往挖掘场地的信息，通过序列的设定和轴线的控制，利用适应场地中诸多因素，营造出纪念性所需要的肃穆氛围，从而形成地域性。皖南事变烈士陵园从陵园入口到主题广场，神道、纪念碑广场以及山顶原有纪念碑，借助山势转折上升，形成三条相互关联的轴线。陵园的入口利用山体高岗作为土阙，并设置石阙共同形成入口空间。入口与主题广场通过短而平缓的台阶形成第一条轴线，主题广场与纪念广场通过神道形成第二条轴线，纪念碑广场与山顶原有纪念场地形成第三条轴线，在纪念碑处形成整个序列的中心。整个陵园创造出层层递进、雄浑含蓄的纪念性空间序列，通过三条轴线建立起自然环境的空间秩序，反映出地域的地形地貌特征，建筑形态与周边环境和徽州民居风貌融为一体（图 4-11）。

图 4-10　黄山学院南校区校园空间与轴线网络
资料来源：作者根据高德地图改绘

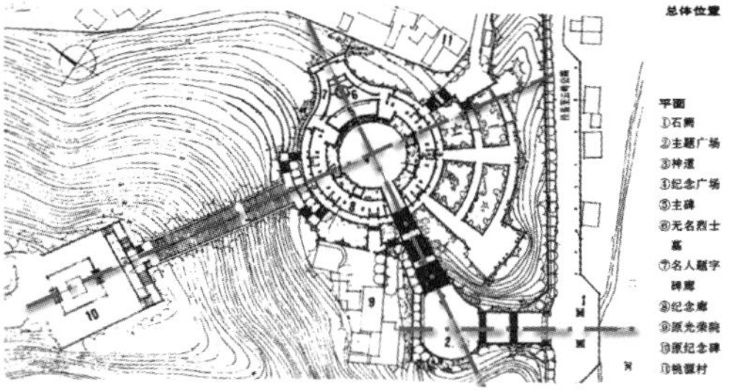

图 4-11　皖南事变烈士陵园空间与轴线网络
资料来源：张文起 . 皖南事变烈士陵园及纪念碑设计 [J]. 建筑学报，1994（12）：33-36.

4.1.4　防灾减灾的绿色理念

适应山地地形条件与防灾减灾密切相关，随着科技进步和经济发展，人类具备了强大的改造自然的能力，为了获得更多的生存空间和矿产资源，对山地产生了严重的破坏，加上全球极端气候不断，导致山体滑坡、垮塌事故频发，给人民群众的生命财和产造成了不可挽回的损失。面对频发的山体滑坡事故，虽然第一时间采取了积极救灾的方式，但这仅是被动的应对，为了保障安全减少损失，应以预防为主，山地规划建设的安全问题必须引起我们高度重视，可通过引入绿色防灾减灾理念和大数据，形成实时监测与管理机制，最大限度减少事故的发生。

在人居环境营造中，安全性是生存的最基本的保障，需要将安全性作为首要因素予以考虑，自然环境中的诸多不利因素和潜在危险，需要审慎面对提前预防，并与平灾思想结合形成防灾减灾绿色理念。防灾减灾的绿色理念，是将防灾减灾和生态治理结合，强调平灾结合理念，营造出安全宜居的人居环境，并可以将防灾系统与日常生活结合，实现空间的高效利用。

徽州传统村落的在选址和布局中依据风水理念，将安全性作为首要因素予以考虑，通过降低地理危险性、与地理环境适配、控制水系等策略提升其安全性，而在村落的发展和运行中，通过保土理水、挖塘筑堨等手段提升村落的防灾性能[1]。这些传统智慧符合现代社会的生态理念，对现代山地村镇的建设具有积极的启示作用。在现代山地规划建设中，采用防灾减灾的绿色理念和生态布局模式，避免地震断裂带、滑坡、崩塌、泥石流、洪水等灾害危险。选址时充分考虑周边地质情况和潜在危险予以避免和防范，并结合地形地貌和景观空间规划，形成多尺度的防灾减灾体系（图 4-12）。徽州地处皖南山区，雨季降水量大周期长，滑坡、山洪等地质灾害频发[2]，在所发生的地质灾害中，人为地质灾害占 80% 左右，尤其那些损失严重的灾害几乎都由于次生地质灾害[3]。在规划设计中应高度重视安全问题，科学选址、合理规划、保护生态，营造安全的人居环境。

随着信息技术特别是地理信息系统（Geographic Information System，GIS）技术的发展，在山地规划建设中发挥了重要作用，对防灾减灾能起到很好的技术支撑。GIS 技术通过对区域内各种信息进行采集分析，评估并动态监测区域内的各种资源条件和各类地质灾害情况[4]，能够形成科学决策。黄山德懋堂和九华山德懋堂项目均采用了 GIS 技术，其中九华山项目，场地内地形复杂，有隆起、陡坎和谷地等地形，经过 GIS 技术分析，场地坡度多介于 5% ～ 25% 之间，局部场地超过 25%[5]。在尊重自然、平灾结合的理念指引下，在适宜建设区布置建筑，不宜建设区结合防灾体系形成外部景观空间，规划按照现状地形结合景观进行组团划分，这样既不会破坏原有地形，又提升

1 王益．徽州传统村落安全防御与空间形态的关联性研究 [D]. 苏州：苏州大学，2017.

2 孙健，陶慧，杨世伟，等．皖南山区地质灾害发育规律与防治对策 [J]. 水文地质工程地质，2011，38（5）：98-101.

3 李伟．黄山风景区及周边地区地质灾害特征分析及危险性评估 [D]. 合肥：合肥工业大学，2009.

4 施成艳，鹿献章，刘中刚，等．基于 GIS 的安徽黄山市徽州区地质灾害易发性区划 [J]. 中国地质灾害与防治学报，2016，27（1）：136-140.

5 杨洁．此心安处是吾乡——“德懋堂”式徽居再生及新徽居文化营造 [D]. 西安：西安建筑科技大学，2015.

了防灾能力，实现了生态、景观、防灾的统一[1]。

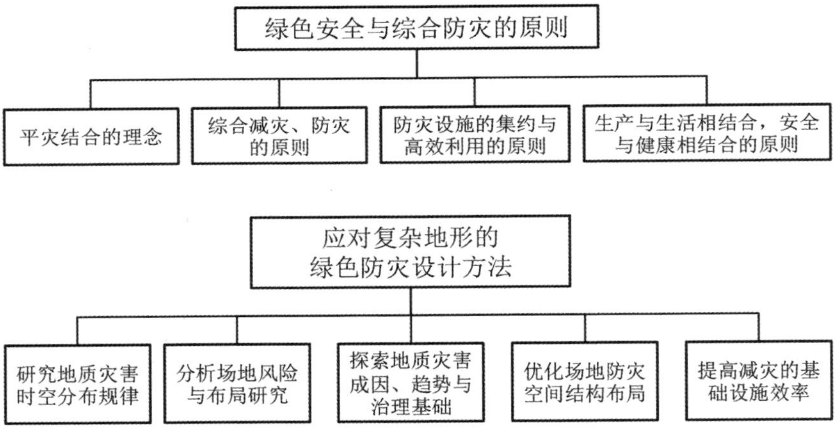

图 4-12 应对复杂地形的绿色防灾减灾设计方法
资料来源：曾坚，曹笛，陈天，等.构筑安全、舒适与健康的绿色新家园[J].建筑学报，2011（4）：7-10.

4.2 气候条件的整体适应

气候条件在自然环境的各个因素中对地域建筑影响最为直接，它决定了人类面对自然所采用的最原初生存方式和生产方式，影响了人类文明的各个阶段，也影响了地域性建筑的基本营造模式，如建筑群体布局、单体形态等。中国古人为了应对气候，取自然之利，避自然之害，营造遮风避雨的场所，反映出地域气候特征的民居。查尔斯•柯里亚写道："在更深的结构层次上，气候决定了地域文化及其外在形式，以及风俗仪式。可以说，气候是神话之源。[2]"建筑适应气候不仅是趋利避害基本生存的需要，更是地域文化的显现。

适应气候条件，是建筑对地域环境的深层回应，也是人们生活和居住模式的底层逻辑。徽州传统地域性建筑在经过长时间的发展表现出适应气候的地域特色，其中应对气候的地域智慧以及空间形态，值得发掘和再利用。随着时代的发展，技术的进步，建筑适应气候的能力逐渐增强，地域特色逐渐弱化，但是传统经验的智慧仍可以提供借鉴。人们对可持续发展理念和地域文化的诉求，仍然需要我们从徽州传统地域建筑适应气候的建筑原型中学习，在当代地域性建筑设计中注重建筑与气候的关系，从建

1 黄炜.随形、就势、得体 徽州山地中当代地域性建筑形态的适应性研究[J].时代建筑，2017（2）：142-145.
2 汪芳.查尔斯•柯里亚[M].北京：中国建筑工业出版社，2003.

筑的群体布局到单体建筑，充分考虑徽州地域的气候条件，从而创造出生态节能并具有徽州地域特色的建筑形态。

4.2.1 适应气候的现代阐释

气候是建筑地域性中最稳定的部分，特别是在农耕社会中，建筑与气候的关联更为密切，不同的气候特征形成了不同的建筑形态。虽然现代技术发展，使得建筑与气候的关联逐渐弱化，但是建筑对自然气候的适应仍然成为当代建筑根本问题之一，也是形成建筑地域性的重要因素。从当前的生态建筑到节能建筑，无不关注气候，查尔斯·柯里亚（Charles Correa）提出“形式追随气候”，认为不仅包括太阳入射角度和百叶窗的设置问题，还要将建筑的平面、剖面、造型结合在一起，进行综合考虑，将不利的气候条件，转变为建筑设计中与气候相适应的形式生成[1]。当今世界不论是传统技术对气候的适应还是高科技都可以表达地域性，当代建筑甚至直接通过建筑对气候的适应而表达建筑的地域性。

1.建筑与气候的关系

建筑与气候之间的有着紧密的内在关联。首先，为创造宜人的室内外环境，建筑必须与气候相适应，从原始棚屋到传统地域建筑，再到当代生态建筑，都必须在气候的制约下进行环境营造。无论是传统地域性建筑中气候的适应智慧，还是采用现代设备进行环境调节的科技力量，气候条件都是必须首要考虑的先决条件。不同的气候条件形成了独具特色的地域建筑，也发展出丰富独特的地域建筑文化。其次，地域性建筑还受到诸如社会文化、经济技术等人文因素的影响，从全球范围来看，在自然气候条件相同的地域，或者同一地域的不同时代，由于人文等因素的不同，在气候适应方面也会表现出一定的差异性，其建筑形态也会呈现出不同的形态。这就是建筑文化特征对气候适应性机制的反作用[2]。

20 世纪 60 年代以来，人类逐渐认识到可持发展的重要性，生态环保、可持续发展思想也逐渐成为全球共识，建筑的建造和运行能源消耗巨大，建筑师应充分运用生态节能技术，在设计实践中采用“被动优先、主动融合”的混合策略[3]。

1 汪芳 . 查尔斯·柯里亚 [M]. 北京：中国建筑工业出版社，2003：290.

2 宋德萱 . 节能建筑设计与技术 [M]. 北京：中国建筑工业出版社，2019.

3 麦华 . 基于整体观的当代岭南建筑气候适应性创作策略研究 [D]. 广州：华南理工大学，2016.

2.徽州建筑的气候适应

传统民居对于环境气候的理解是深刻而独特的，建筑形式和当地的气候特征有着必然的联系。挖掘传统民居的环境建构逻辑，融入现代气候适应的生态思想，有利于当代建筑设计在节能、生态、小气候方面的地域适应性，形成独特的建筑意向。

徽州地区属于夏热冬冷地区，雨水充足，对气候的适应体现在建筑群体组合及单体建筑的空间上及形式的处理上，重点在于对日照、通风、雨水的适应。徽州村落选址布局“枕山环水面屏”，有利于防风纳阳、街巷穿而不透利于通风，村落水系利于降温，集中性聚落形成狭窄的街巷空间，利于夏季的防晒和冬季的防风御寒，村落中心公共空间利于通风纳阳（图 4-13）。徽州建筑设置天井，利于采光通风，注重室内外空间的相互连通，为防止因湿度带来的闷热，增大房屋进深并设外廊，同时在建筑之间，房间前后增设的冷巷，加强对流，以求得对冷风的导入。徽州地区多雨，一般在地面多采用石材和砖，并增加通气口，利于防潮湿同时应对昼夜温差冻融变化。屋顶采取坡屋顶利于排水，并形成空腔防止太阳辐射，马头墙利于防风保护屋顶，形成具有地域特色的气候适应性方式（图 4-14）。

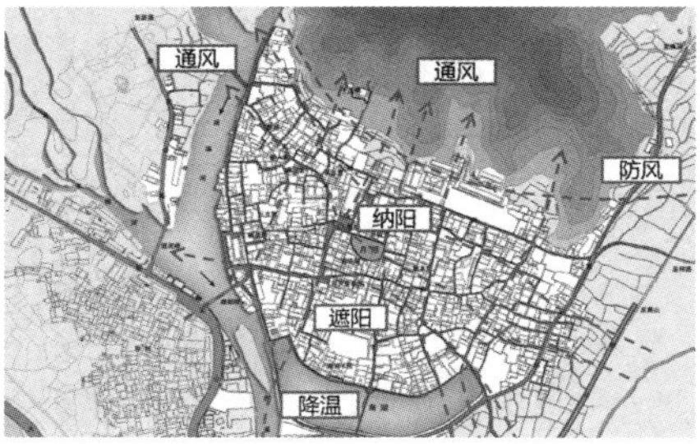

图 4-13 徽州村落气候适应原型
资料来源：作者根据宏村保护规划改绘

图 4-14 徽州建筑气候适应原型

徽州当代地域性建筑设计的气候适应，积极应对现代城市和建筑普适性要求的同时，应吸收传统建筑中的气候适应智慧，营造出具有地域特色的可持续人居环境。

徽州地区在建筑气候划分图中属Ⅲ B 类，该地区建筑按夏季气候条件设计，建筑主要考虑的是夏季防热，遮阳、通风要求，冬季兼顾保温防寒，同时还要考虑防洪、防雨、防潮和防雷电要求。徽州当代地域性建筑设计，通过建筑的群体布局、单体形态和建筑细部的巧妙设计，解决防晒遮阳，通风降温，兼顾冬季保暖的问题。

4.2.2 群体布局的气候适应

随着现代社会城市化的快速进程，导致城市人口急剧增加和城市无边蔓延，人地矛盾日益突出、城市用地日益紧张，城市出现了高密度和高层化的发展趋势。徽州传统城镇的营建智慧仍具有借鉴意义的同时，城市环境的新变化引起的气候因素与环境条件的改变，对建筑群体布局具有重要影响，主要体现在总体布局适应、聚集与分散、高层与低层混合三个方面。

1.总体布局适应

城镇总体规划应以生态优先为原则，合理组织城市功能、尺度、鼓励步行交通。建筑群体布局在节约用地的前提下合理布局，既能满足冬季争取较多的日照，又能防止夏季强烈的太阳辐射，并增加自然通风的要求，以利于促进城镇空间的生态可持续发展[1]。

徽州地域传统村落，采用“枕山、环水、面屏”的群体布局模式有利于争取朝南向，由于徽州地区夏季西晒严重，因此建筑布局应同时考虑夏季西晒的问题。同时，为促进建筑群体的自然通风能力，群体布局宜朝向夏季主导风向，并在合适的位置设置通风走廊，保证群体环境的通风降温。综合考虑日照、防晒和通风的因素下，徽州地域建筑应继承“枕山、环水、面屏”的原型模式，最佳朝向控制在南偏东和南偏西 15°范围[2]。而在城市的复杂环境中，日照、通风的问题也变得更为复杂。歙县禾园居住区和黄山国际大酒店的设计中，即采用了徽州传统村落“枕山、环水、面屏”的总体布局模式，营造出利于通风防风、降温、纳阳的城镇宜居环境（图 4-15、图 4-16）。

2.聚集与分散混合

建筑群体在水平向的布局主要有聚集和分散两种类型。聚集性群体布局可以达到建筑之间相互遮挡的作用，使群体中的建筑完全或部分处于相邻建筑的体量阴影中，以此减少太阳热辐射的作用。 聚集式布局不仅减少了阳光对建筑外墙的直接辐射，同时也减少了对室外地面的辐射。聚集式布局自遮阳对减少太阳辐射非常有效，是徽州地区普遍采用遮阳策略。然而聚集式布局也存在明显的缺点，如自然采光能力不足，外部通风条件变差等不利因素。

1　惠勒 . 可持续发展规划：创建宜居、平等和生态的城镇社区 [M]. 干靓，译 . 上海：上海科学技术出版社，2016.

2　李娟 . 皖南传统民居气候适应性技术研究 [D]. 合肥：合肥工业大学，2012.

图 4-15　歙县禾园总体布局气候适应
资料来源：作者根据高德地图改绘

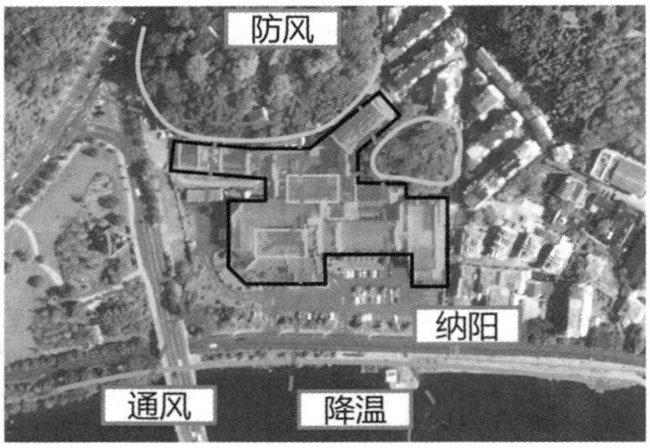

图 4-16　黄山国际大酒店总体布局气候适应
资料来源：作者根据高德地图改绘

徽州村落多采用聚集式布局，是对当地冬季防寒、夏季防晒气候的适应，至今始终保持着生命力。村内建筑通过聚集布局，以增大整体紧凑度，具有抵御冬季寒风的优势，获得比较稳定的内部环境。一方面通过建筑之间的相互遮挡，减少和外界不利环境直接接触的表面积，避免夏季阳光对墙体的直射；另一方面通过建筑整体的合理规划和安排，形成贯通的内部巷道，组织良好的通风冷巷迅速带走热量。很多巷道的一侧还建有水圳，在一定程度上也起到了降温调湿的作用[1]。徽州建筑通过天井院落的设置，与街巷空间，共同形成气候调节的空间网络。

随着城市土地的进一步集约利用和建造技术的发展，现代建筑的布局将进一步集约化，建筑的聚集式布局和空间立体化、综合化、协同化将是未来的发展方向。通过建筑形体间的自相遮挡和利用通风廊道，以及建筑内部空间的弥补，可以发挥聚集式的缺点和克服不足。

屯溪新安江延伸段湖边古村落，采用古建筑异地保护的模式，按照徽州传统村落的聚集式布局，形成传统街巷的有机组合，有序设置街巷、广场等空间，并打通与滨水空间联系，形成有效的通风廊道，既满足了夏季遮阳的需要，又形成了较好的外部通风环境（图 4-17）。黄山市黟县水墨宏村位于际村西侧，毗邻世界文化遗产宏村。这一商住社区的群体布局和建筑形体采用徽州传统村落聚集式布局及徽派建筑形式（村民、政府、设计师形成共识，并非传统符号的媚俗化滥用），将整体划分为若干居住组团通过街巷连接，再由天井院落空间组合成与传统村落同构的新聚落，形成结构清晰、层次分明、形式多样的公共街巷空间和聚集式庭院空间，适应了地域气候，延续了文脉（图 4-18）。

1　刘俊 . 气候与徽州民居 [D]. 合肥：合肥工业大学，2007.

图 4-17 湖边古村落
资料来源：黄山市建筑设计研究院

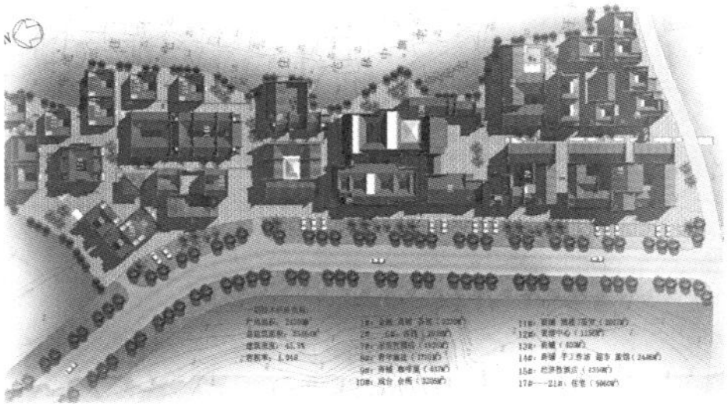

图 4-18 黟县水墨宏村
资料来源：黄山市建筑设计研究院

聚集式布局相比分散式布局模式有利于营造外部空间良好的通风环境。建筑群体通过分组布置，通过较低的建筑密度和合理的排列组合方式，利用绿地街道等开敞空间，形成季风通道，减少风阻，便于风能顺畅进入群体内部并平均分布。分散式建筑群体布局的平面排列方式主要有点阵式、行列式、围合式和混合式。给出建筑朝向和室外风环境相同的约束条件，建筑群体布局的通风状况的优劣依次为点阵式、行列式、混合式、围合式。依据场地条件合理布置建筑相对位置，可以创造出良好的建筑室外风环境[1]。

徽州传统村落中的水口空间，既采用了分散式布局形式，亭台塔桥分散布局在水口的不同位置，特别是廊桥的设置，满足遮阳避雨的同时，具有良好的通风效果，是村落喜欢停留的交往场所。黄山学院新校区，建筑群体布局和建筑单体根据使用用能、地形条件以及地域气候的影响，教学区部分采取了分散式的总体布局形式，考虑朝向和风环境，获得良好的室外自然通风和景观效果（图 4-19）。

聚集式和分散式布局各有适用、各有利弊，在建筑群体布局中，根据地形条件、建筑功能应灵活运用，形成的混合式布局是最常见的模式。聚散混合有助于发挥聚集式对遮阳要求的优势，分散式有助于发挥通风的优势，采用聚集分散相混合的群体形态，有利于应对复杂的城乡环境。

黄山市徽州文化长廊核心区，位于屯溪市郊，以徽州文化博物馆为中心，形成文化创意区。其中部和东南部小体量建筑采用聚集式布局，西北部建筑体量较大，有黄山城市展示馆和徽菜博物馆，采用了分散式布局，整个区域形成了聚集和分散的混合式布局形式，发挥了聚集式和分散式对气候适应的各自优势，营造出既满足功能使用又有地域特色的外部空间（图 4-20）。

1　王珍吾，高云飞，孟庆林，等．建筑群布局与自然通风关系的研究 [J]．建筑科学，2007，23（6）：24-27.

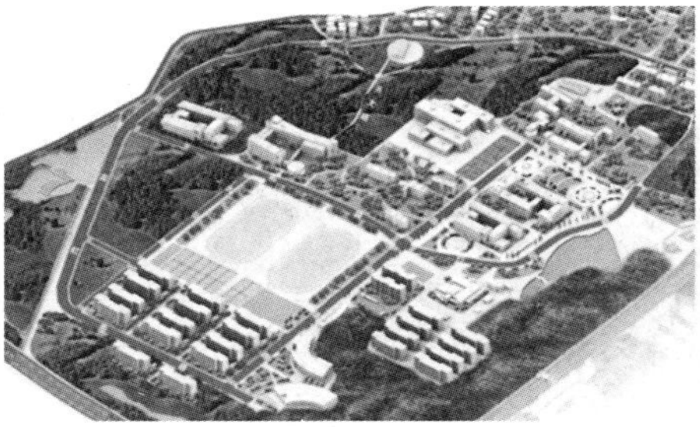

图 4-19 黄山学院新校区分散式布局
资料来源：黄山学院

3.高层与低层混合

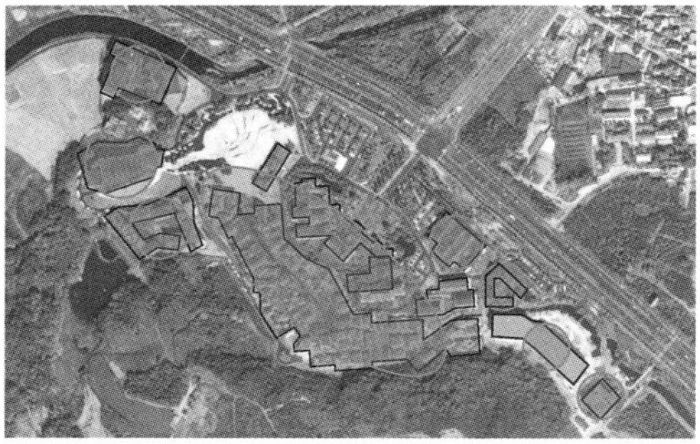

图 4-20 徽州文化长廊核心区集中分散混合式布局
资料来源：作者根据高德地图改绘

随着城市化进程的加速，城市人地矛盾的问题愈加突出，建筑高层化和集约化成为一种信念。高层建筑给城市带来新的面貌的同时，也产生了负面效应。如城市热岛效应，城市空间风速减弱，局部风速过大，等等，导致城市局部环境质量下降，可以采取高层与低层混合的模式加以缓解调节。

首先，采用高层与低层混合布局形式。根据相关研究，建筑密度相同的情况下，高层与底层相结合的混合布局形成的非等高建筑群，其产生的城市热岛效应明显低于等高建筑群[1]。可通过增加城市核心区的建筑高度和密度，减小城市周边地区高度和密度，并设置通风廊道和中心绿地，这样可以引导周边通风顺利到达城市中心区，提高中心区的通风效果以缓解热岛效应（图 4-21）。

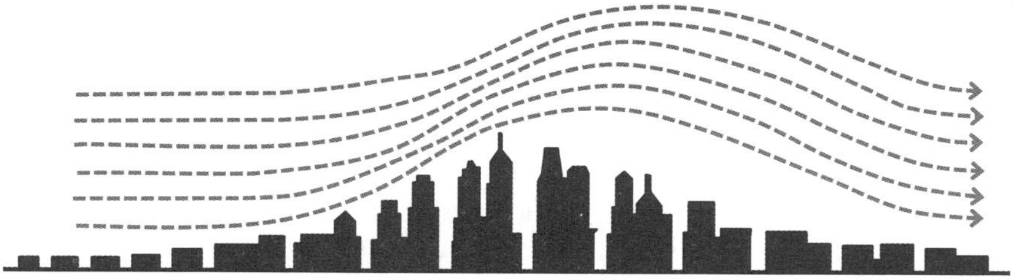

图 4-21 高层与低层混合布局
资料来源：杨柳 . 建筑气候分析与设计策略研究 [D]. 西安：西安建筑科技大学，2003.

1 陈飞 . 建筑与气候——夏热冬冷地区建筑风环境研究 [D]. 上海：同济大学，2007.

其次，在高层建筑中，采用高层主体与裙房混合的方式。一方面引导高空气流到达低层区，以提高低层区风速，同时，由于裙房的阻挡，背风区涡流产生的下沉气流无法直接到达地面，从而减少地面不利风环境对行人产生的危害，提高环境质量；另一方面，高层建筑之间的高窄空间容易形成烟囱效应，在静风时段有利于促进通风，在有风时段也容易缓解高层建筑形成的涡流。

黄山市屯溪区南滨江延伸段的湖边古村落与北侧的高层居住区，为了增加这一地区的通风，采用高层低层混合群体组合模式，夏季季风通过南侧较低的群体和通风廊道，较为顺畅进入北侧高层区，高层住宅采取点阵式群体布局，进一步提升了群体空间的通风效应，此外，具有地域特色低层建筑与现代建筑共同定义了具有地域特色现代城市空间（图 4-22）。

黄山市市民中心、档案馆办公楼，采用高层和裙房混合的模式，为地面层提供了较好的地面风的同时，由于裙房的作用，缓解了风速降低了风害，形成舒适的地面风环境，而依次增高的群体形态，丰富城市形态的同时，也为北侧建筑提供了更好的日照条件（图 4-23）。

图 4-22　高层与低层混合

图 4-23　高层与裙房混合

4.2.3 建筑形态的气候适应

建筑形态受到气候条件、自然地理、社会文化等多种因素的共同作用，是对各种因素理性适应之后的感性表达，建筑形态也因此具有与之适应的内在关联。气候条件与建筑形态关系密切，结合气候的建筑形态不仅有利于凸显建筑的地域性特征，也有利于建筑节约能耗实现生态可持续发展。

1.建筑形体规整

合理的建筑形体可以减少能耗，促进建筑自然通风。首先，建筑基本形体与能耗存在一定关系，常见的几种形体中，方形、矩形、圆形、三角形，在具有相同底面积前提下，外围护表面积越大，能耗相应就越多，三角形能耗最大，圆形最小[1]。此外，体形系数的控制已经作为影响建筑能耗的重要指标，体形系数越大，能耗越高，反之体形系数越小，能耗越小。选择合理的建筑基本形体，以及在较小体形系数的控制下，创造出整体适宜的建筑形体。其次，气候适应的建筑形体，有利于形成建筑内部的自然通风，顺畅的通风廊道增加了室内外的气流运动，最终带来了建筑内部自然通风的换气和降温。如采取形体架空、收分、挖洞等处理，或选择曲线型、流线型等形体，能够有效提升建筑通风效果。此外，通过建筑形体的处理，可以形成建筑自遮阳的作用，在建筑自身形成阴影以遮阳防晒，同时创造出有表现力的建筑形象。

徽州地域建筑采用方形、矩形作为基本形体和建筑原型，简洁的形体和封闭的外部墙体形成了良好的遮阳保温效果，采用聚集式群体布局并通过灵活组合，形成对气候的整体适应。徽州地区现代建筑继承传统建筑的形体特征，多采用方形、矩形为建筑形体，避免怪异形体和控制形体凹凸，减少外围护面积，起到良好的保温和遮阳效果。黄山市屯溪供电局高层建筑小区，选用矩形形态作为建筑形体，减少能量损失，通过多种户型组合，丰富了建筑形体，设置通风廊道，并对高层建筑进行挖洞处理，提升了小区环境的自然通风效果，此外屋顶采用架空层有助于隔热防晒，并采用徽州地域特色建筑语言形成了统一而丰富的整体形态（图 4-24）。

图 4-24　基本形体选择与增加通风的挖洞处理

1　陈飞 . 高层建筑风环境研究 [J]. 建筑学报，2008（2）：72-77.

2.建筑体量适宜

建筑体量主要指由建筑进深、面宽和高度形成的一定的建筑体积。小体量建筑对气候有较强的适应性，但是现代城市建筑功能需要，建筑体量一般较大。建筑内部空间形成良好通风需要一定的风压差、较小的风阻和较小的建筑进深，小进深体型在满足建筑功能需要的同时，形成良好内部通风效果。

国内学者研究指出，建筑横向风压通风的形成，需要较小的建筑进深和一定的外部风环境，一般控制在 14 米以内，并减少内部隔墙[1]。国外学者也认为，如果要成功组织穿堂风，建筑进深不应大于地板到顶棚高度的 5 倍[2]。按照住宅建筑 3 米计算，建筑进深不大于 15 米。可见国内外学者的研究结果基本吻合。黄山市年平均风速 1.4 米 / 秒，夏季风速 1.6 米 / 秒[3]，通过控制建筑进深，采取较小的建筑体量及通透的建筑组合，有利于获得较好的自然通风。

对于面积一定、进深在 15 米左右的建筑来说，容易形成横向或竖向板式甚至片状建筑，从综合角度分析，这样的建筑形体并非最佳选择，一般采用“多天井”或者“树枝状”平面布局结构以化解过长形体。徽州传统建筑有的祠堂和大型民居整体进深较大，在气候适应性策略上通过使用多天井的布局结构，化解了大进深带来的采光通风问题。建筑外部较为封闭，往往牺牲了一定的风压通风能力，而天井的烟囱效应提升了热压通风能力。现代建筑在用地紧张的情况下，通常采用传统的天井结构解决大体量建筑的通风问题，而在建筑功能需要的情况下，则采用现代树枝状结构，以获得更好的采光和通风。

黄山雨润涵月楼，通过“多天井”结构和马头墙的分隔设置，将大体量建筑化解为小进深建筑，取得了较好的自然通风效果，其中东西向建筑形体因较小间距形成自遮阳，小进深建筑和多天井结构形体与周边环境融为一体，通过“起承转合”的外部空间整合出独特的地域性空间（图 4-25）。位于歙县的新安中学，由于校园建筑本身功能的需要，在有限的场地条件下，采用了“树枝状”结构，以中部核心走廊为主干，将 7 幢教学楼串联起来，满足了遮阳避雨的需要，形成利于通风采光的校园建筑群（图 4-26）。

1 刘加平，谭良斌，何泉．建筑创作中的节能设计 [M]. 北京：中国建筑工业出版社，2009.

2 史密斯．适应气候变化的建筑——可持续设计指南 [M]. 邢晓春，等，译．北京：中国建筑工业出版社，2009.

3 杨晶博．黄山市气候舒适度的研究 [J]. 价值工程，2013（14）：323-324.

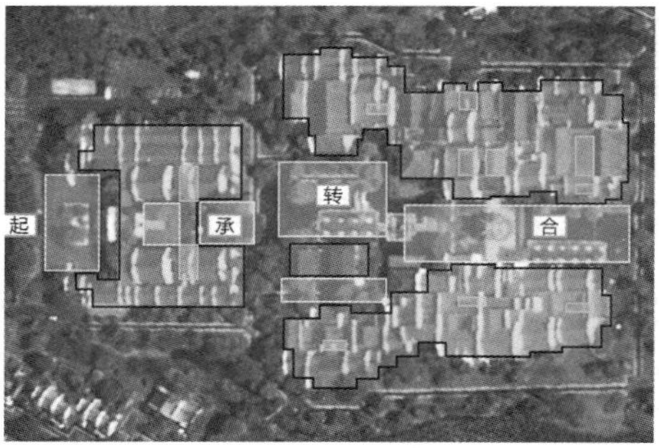

图 4-25　黄山雨润涵月楼多天井结构
资料来源：作者根据高德地图改绘

图 4-26　歙县新安中学树枝状结构
资料来源：黄山市建筑设计研究院

3.建筑空间通畅

建筑内部空间的设置与自然通风紧密关联，风压与热压是形成自然通风的两种动力来源。风压通风是由于文丘里效应，因静压差形成的空气流动，主要建筑平面空间相关（图 4-27）；热压通风是由于烟囱效应产生的压力差，而形成的空气流动，主要与建筑剖面空间相关（图 4-28）。建筑物内部自然通风是这两种方式综合作用的结果，除了受到外部风环境影响，主要受到建筑物内部空间形态影响。查尔斯·柯利亚的“管式住宅”按照自然通风的科学原理，塑造适宜的建筑内部空间，在获得较好的自然通风效果的同时，形成具有地域特色的建筑空间。

现代建筑由于功能日趋复杂，土地集约利用程度的不断加强，大体量建筑和高层建筑不断涌现，为满足室内物理环境和生态节能的要求，需要通过合理的水平空间和垂直空间的设置，形成良好的自然通风。水平空间利用风压通风原理，合理设置开口位置和大小、减少内部空间阻隔，形成建筑内部空间较好的自然通风。垂直通风空间利用热压通风原理，在建筑内垂直空间中产生烟囱效应，通过合理开口设置尽可能加大风口距离，以增加室内自然通风。

徽州传统建筑通过巷弄、天井、敞厅等空间构建了内部空间系统，形成风压热压共同作用的自然通风系统，但由于其对外的相对封闭性，这一空间系统更多是通过热压作用达到自然通风的目的[1]。徽州地区现代建筑常通过设置院落和天井，以改善建筑的室内采光和通风，并改善小气候，如黄山市图书馆、绩溪博物馆等。在一些高层建筑和大型建筑内部常设有中庭，除了可以满足使用功能，也可以作为促进热压通风的垂直风道。徽州雕刻博物馆位于屯溪区，平面矩形，内部设置三层高中庭，增加了室

1　吴州琴，冯雪峰，余梦琦，等．徽州传统民居自然通风网络模拟分析 [J]. 安徽工业大学学报（自然科学版），2017（3）：281-288.

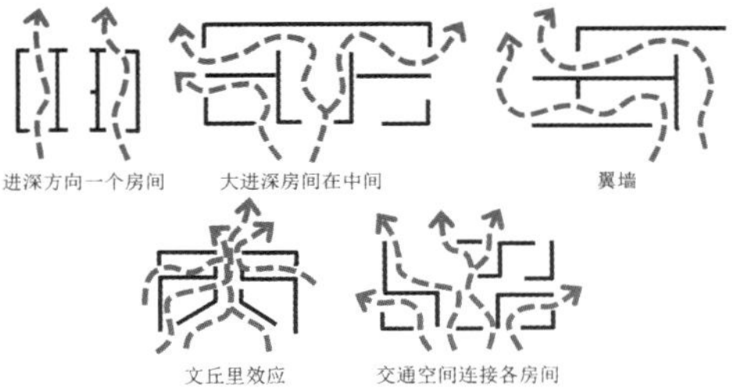

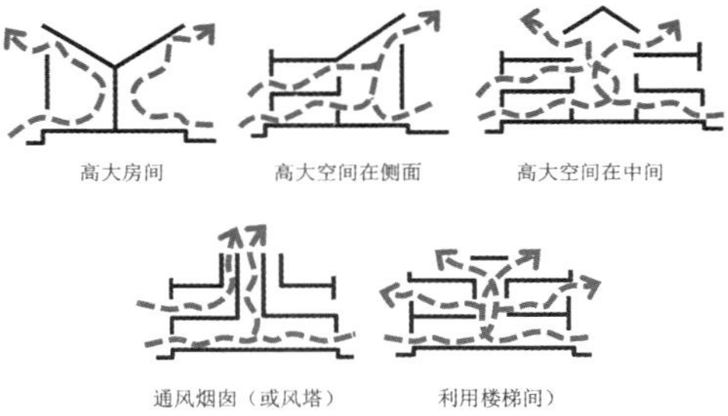

图 4-27　水平空间通风组织示意

图 4-28　垂直空间通风组织示意

资料来源：布朗，德凯．太阳辐射·风·自然光：建筑设计策略 [M]．常志刚，刘毅军，朱宏涛，译．北京：中国建筑工业出版社，2008.

内自然通风和采光，中庭的梁柱、屋顶隐喻徽州祠堂的梁架结构，使普适化的中庭体现出地域特色（图 4-29）。黄山市城市展示馆作为大型公共建筑，结合中庭的展示和人流集散功能，通过设置中庭和合理设置开口，形成热压和风压通风，改善了室内环境。通过中庭设置，改善了室内通风环境。中庭空间需要注意建筑夏季的遮阳防晒，通过设置可开启通气口、电动幕帘等措施减少夏季的太阳辐射，而中庭模拟山体及云海的平台和网架，不仅丰富了内部空间，也使人浮想起黄山的意象（图 4-30）。

4.2.4　建筑界面的气候适应

建筑的外界面主要是屋顶、墙体和门窗，它们是抵御自然气候条件的最主要的防线，也是建筑适应自然、改善室内环境的主要研究对象。目前成功的生态建筑实践表明，通过建筑界面的一系列合理的被动设计，辅以主动机械设备调节，完全能够实现室内良好的舒适环境。徽州地区的气候特征决定了夏季防热为主，兼顾冬季保温的主要方

图 4-29　徽州雕刻博物馆中庭

图 4-30　黄山市城市展示馆中庭

向，通过对传统建筑适应气候措施的研究，结合新材料新技术，仍然能够获得较为理想的气候适应效果，并形成具有地域特色的建筑形态。由于生态可持续的内在要求，以及考虑徽州地区的经济发展水平，应将造价经济、多用途、高效率和易于施工维护，作为建筑界面设计的主要原则。

1.屋顶界面

屋顶是建筑表面承受日照最直接、时间最长的界面，是夏季抵御太阳热辐射最重要的环节。屋顶主要是受太阳直接辐射造成的围护结构传热，为了减少夏季屋顶热量向室内传递，一般通过三种途径加以解决：一是减少阳光对屋顶的直接照射；二是增加屋面的蓄热能力，并在夜间释放热量；三是以材料和构造措施降低屋面的传热系数。三种方式的综合利用，可以形成多层次的屋顶防晒隔热措施，提升夏季屋面的隔热和冬季保温效果。这三种途径中的第一种，与建筑形态直接相关，一般通过设置屋面遮阳设施，或采用坡屋面结合辅助使用功能两种方式，起到屋面防晒隔热的作用。

屋顶固定遮阳设施，由于与屋面之间的较大距离，有利于遮阳和通风，综合隔热效果优于架空通风屋面，而且提供了屋顶上人活动的可能，遮阳设施也因为具有防晒遮阳的功能与装饰性构架有本质的不同。同时，徽州地区屋顶遮阳设计考虑夏季遮阳，还要兼顾冬季得热，为了解决这一矛盾，可以将遮阳与绿化植物结合起来，通过种植夏季生长而冬季枯萎的藤蔓植物调节夏季冬季的日照量，或者活动的遮阳板，通过调节遮阳板角度，以适应不同季节的对日照防晒和得热需要。

徽州地区传统建筑屋顶界面主要以坡屋顶利于防晒，在新建筑中利用坡顶形成屋顶使用空间，可以形成防辐射的隔层，同时也可以产生形式的创造。采用坡屋面结合辅助功能的方式，坡屋面与阳光的直射角度减小，辐射量随之减少。坡屋顶的通风空间比双层通风屋顶大，在通风口面积相同的情况下，其通风效果优于双层通风屋顶。此外，坡屋顶的空间结合辅助功能，提高了空间的综合利用。尤其在低层及多层建筑中，可利用屋顶空间设置辅助功能或者设备用房，增加空间利用率，形成丰富的建筑形态。

屯溪一中新校区位于屯溪新城区，其宿舍楼屋顶采用固定遮阳设施，并结合坡屋面的造型，形成对屋面的遮阳，立面采用通风百叶，增加了屋面的通风效果，整体形态体现出徽州地域建筑的特色（图 4-31）。黄山市人民医院住院部屋顶采用固定遮阳设施，形成对屋顶和屋顶设备的遮阳，起到了遮阳降温和保护设备的作用（图 4-32）。坡屋面结合辅助功能形成的防热策略，是徽州地区普遍采用的一种方式。多层住宅楼一般均采用这种策略，通过平坡结合的方式，将住宅顶层设计成复式楼，上部一般安

图 4-31　结合坡屋面屋顶遮阳

图 4-32　固定设施屋顶遮阳

排厨房、餐厅、洗衣房等辅助功能，下部安排卧室和起居室功能（图 4-33）。黄山市建筑设计研究院办公楼设计中，将顶层设计成坡屋面，设置为员工活动室和展示空间，通过设置通风口促进坡屋面下部空间的自然通风，实现了坡屋面空间防晒通风与功能的综合利用，也凸显出徽州建筑特色的整体效果（图 4-34）。

2.外墙界面

外墙界面主要承担着建筑防晒遮阳等物理功能，以及建筑物立面造型的重要功能。外墙界面中主要包含门廊、窗户、阳台、空调架等元素，从建筑形态与气候适应的相互关联来看，可将外墙界面分为凹凸式、构件式和表皮式这三类。

凹凸式界面常用于大门、窗户、阳台等处，一般作为室内外过渡空间，相当于由水平遮阳和垂直遮阳共同组成的遮阳。这样的方式只是利用外墙的凹凸构成，没有增加额外的建筑构件，不仅经济实用，而且建造简单，能够形成丰富的阴影，具有良好的遮阳、防雨的功能。徽州地区传统建筑外墙门窗洞口一般较小，随着现代建筑开窗

图 4-33　住宅顶层设辅助功能

图 4-34　公建坡屋面设置辅助功能

面积逐渐增大，需要采取多样化的遮阳措施和方法。住宅通常采用阳台的凹凸处理，除了可以增加采光、促进通风，还能起到遮阳的作用。公共建筑入口的凹入，窗洞口结合墙体凹凸，并与空调架的综合设置，不但形成有效的遮阳，还能形成地域建筑特色（图 4-35、图 4-36）。

构件式界面是指通过在建筑墙体外侧附加遮阳板、柱廊等构件，对外墙或门窗口进行遮挡防止太阳辐射，一般有固定和活动两种，而构件的通透性能够利于促进建筑的通风，如为防止西晒设置的外墙构架，窗户遮阳的横向垂直遮阳板（图 4-37）。

表皮式界面主要是为了呈现建筑形态的简洁性和材料的表现性，增加围护结构的耐久性，如玻璃、石材、金属等多种形式，形成较为封闭的建筑形体和内部空间，一般多用于博物馆、展览馆、影剧院等大型公共建筑中（图 4-38）。

徽州当代地域性建筑根据建筑的功能不同灵活采用不同策略，由于凹凸式界面策略简单高效，同时能形成独特的地域风貌，是徽州地域最为常用的手段，无论住宅建筑还是公共建筑，大都采用这种策略。在一些公共建筑中，亦会采用构件式和表皮式，以简洁抽象的整体形态表达地域性。

图 4-35　凹凸式外墙多层建筑

图 4-36　凹凸式外墙高层建筑

图 4-37　构件式外墙遮阳

图 4-38　表皮式外墙遮阳

徽州当代地域性建筑的地形和气候适应，吸收了传统和现代的诸多观念和策略，其中诸多原理具有普适性特征，但经过地域建筑群组、空间、语言等方面的适应性表达，凸显出强烈的地域性特征。

4.3 地域资源的合理适应

张钦楠先生认为“一个民族或一个地区的建筑特色，来源于对本国、本地区建设资源的最佳利用，其中包括自然资源和文化资源”。中国建筑的特色是在资源贫乏的环境中，创造出具有中国特色的建筑，建筑应基于对地域资源的合理利用，形成地域特色[1]。芒福德面对后工业社会的复杂背景，从历史的角度对自然环境、人类生存环境及社会群体的关系进行了认真的思考，认为地域主义应注重对地域资源的合理利用[2]。他认为地域性建筑的特征虽然难以准确描述，但可将其解释为与地域环境和资源相适应的建筑。他同时指出新的地域主义者应充分考虑经济性，合理规划某一地域的人口与产业布局，充分利用地域资源减少消耗与浪费，地域性建筑与地域资源的有效结合才能形成可持续的发展模式。

徽州地域性建筑的发展应积极寻求与地域条件的特殊性结合，充分利用地域资源，并通过技术更新适应社会对建筑的要求，进而确立一种积极开放和生态可持续的建筑观，引导徽州当代地域性建筑设计的可持续发展。

4.3.1 地域材料的适宜利用

材料在反映地域的自然环境特征上，起到重要的作用，材料不仅是构成建筑界面和实体的物质基础，本土材料的使用还体现出各地区的自然地理和气候特征，同时还能够实现低成本和生态保护的双重效益[3]。“建筑之始，产生于实际需要，受制于自然物理，非着意创制形式，更无所谓派别。其结构之系统及形制之派别，乃其材料环境所形成。[4]”世界各地传统民居就地取材而建，村落的发展与自然生态取得了良好的平衡，也体现出建筑的地域性特征。材料与建造密切相关，通常适宜地运用于建筑的不

1 张钦楠. 特色取胜——建筑理论的探讨 [M]. 北京：机械工业出版社，2005.

2 MUMFORD L. The South in Architecture[M]. New York: Harcourt, 1941.

3 博卡德斯，布洛克，维纳斯坦，等. 生态建筑学：可持续性建筑的知识体系 [M]. 南京：东南大学出版社，2017.

4 梁思成. 中国建筑史 [M]. 北京：生活・读书・新知三联书店，2011.

同部位，体现出因地制宜因材施用的特征，这也体现了建筑的材料内在建构逻辑和真实性表达，与现代建筑的建构理念不谋而合。材料从地域自然环境中提取，使用地域材料不仅节约能源，还省去了采集、加工、运输的成本，在建筑的维护修补替换的过程中更为方便。正是这种生态性和经济性，地域材料的使用不仅为地方民众所大量使用，也成为国家鼓励的做法。对于建筑师来说，地域材料的适宜利用主要是指，利用建筑材料来适应自然环境、塑造地域文化，而地域材料带来的不仅仅是地域性的色彩和肌理，还包括地域化的空间结构，以及环境控制方式等方面。

徽州建筑常采用石材、砖材、木材、生土、竹材等地域建筑材料，这些材料的使用，不仅从色彩上表现了徽州地域性建筑的白墙灰瓦的整体性特征，还在结构和构造上展现出徽州建筑的地域性特征，其绿色生态的特性也利于生态环保和人体健康，使徽州当代地域性建筑展现出整体和谐的风貌。

1.石材

徽州多山，石材资源丰富，主要有黟县的黟县青，屯溪周边花山谜窟的红砂岩、茶园石，休宁歙县等处的页岩石等。徽州地区除少数区域采用石材建房，石材大多用于构筑物、架空底层的维护墙体。石材常作为建筑的基础、柱础等建筑元素，能提高建筑的结构性能，徽州多雨，气候潮湿温差大，能够提高建筑的耐候性，石材的大量使用是徽州建筑保留至今重要原因。现代建筑混凝土材料难以运输到交通不便之处，本土石材的适宜利用仍然是重要的选择。

黄山风景区内的一些建筑，体现了“依山而建，就地取材”的策略，如黄山白云宾馆（张振民设计），场地地势险峻、交通不便。在如此复杂的场地中进行设计，建筑师“因地制宜”，反复推敲建筑体量和建筑形体。尽量压缩建筑体量做成两个较小形体，控制占地面积到 1000 平方米。采用钢筋混凝土结构，建筑材料中所需砂石和墙体砌块，来自平整地形的石料，材料总量的 60%（超过 7000 吨），直接在现场解决，实现了材料的就地采集和消化，大大减少了材料运输的成本和困难。黄山风景区山高林深，建筑墙身隐匿林中而屋顶则显现于外，建筑师认为这座建筑应通过适宜的形体和技术隐匿于环境之中。因此，建筑师对屋顶进行了深入的推敲，形式上采用缓坡折面，为了防水、防潮、防冻，技术上采用自防水铺贴灰绿色琉璃瓦，并且外挑形成排水檐沟。屋面的形态和技术，与环境形成了统一（图 4-39、图 4-40）[1]。此外，黄山白云宾

1　张振民．白云生处有人家——黄山白云宾馆创作随笔 [J]. 建筑学报，1998（8）：26-29.

馆、云谷山庄、玉屏楼、西海山庄、贡阳山庄等景区建筑，墙基部分采用场地中石材，仿佛从山体生长出一般。

图 4-39 黄山白云宾馆鸟瞰

图 4-40 黄山白云宾馆石材台阶

资料来源：张振民．白云生处有人家——黄山白云宾馆创作随笔 [J]. 建筑学报，1998（8）：26-29.

2. 砖材

徽州地处山地丘陵，砖可以就地烧制，无论强度、防水防火性能均优于土墙，但由于砖材对土质的要求高，制作工艺复杂、时间长、成本高，需要较高的经济和时间投入。在徽商经济的支撑下，砖材在徽州建筑中使用最为广泛，无论祠堂、民居还是商业店铺，外墙均采用砖材并采用白垩进行粉刷进行。徽州传统建筑砖墙砌筑方法主要有空斗墙、灌斗墙、鸳鸯墙与单墙等构造形式。徽州地域建筑的新建、改建建筑中，砖材仍然具有普遍的应用价值。

祁门县闪里镇的桃源村宀屋，位于村内一片菜地中，紧邻叙五祠。建筑占地只有60平方米，体量不大。建筑原为两层，一层堆放农具和杂物，二层层高较低而无法使用。屋架采用穿斗式木构支撑屋顶，墙体为徽州地域常用的空斗墙做法，屋顶和墙体是相对独立的结构和承重体系。为了保持建筑的风貌，改造中采用保留加固砖墙拆除木构架的策略。保留手工砌筑的白缝空斗砖墙，由于其结构稳定性较差，改造时先将钢筋网片铺设加固在内墙面后用水泥进行粉刷，以形成对老墙的加固和保护，建成后建筑与环境融为一体（图 4-41）。

外边溪摄影基地位于屯溪阳湖，曾是屯溪历史上重要的商贸码头之一。东邻旅游休闲综合体元一大观，西邻三江口自然景观，与屯溪老街隔江相望，区位条件优越，区域内历史遗存丰富，古建筑相对密集。外边溪摄影村商业服务配套设施包括主题酒店区、滨水餐饮区、精品会所区。改造建设中利用搜集来的传统砖瓦石木材，进行循环运用，具有生态意义。清水砖墙和白粉墙的对比对融合，营造出具有传统氛围和历史记忆的地域性城市景观（图 4-42）。

图 4-41　宀屋保留传统砖墙

图 4-42　外边溪改造中循环使用旧材料

3. 木材

木材是中国传统建筑使用最为广泛的材料，徽州地区盛产木材，徽州传统建筑采用木结构体系。树木属于绿色环保建材，但是由于树木与自然生态环境息息相关，树木的成材时间等影响，不科学的木材砍伐导致了水土流失和生态环境的恶化，限制了木材在现代建筑中的应用，随着生态资源化，木材仍大有可为。在一些景区建筑和乡土建筑改造和新建中，木材仍然被广泛使用。上文提到的宀屋，原有木架拆除后，建筑平面重新布置柱网，使用徽州最常见的杉木材料，并采用传统和创新的木结构形式。一层木构采用了传统的穿斗式结构承托楼板，二层木构采用了模仿树形的创新木结构形式，并向外悬挑挡雨以保护墙体。新杉木柱网规矩有序，而同旧墙窗洞的错位，暗示了新旧秩序的并置[1]。本土杉木的使用和树状结构的创新，与室外祠堂的景观互融，适应了材料的就地使用，转化为兼具地域性与时代性的徽州地域建筑特色（图 4-43）。随着生态文明和生态产业的发展，在对树木生长砍伐进行科学化管理利用的前提下，木结构建筑仍然具有广泛的应用前景。

图 4-43　宀屋室内木结构的现代运用
资料来源：素建筑设计事务所 . 宀屋——安徽闪里镇桃源村祁红茶楼 [J]. 城市建筑，2018（13）：98-104.

1　素建筑设计事务所 . 宀屋——安徽闪里镇桃源村祁红茶楼 [J]. 城市建筑，2018（13）：98-104.

4. 生土

土作为建筑材料使用已经有几千年的历史了，从最早的穴居到窑洞和土楼都是用土建造的。位于徽州歙县深山中的地域性建筑，有众多土楼，以歙县阳产的土楼最具特色。阳产土楼以生土墙为主，墙厚约 30 厘米。土楼采用板模逐层夯筑工艺，墙体材料采用 6 ： 4 比例的黏土、石子混合土。为了增强墙体的整体性和稳固性，夯筑中在墙体主体和转角处铺设竹篾、木条网，而夯筑后的内外墙体，根据建房者的经济状况决定是否进行面层粉刷。生土墙不仅能挡风遮雨，而且具有优良的热工性能，绿色环保[1]。阳产德味民宿以不改变土楼外观为前提，基于修旧如旧原则，内部尽可能多地选用本地特有的元素，建成地域特色建筑空间。由于山地交通不便，在缺水的环境制约下难以烧砖，采用土作为建筑材料成为适应环境条件的最佳选择，土又能还原大地或再建新房，形成生态循环利用。

5.竹材

竹材用作建筑的材料，相对于木材具有更短的生长周期、更强的柔韧性和可塑性，竹屋建造工艺通常通过绑扎固定，比木结构的榫卯结构更为便捷，通风性能更好。徽州地区虽然很少将竹作为建筑主体用材，但作为辅材和生活器具广泛使用，如夯土结构中加入竹筋，徽州建筑木结构楼板上铺设竹篾，生活用具如竹床、竹椅、竹篮、竹烘盘、竹火铳、竹筒、竹筷，等等。

绩溪尚村的竹篷乡堂，将高家老宅的院落修整后供村民使用，上部用 6 把竹伞撑起拱顶，为村民和游客提供闲聊休息、聚会娱乐的公共空间，兼具村民集会、村落展厅的功能空间。绩溪盛产毛竹，当地人善用竹材制作各种器物，如竹篱笆、田边竹亭、竹制工具工艺品等。为了快速完成建造，建筑师选择竹子作为建筑的主体材料，为了减少场地干扰，采用了单元化建造模式，竹篷并不作为永久性建筑，而是随着村子的发展不断更新直至拆除。竹伞的结构和圆拱乌篷的组合，与民居屋面尺度相适应，简化建筑屋面构造、缩小建筑屋顶尺度，完全融入了村落肌理中。为解决竹材耐久性较差的缺陷，采用现代竹构工艺，首先对原竹进行防腐和防蛀处理，施工建造中采用竹和钢结合的“插、栓、锚、钉、绑”等现代建造工艺，提升竹结构的整体稳定性（图 4-44）[2]。竹篷乡堂不仅为徽州地区竹材的使用提供了思路，也是村落有机更新的一次积极的尝试，具有自然与文化生态的双重含义。

1　朱雷，刘阳 . 另类徽州建筑——歙县阳产土楼特征初探 [J]. 建筑与文化，2015（11）：122-123.

2　宋晔皓，孙菁芬 . 面向可持续未来的尚村竹篷乡堂实践——一次村民参与的公共场所营造 [J]. 建筑学报，2018（12）：36-43.

地域材料具有生态可持续的固有属性，特别是在乡村振兴的大背景下，应鼓励乡村地区使用乡土材料，同时应建立起乡村建筑材料供应市场，并对其适用范围进行科学化管理。

4.3.2 自然景观的特色营造

自然山水是中国古人的重要描摹对象，徽州山水独具魅力，自古文人墨客青睐有加，赞之“新安大好山水”。徽州人对自然山水有着特殊的情感，无论村落、建筑、绘画、雕刻，都有大量的山水题材，体现出寄情山水的审美心理。自然山水在徽州人的巧思下，呈现出与人的情感共融的整体和谐共生状态，形成了徽州独特的山水景观。

1.水口景观的环境建构

水口景观是徽州传统建筑中的重要组成部分，西递水口（图 4-45）、宏村水口、南屏水口、西递水口、唐模水口等，通过廊、桥、亭、阁、塔、牌坊、风水林等元素，以围合、紧闭、对景等方式，不仅提供了村落的边界范围，安全防卫、调节微气候、提供交往场所、

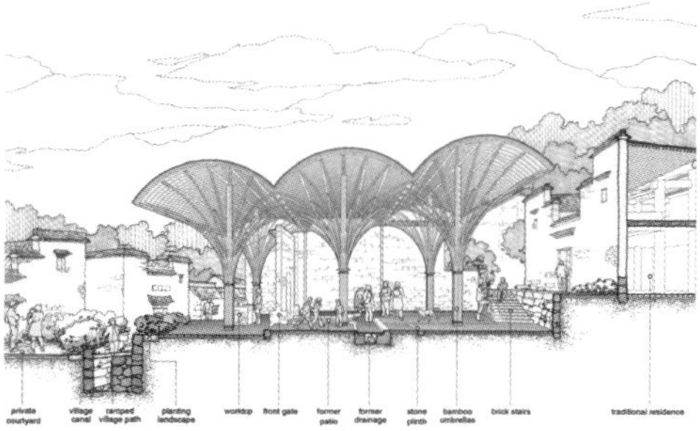

图 4-44　绩溪尚村竹篷乡堂
资料来源：宋晔皓，孙菁芬 . 面向可持续未来的尚村竹篷乡堂实践——一次村民参与的公共场所营造 [J]. 建筑学报，2018（12）：36-43.

图 4-45　西递水口景观

满足精神需求等功能，更使得建筑群体展现出与自然相融合为一体的整体景观效果。

识别和营造环境是人的本能，徽州传统村落“水口”景观的营建充分体现了这种追求，营造了独特和可识别的景观和空间，这也构成了人们对地域的心理认同。正如凯文•林奇（Kevin Lynch）所说：“城市的可识别性是指，城市中能被识别的部分以及其形式容易被人们所感知和理解”[1]，这与水口景观的营造如出一辙。徽州当代地域性建筑，水口景观文化已经逐渐内化到地域文化中。城市层面进行空间界定的水口营造，如屯溪南滨江延伸段[2]。居住环境的水口景观营造，如屯溪阳湖外边溪古村落的更新，其北临新安江，与屯溪老街、黎阳老街隔江而对，设置了建筑、码头、广场、水系等识别性较高村落水口元素，成为阳湖老街的水口景观，使得整个区域可识别性得到提升（图 4-46）[3]。景区入口环境的营造，如作者设计的花山谜窟入口空间，入口位置和规模的选择、山水环境的利用与改造、构筑物、建筑物的依山而建，让人想起水口空间的亭台塔桥，与青山碧水、白云蓝天共同演绎一幅自然和谐的徽州水口整体意象（图 4-47）。徽州当代地域性建筑的水口景观空间营造，不仅增加了文化性和可识别性，更提升了人居环境的生态宜居性。

图 4-46　屯溪外边溪国际艺术村落水口景观
资料来源：黄山市建筑设计研究院

图 4-47　花山谜窟景区西入口水口景观
资料来源：黄山市建筑设计研究院

2.山水景观的意境升华

意境是中国传统文论和画论的重要概念，指将现实的生活图景与理想的思想情感合而为一所呈现出的艺术境界。山水景观的意境升华，不仅是对自然山水的再现，更是形成一种融入人的情感的境界之所，使得山水景观不仅作为可观之景，更能激发人的情感让人能有自由的联想和想象。山水景观成为建筑设计灵感来源，作为一种设计思路，对地域性建筑设计起到了激发引导的作用。徽州地域山水秀美，以山水为原型的意境创造，凸显了建筑的地域特征，建筑与自然山水和谐共生，融为一体。

德懋堂度假酒店的规划设计中，选址在徽州区丰乐湖畔，远离城市，多山少田，

1　林奇．城市意象 [M].2 版．方益萍，何晓军，译．北京：华夏出版社，2011.
2　陈安生．从“水口”位置的变迁看屯溪城市发展的轨迹 [J]. 徽州社会科学，2016（5）：31-32.
3　秦旭升．徽州古村落“水口”营建理念及其现代借鉴研究 [D]. 合肥：安徽建筑大学，2015.

地形陡峭，植物茂密。从盘旋的山路进入黄山深处，德懋堂隐秘在山丘密林中，桥、老房子这些典型徽州元素占据着公共空间的核心。适宜的建筑体量与地形的紧密结合，遵循地形从山坡延伸到湖面，与远处的山水相融，让人联想到自然山水中的徽州村落而又有所不同。德懋堂营造的整体景观，宛如一幅山水画卷，正如僧人画家石涛所说："山川使予代山川言也……山川与予神遇而迹化也"，人与山川的心灵相遇而"迹化"，使这天人合一人居环境的山水意境自然产生（图 4-48）。

MAD 建筑事务所设计的黄山太平湖公寓依太平湖而立，所在场地地形高低起伏，有着山水画和山水诗般的意境，使人感受到精神的升华。太平湖公寓这十栋建筑在太平湖边的山脊上错落布置，依山就势、因势而长。每栋公寓楼因不同的形态和高差彼此呼应，形成山水间的空中村落，与自然山水融为一体。正如马岩松所说："我对黄山太平湖的印象一直就是模糊的，每次去她都呈现出不同的景色，因此她对我来说有几分神秘。像极了古代的山水画，从来不写实和临摹，一切都是随心和想象。[1]"建筑群体营造形成了山水人文交融的意境，也是马岩松"山水城市"理念的地域表达。作者认为其"山水城市"理念中建筑的体量过大、形态突出，对自然山水仍然存在一定的负面效应。

图 4-48　黄山德懋堂山水意境
资料来源：李倩怡．"山水之间"与"山水之边"——德懋堂设计的两种情境 [J]. 城市住宅，2014（8）：66-71.

4.3.3 日照光影的精神表达

建筑哲人路易斯·康（Louis Isadore Kahn）曾充满诗意地写道："……这一团被称为物质的实体投下了阴影，而阴影属于光。因此光其实是所有存在物的来源……"[2] 光赋予了建筑以鲜活的生命。众多的建筑大师利用自然光创造了为众人熟知的经典建筑，柯布西耶的朗香教堂、路易斯·康的印度管理学院、安藤忠雄的光之教堂、卒姆托的

1　MAD 建筑事务所．黄山太平湖公寓 [J]. 城市建筑，2018(7)：74-81.
2　罗贝尔．静谧与光明：路易·康的建筑精神 [M]. 成寒，译．北京：清华大学出版社，2010.

瓦尔斯温泉浴场等都将光作为要素融入建筑，形成建筑独特的地域空间表达。

徽州建筑的天井空间中，光线照射下来在天井四周形成漫反射，使得进入室内的光线均匀分布，形成安静而柔和的空间氛围，给人以静谧安定的心理感受，营造出符合理学冥想天理世界和“虚静”修身的空间环境，日本学者茂木计一郎认为徽州建筑这种光线营造出的空间氛围，是世界上所独有的。

徽州婺源博物馆的设计中，建筑师将天井作为基本空间构成单元，并设置为多层级空间，分设于展示、办公、库房等多个功能区中，这种多层级的天井空间首先是传统徽州建筑天井的多样性转化，其次是与气候结合的功能设计，从更深的层次上来说，天井与光提升了建筑的精神性[1]。设计中依据功能采用了三种天井模式：第一种是展厅区的天井，以传统天井空间为原型，采用四周坡屋面中间平屋面的处理方式，这也隐喻了“四水归堂”。展厅内的采光模式与传统天井反转，由中间亮四周暗转变为四周亮中间暗，适应了展示空间的功能需要。第二种是库房区的天井，由于库房区的安全需要，天井设在建筑中部的两侧，形成对天井的想象。第三种是办公区的天井，将四面围合天井改进成两面围合的天井，以满足采光的要求[2]（图 4-49）。建筑中通过天井空间的多样化设置，形成不同氛围的光环境，也营造出具有徽州地域特色的静谧空间（图 4-50）。

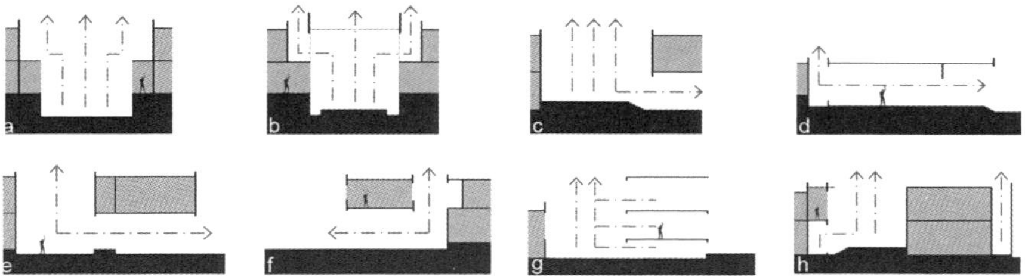

图 4-49　婺源博物馆中多层级天井类型图谱
资料来源：寿焘 . 地区架构——徽州建筑地域建构机制的当代探索 [J]. 西部人居环境学刊，2016，31（6）：29-35.

图 4-50　婺源博物馆天井光线
资料来源：佚名 . 院落：婺源博物馆 [J]. 建筑与文化，2009（7）：32-35.

1　寿焘 . 地区架构——徽州建筑地域建构机制的当代探索 [J]. 西部人居环境学刊，2016，31（6）：29-35.
2　龚恺，乌再荣 . 乡土语境下的博物馆设计 [J]. 城市建筑，2008（9）：24-26.

4.3.4 地域植物的合理利用

地域植物的合理运用对于地域性建筑设计来说，是又一项重要内容。植物作为建筑外部环境重要的构成要素，具有生态、景观、文化等多重功能，与建筑共同构成了环境整体，进一步增强了人们对环境的友好和认知。植物为动物和人类提供生态基底和绿色空间。植物在室外空间的组织中，如同建筑中墙体、柱子、门窗具有重要的作用，恰当的植物配置能够完善建筑的外部环境，营造出舒适宜人室外空间。徽州人对古代文人崇尚的“不可居无竹”“渔樵耕读”等生活理念情有独钟，这都是将植物和生机融入居住环境的积极尝试。对此，麦克哈格强调了植物的生态功能，将植物称作是人类“生存和呼吸，得到氧气、食物和享受生活”[1]的重要资源；凯文·林奇则指出：“活的植物，乔木、灌木、草本以及与景观有关的所有材料……应将植物作为室外景观的重要组织要素。[2]”可以看出，将植物作为生态维护和空间营造的因素，有利于地域性建筑与环境的和谐共生。

徽州地区自然环境优越，植物多样性丰富。传统村落水口和建筑庭院重视植物种植，不仅具有水土保持的生态功能，融入生活气息和观赏性，同时也具有吉祥的文化内涵[3]。徽州文化长廊旅游综合体位于黄山市屯溪西郊，四周山体环绕，生态环境优越。徽州文化长廊优先考虑区域内生态安全格局、生物多样性和生态完整性，在充分分析现状土地适宜性和生态敏感性、多样性基础上，将地块划分为四个生态等级在此基础上进行建设用地的设置，形成人工环境与自然环境的高度契合关系（图 4-51）。以生态系统分级为基础，将场地划分为黄山、天下徽商、闲适徽州、文化徽州、徽州学府和徽州栖居六个部分，并考虑人的感知分别赋予“乐”“宏”“闲”“涵”“雅”和“藏”六个主题（图 4-52）。依据各主题进行植物配置，首先考虑了充分利用徽州地域植物，挖掘其文化内涵，并考虑植物的季相变化，此外在生态安全的前提下适当引入外来植物以丰富植物配置，营造出具有生态性、地域性、时代性的山水园林环境[4]。

保留场地的大型植物，不仅是对自然和场地的尊重，更能与建筑形成对话凸显出场所精神。绩溪博物馆的设计中，建筑师李兴钢“留树作庭”，将场地中大多数大树悉数保留，结合博物馆的庭院进行布置，给人留下生命和生活的印记。在“水院”中

1 麦克哈格 . 设计结合自然 [M]. 芮经纬，译 . 天津：天津大学出版社，2006.

2 林奇，海克 . 总体设计 [M]. 黄富厢，朱琪，吴小亚，译 . 南京：江苏科学技术出版社，2016.

3 余汇芸，温琦 . 徽文化对徽州园林植物景观的影响 [J]. 安徽农业科学，2010，38（13）：7079-7080.

4 隋洁 . 文化旅游综合体绿地规划和植物配置研究——以安徽黄山“天下徽州”文化旅游综合体为例 [D]. 合肥：安徽农业大学，2015.

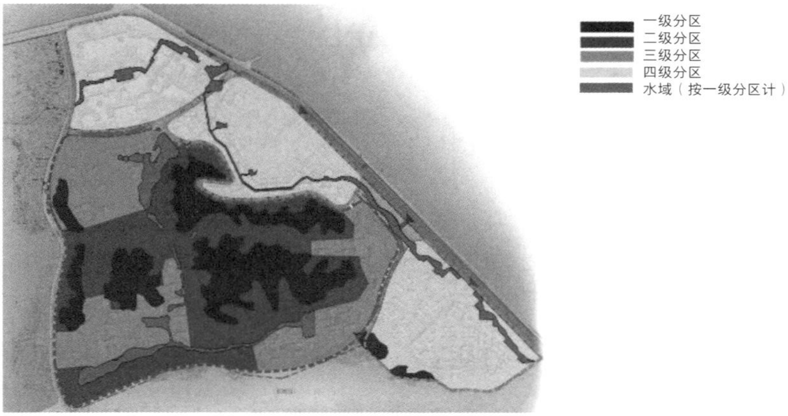

图 4-51 “徽州文化长廊”生态系统保护分级体系
资料来源：隋洁．文化旅游综合体绿地规划和植物配置研究——以安徽黄山“天下徽州”文化旅游综合体为例[D]. 合肥：安徽农业大学，2015

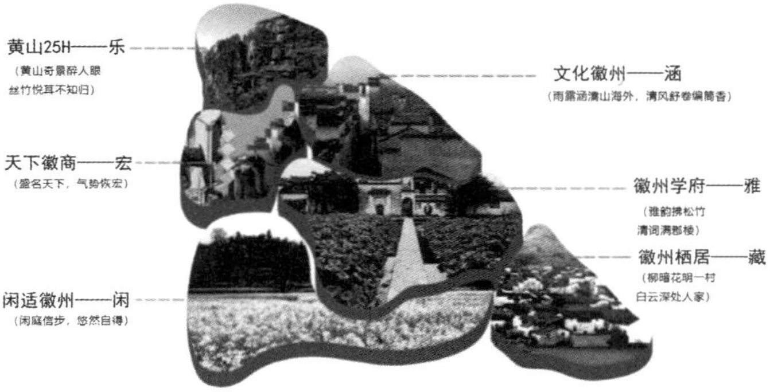

图 4-52 “徽州文化长廊”植物配置意象
资料来源：隋洁．文化旅游综合体绿地规划和植物配置研究——以安徽黄山“天下徽州”文化旅游综合体为例[D]. 合肥：安徽农业大学，2015

保留的一棵水杉和一棵玉兰，与假山相互咬合，组合为水院的对景（图 4-53）。“山院”保留了松、杉、樟、槐，配合几何状隆起地面、池岸，营造出亦古亦今的气息，使人感受到时间的延续和变化。东侧庭院过廊因两棵水杉而改变形状，形成建筑与树的扭结状态。西侧的“独木”庭院，为 700 年的古槐而设，形成开敞而具纪念性的空间，与建筑共同营造出古朴壮美的景象（图 4-54）。此外，还设有“竹院”“瓦院”等体现地域特色的空间[1]。这些保留的树木为新建房屋带来生机，建筑因植物的保留而共生，延续了场地的生命，也赋予了新建筑生命和价值，使人在其中感受到生命的力量。

1 李兴钢，张音玄，张哲，等．留树作庭随遇而安折顶拟山会心不远——记绩溪博物馆[J]. 建筑学报，2014（2）：32-39.

图 4-53 “水院”保留的水杉和玉兰

图 4-54 “独木庭院”保留的古槐

资料来源：李兴钢，张音玄，张哲，等．留树作庭随遇而安折顶拟山会心不远——记绩溪博物馆 [J]. 建筑学报，2014（2）：40-45.

4.4 小结

本章探讨了徽州当代地域性建筑基于自然共生的设计策略，注重与自然环境地形、气候和资源三个基本要素的和谐共生，地形影响了建筑的整体构成、构筑方式和建筑形态。气候影响了建筑的总体布局、建筑空间和界面形式。资源成为建筑的构成基础和环境关联。不仅是体现建筑地域性特征的基本条件，也是建筑与自然环境可持续发展的内在要求。

在地形条件综合适应方面，徽州地处皖南山区，其典型山地环境的地形地貌特征，为建筑设计拓展了更为广阔的空间，同时也为人居环境创造了丰富的空间层次和独特的环境景观。山地地形灵活适应，解决山地环境中的建筑布局和空间关系，通过遵循整体形态依山就势、接地形态因地制宜、建筑形态适宜得体的策略，协调建筑与山体的关系。而面对自然地形，需要尊重地形的自然状态和建立秩序，通过地形整合和轴线控制，形成场地的秩序感和场所感。在山地环境中，以防灾减灾的绿色理念为指引，营造安全的地域性人居环境。

在气候条件的整体适应方面，强调建筑对地域环境的深层回应，向传统建筑适应气候的建造智慧学习，引入现代建筑的设计建造中，从建筑的群体布局、建筑形态和建筑界面等方面适应地域的气候条件。建筑的群体布局中，通过朝向选择、集聚分散、高层底层混合的策略营造适应气候的整体环境。建筑形态适应气候条件，采用建筑形体、建筑体量和建筑空间的控制策略。建筑界面适应气候条件，通过对屋面、外墙界面采用合理的被动设计与适宜的主动设备，调节建筑室内舒适环境。通过建筑的气候适应策略仍然能够获得较为理想的气候适应效果以符合可持续发展的需要，并形成具有地域特色的建筑形态。

在地域资源的合理利用方面，地域性建筑应注重对地域资源的合理利用，减少消耗与浪费，将地域资源当作建筑设计的源泉。地域资源的合理利用，体现为利用当地资源作为营建材料，利用地域景观的环境特色，形成地域性的积极应对模式。地域材料的适宜利用主要是指对建筑材料的选择应用，适应自然环境、塑造地域文化。自然景观的利用，能够营造出优美的人居环境，并表达传统文化寄情山水的审美心理。日照光影的利用不仅满足了室内空间采光的需要，将光作为设计元素也营造出独特的氛围。地域植物的合理运用，能够完善建筑的外部环境，进一步增强了人们对环境的整体认知和满足人们亲近自然的心理。

第 5 章

基于文化融合的徽州当代地域性建筑设计策略

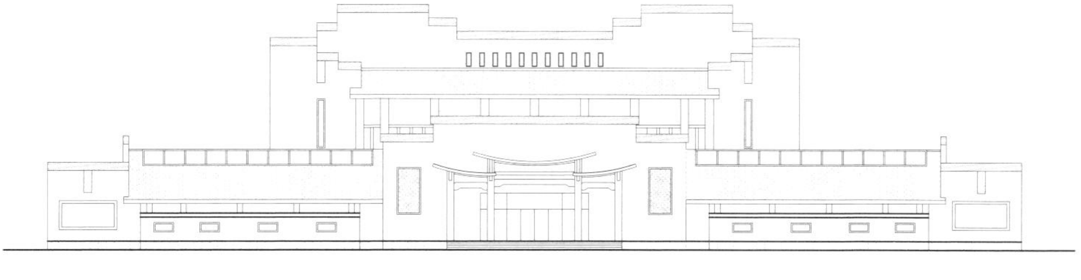

文化的定义众多，东西方的理解均涉及人的存在和人与社会的关系。联合国教科文组织解释为："文化是某个社会或社会群体特有的精神、物质、智力与情感等方面一系列特质之总和；除了艺术和文学之外，还包括生活方式、共同生活准则、价值观体系、传统和信仰。[1]"文化是对某一历史时期在特定地域自然条件下的人类社会整体反映，是对技术、社会、价值的解释、规范和综合，体现出人与自然、人与社会以及人与自身关系[2]。文化具有传承性、地域性、稳定性和时代性的特征，文化间的交流互动、碰撞融合是文化变迁和发展的内在机制。回顾历史，人类文化在技术的推动下不断发展，在经历了原始文化、农业文化、工业文化，目前正进入信息文化时代，在技术和经济的影响下，人类正面临着最为复杂的社会变迁过程，人类的观念体系和生活方式在传统和现代、地域和全球的复杂交融中不断改变重塑。

建筑作为人类的庇护所，在物质上为人类身体挡风遮雨，在精神上供人类诗意栖居，成为文化的物质载体。建筑作为一种文化现象，既呈现出受自然环境影响的物质形态，也呈现出受社会文化环境影响的文化形态。吴良镛先生指出："建筑的问题必须从文化的角度去探究，因为建筑正是在文化的土壤中培养出来的，展现了文化发展的进程，并成为文化的载体。[3]"戴复东先生提出："建筑应适应时代需要，并体现传统与现代文化的精魂。……我有两只手，一只手抓住现代不至落后，另一只抓住本土，使我有根。[4]"弗兰姆普敦也指出："一个地方或民族文化，不论是古老的还是现代的，其内在的发展似乎都依赖于与其他文化的适应与交融。……在未来要想保持任何建筑类型文化的真实性，就取决于我们是否有能力创造一种有活力的地域文化形态，它能够同时在文化和文明两个层次上吸收和融合……我们不应和传统决裂，传统本身也在演化，并且总是表现出新的东西。[5]"

中华文化的强大生命力和发展历程告诉我们，一种文化只有不忘本源、兼收并蓄，才能生存和发展，徽州地域文化作为中华文化的一部分，同样面临着传承和发展的重大课题。徽州当代地域性建筑文化应适应时代发展，积极吸收融合传统文化与现代文化，地域文化和全球文化的优质部分，在对传统文化扬弃、对外来文化取舍的基础上不断交融发展，具体在物质层面传承建筑文脉，在精神层面体现地域审美特质，在现实生活层面融入现代生活方式。

1 世界文化多样性宣言 [C]// 民族文化与全球化研讨会资料专辑 . 北京：中国民族学学会，2003：13-15.
2 孙春英 . 跨文化传播学导论 [M]. 北京：北京大学出版社，2010.
3 吴良镛 . 广义建筑学 [M]. 北京：清华大学出版社，2011：78.
4 戴复东 . 现代骨、传统魂、自然衣——建筑与室内创作探索小记 [J]. 室内设计与装修，1998（6）：36-40.
5 弗兰姆普敦 . 现代建筑——一部批判的历史 [M]. 张钦楠，译 . 北京：生活 • 读书 • 新知三联书店，2012：355.

5.1 建筑文脉的传承融合

地域性建筑与地域文脉之间存在紧密联系与深层关联，不仅是历史的也是现实的，这要求我们对地域文脉有深刻的理解，不仅要从表层的物质形态去认识，更需要从深层的文脉内涵去探寻地域性建筑设计的文化精神。徽州传统地域性建筑是与其文化相适应形成的村落和建筑环境，为徽州当代地域建筑设计提供了实践基础和思想资源。徽州当代地域性建筑设计，通过城镇肌理的传承延续、形态空间的现代融合、材料细部的地域表现等策略，实现文化环境中建筑的传承和延续、发展和创新，体现出对建筑文脉的传承。

5.1.1 城镇肌理的传承延续

肌理指形象表面的纹理，城镇肌理为城镇建筑与空间，在时间因素作用下形成的纹理。世界上众多独具特色的城镇，具有传统与现代肌理的融合共存的特征。罗伯·克里尔（Rob Krier）运用“图底关系”的分析和设计方法，将传统城镇肌理转化为现代城镇空间，强调城镇肌理对文脉的重要性并运用于城镇实践[1]。从生物学的视角来看，可以将城市看作有机体，建筑看作细胞，新细胞是对原细胞的复制和补充，城市中的新建筑同样需要尊重原有环境和建筑，以实现和谐共生的新环境。城市是建筑的基质，建筑是城市的细胞，杂乱的城市肌理难以形成良好的城市基质，没有好的城市就没有好的建筑，就没有城市给建筑的灵感。吴良镛先生也极为重视城市肌理延续的重要性，20 世纪 80 年代的菊儿胡同改造，通过延续城市肌理、增加层数、现代生活设施以及社区参与的方式，为历史文化老城区改造提供了新的思路[2]。

可以看出，城镇肌理是地域性建筑首要适应因素，徽州地域众多传统聚落和建筑形成的肌理特质，值得当代城镇建设的研究和借鉴。为了形成具有地域特色的城市建筑风貌，需要对建筑肌理进行传承延续与现代融合，通过肌理的更新、借用、再现等策略实现。

1.城镇肌理的更新延续

城市的历史性街区，往往承载了一个地区的文化精华，保持了良好的建筑肌理，是形成城市特色的重要因素，但是由于城市的发展，其功能已不能适应时代的需要，

1　克里尔．城镇空间 [M]. 金秋野，王又佳，译．南京：江苏科学技术出版社，2016.

2　吴良镛．北京旧城与菊儿胡同 [M]. 北京：中国建筑工业出版社，1994.

为了适应时代的发展并凸显特色，需要对其进行有机更新，保存传统的同时融入现代生活方式，在城镇形态上体现为肌理更新。

屯溪老街位于黄山市屯溪的城市中心，具有典型的“山、水、街”整体格局，是中国保存最完整却同时具有宋、明、清时代建筑肌理的传统商业步行街。老街山水环境优越，建筑多为二至三层，街道高宽比在 1 ： 1.2 左右，尺度宜人。随着社会和城市的发展，屯溪老街也面临更新改造的问题。20 世纪 80 年代以来，在清华大学朱自煊先生的指导下，对屯溪老街进行了保护更新，确立了整体保护、积极保护、动态保护的原则[1]。其后多次更新均以此为原则，在更新中严格保护街巷空间肌理，在修缮、重建、新建建筑中，强调与传统街道和建筑肌理的延续，形成特色统一的城镇风貌，使得屯溪老街整体规划布局依山傍水，延续了徽州城镇的典型肌理。根据屯溪老街的保护更新规划要求，保持老街山水格局、保护街巷空间肌理，对建筑的高度、体量、风貌、色彩制定导则严格控制，最大限度保护老街的传统风貌。在 30 年持续的更新改造中，屯溪老街以小尺度、密路网的策略，通过延续传统建筑肌理，奠定了屯溪的城市格局和整体风貌，保证了步行空间，凸显出城市的地域特色（图 5-1、图 5-2）。

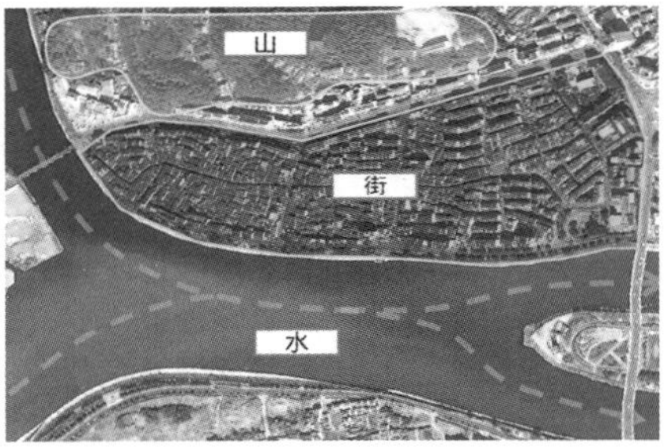

图 5-1　屯溪老街山水城整体格局
资料来源：根据高德地图改绘

图 5-2　屯溪老街肌理延续
资料来源：黄山屯溪老街历史文化街区保护规划 [Z].2016.

黎阳 IN 巷位于黄山市屯溪区黎阳，与屯溪老街一江之隔，其前身黎阳老街为屯溪的发源地，自古有“唐宋之黎阳、明清之屯溪”之称。由于城市发展更新的需要，黎阳老街于 2013 年进行更新改造，采用与屯溪老街的差异化策略，将其建成以传统肌理与现代生活相结合的肌理融合模式。

为了延续传统，活化场所，设计者采用开放街区和小尺度策略，使建筑融入城市脉络，从肌理、要素、材质的传承和创新入手，提出了保留、移植、创新的设计宗

1　朱自煊 . 屯溪老街历史地段的保护与更新规划 [J]. 城市规划，1987(1)：21-25.

旨[1]。整体规划提取徽州传统村落空间肌理和空间基因，以线状的街巷空间、点状的节点空间、面状的广场空间及复合的水口空间有机结合，形成地域特色鲜明，街巷节奏变化的城市现代休闲街区（图 5-3）。为了延续黎阳老街的街道肌理，街道以北以保留下来的古建筑为边界，街道以南保留拆除建筑的基底为边界，重建的街道仍然采用了青石板铺地和迂回婉转的肌理，并加入徽州特点的水圳、牌坊、石桥、青石板，门楼、砖雕，层叠的马头墙，甚至保留墙体的斑驳印记，极大丰富凸显了街道肌理和空间特色。在保持老街原有肌理，保护、修缮部分有保留价值的老民居的基础上，采用院落式的空间原型，汲取徽州建筑特色，采用传统建筑中的白粉墙、八字门、抱鼓石、木板门、石漏窗等装饰符号，通过和谐搭配，让人既感受到传统城镇空间的历史感，又感受到现代生活的时代特征。

图 5-3　黎阳 IN 巷街巷肌理更新延续
资料来源：黎阳 IN 巷规划文本

2.城镇肌理的借用延续

传统建筑的肌理特征凝聚了传统文化的历史信息，是城镇的宝贵记忆。在传统建筑肌理周边进行新的建设时，采用现代理念对其肌理进行借用而达到延续的目的，从而使得传统肌理和整个地块肌理的和谐延续。在新建筑设计建造时，可以通过提取肌理信息，借用传统建筑肌理信息融入新建筑中。保护性修复项目通过借用和重现传统建筑肌理，使得传统建筑肌理得以延续。新建项目则通过提取肌理信息采用简洁明快的现代建筑形体进行转译，与传统建筑肌理形成对比，使得传统肌理得以更新。通过对传统建筑的肌理借用，呈现出传统与现代的新老融合，从而引发人们感受历史而又立足当下的真实情感。

传统建筑肌理的借用主要有两种方式，在建筑场地原址上新建建筑保留延续传统肌理，或在新场地迁移保护古建筑。岩寺新四军军部旧址纪念馆采用了前一种方式，

1　佚名 . 黎阳 IN 巷 [J]. 中国住宅设施，2014（10）：82-95.

纪念馆选址在金家大院（原新四军军部）东侧，周边为岩寺老街建筑群。设计中对原金家大院及周边古民居进行了保护更新，通过恢复和新建修补肌理（图 5-4）。场地内保留了明代的牌坊、清代的廊桥等原有建筑，形成纪念馆的入口空间序列。为了适应城市道路和传统建筑的新旧肌理差异，建筑形态划分为前后两部分，沿道路为与城市肌理和建筑功能相适应的大体块，入口处采用与徽州民居尺度相仿的小体块，与环境肌理相融合。纪念馆通过借用周边传统肌理，融入现代理念，形成了新老建筑融合的统一整体（图 5-5）。

图 5-4　新建筑借用环境肌理
资料来源：作者根据高德地图改绘

图 5-5　新建筑借用传统建筑肌理

湖边古村落位于屯溪南滨江延伸段，采用在新场地迁移古建筑的重建方式，延续了徽州传统村落的肌理。湖边古村落建筑包括牌坊、戏台、民居等古建筑，建筑师吸取传统村落肌理布局，对其进行有机重组新建，形成了入口、街巷、戏台广场和谐有序的空间序列，街巷空间有机组合，体现传统村落空间肌理及风貌。湖边古村落位于城市东部新区，周边建成住宅、酒店等高层建筑群，湖边古村落的建设不仅延续了传统建筑肌理，而且与高层建筑群共同营造出具有徽州地域特色新旧肌理融合的城市空间，显示出场所的地域性及时代性。与此同时，与低劣的复古和简单的复制不同，建筑师通过对传统村落空间的深入研究和认识基础上提炼重组和创造转化，将民居、祠堂、戏台、牌坊等实体元素，通过水口、坦、街、巷等外部空间组织整合，形成了结构清晰、主次分明、秩序井然，具有徽州地域特质的建筑肌理和空间环境（图 5-6、图 5-7）。

3.城镇肌理的再现延续

肌理再现是在自然原生场地中再现传统建筑肌理，体现出传统的延续和时代的融合。由于场地为原生状态，需要对场地地形信息和文化信息进行深入的挖掘，以及对传统肌理和所建项目进行综合的分析判断与整合，再现不等于简单复制，而是因地制宜的地域呈现。

图 5-6　借用徽州村落肌理
资料来源：黄山市建筑设计研究院

图 5-7　新旧建筑肌理对比
资料来源：高德地图

徽州文化园位于徽州区，由于功能与形态与传统村落相似，建筑师在设计时将徽州村落的营建理念作为设计指导思想，延续传统村落“枕山、环水、面屏”的总体布局和“点状中心，线性延伸，翼状发展”的空间肌理。整体功能分区依地形，将地块分为公共会议区和生活区，再现徽州村落和建筑的功能肌理；空间营造按照“活水穿村、依水而居”的水系肌理；规划布局依据点状中心、线性延伸的街巷和坦空间肌理；建筑在空间、色彩、材料、符号等方面延续传统建筑构成肌理；景观形态按照村街水口的肌理，构成线形、面状和点状空间肌理[1]，再现了具有徽州村落肌理特征的整体环境（图 5-8、图 5-9）。而一路之隔的纳尼亚小镇呈现繁荣景象，欧式风格也在城市中逐渐蔓延，这一现象值得思考。徽州文化园二期的建设中，设计者通过对徽州园林的研究和理解，进行新时代的徽州园林营造，在设计中通过对徽州园林和苏州园林的对比，融合两者的空间特征，形成“园中园”的新理念[2]，再现并创新了徽州文化的地域精神。

图 5-8　再现徽州村落肌理
资料来源：高德地图

图 5-9　再现徽州建筑肌理

1　吴永发，徐震．徽州文化园规划与建筑设计 [J]. 建筑学报，2004（9）：64-66.
2　吴永发，江晓辰．山外山 园中园——徽州文化园二期设计 [J]. 建筑知识，2013（7）：116-117.

5.1.2 形态空间的现代融合

1.建筑形态的融合表达

形态是建筑中最直接的体现和表达，无法离开形态而谈建筑。当代建筑地域性的形态表达，在于对传统形态的再认识和新拓展的可能。当代地域性建筑对形态的表达，在延续传统的同时融合现代建筑理念，可以是对传统建筑的模仿，亦可以是抽象或是隐喻，最终表现出具有地域特质的新形态。

1）模仿表达

从人类的行为和心理来看，模仿是人类的本能，为了生存人类天生就会模仿，并且会在成长过程中不断地学习和模仿，模仿是人类社会存在的必要元素[1]，人类在社会生活和交往中，必须学会模仿[2]。模仿也是建筑设计中的常见模式，通过对模仿原型的学习分析，形成与原型相同或相似的形态，是一种再表达的过程。人们通过对环境中的建筑原型的模仿获得经验，并与现实环境相结合完成表达。对于地域性建筑表达而言，地域原型的选择以及模仿是其中关键部分。模仿首先需要确立地域性建筑设计的模仿对象，一般是以传统建筑为原型，对传统建筑的选址布局、建筑形态、材料结构等特征进行总结，通过学习模仿，将其使用在当代地域性建筑设计中，以此传承和延续传统建筑的特征[3]。在学习模仿的过程中，需要对建筑原型和地域文化的搜集、提炼、萃取，以此为参照点设计出新的地域性建筑。

徽州民居聚落反映出人与环境的和谐状态，给予建筑师设计意象，形成模仿以徽州建筑为原型的当代地域性建筑形态。作为徽州地域文化的象征，徽州聚落和建筑形态融入现代建筑中较为直接地呈现，利于形成地域文化认同，也容易被当地居民所接受。模仿这种方式便于理解和操作，对于徽州当代地域性建筑实践具有重要的基础作用。

黄山云谷山庄的设计建造，从某种意义上可以说是徽州当代地域性建筑设计的原点，也是一项文化融合的经典作品。建筑师汪国瑜、单德启先生精深的专业与人文背景，通过对徽州传统民居的深入研究[4]，为云谷山庄的建设积累了创作基础。在云谷山庄的设计中，建筑师从徽州民居汲取养分，从选址到布局，从形态到细部，模仿徽州传统民居。

1　塔尔德 . 模仿律 [M]. 何道宽，译 . 北京：中国人民大学出版社，2008.

2　邹德侬，戴路，刘丛红 . 二十年艰辛话进退——中国当代建筑创作中的模仿和创造 [J]. 时代建筑，2002（5）：26-29.

3　徐健生 . 基于关中传统民居特质的地域性建筑创作模式研究 [D]. 西安：西安建筑科技大学，2013.

4　汪国瑜 . 徽州民居风格初探 [J]. 建筑师 9，1981：150-160.

建筑选址黄山云谷寺峡谷地带，环境幽静，总体布局采取分散布置，傍水跨溪处理，建筑功能则按照现代建筑的使用要求，建筑形体模仿徽州民居中天井、院落，素瓦、白墙、马头墙、窗洞等空间和构件，随地形变化和环境限制，划分成不同的天井和院落，形成纵横交错，错落有致的整体形态，达到“寻幽、涉趣、寄情、求意”的建筑境界[1]。云谷山庄适应了现代建筑功能需要，虽然是对传统建筑的模仿，但其设计水平达到极高的境界，获得建筑界的高度评价（图 5-10）。

图 5-10　黄山云谷山庄模仿表达
资料来源：黄山市城乡规划局

中国徽州文化博物馆位于屯溪徽州文化长廊，由本土建筑师陈琍女士设计（作者参与），整体布局模仿徽州村落，背山面水、营造水系、塔桥林木，模拟出徽州村落完整的空间形态。建筑布局中轴对称，模仿村落建筑，采用集中分散混合布局，形成严整而又左右不等的均衡布局形态，分散的小型体量适应了小城市的建造能力和运营成本，体现出建筑师的独具匠心和娴熟技巧（图 5-11）。建筑立面对徽州进行模仿和简化，形成层次丰富的村落意象，入口门楼是对徽州牌坊的模仿和简化，塔则模仿借鉴了楼阁式古塔形制，门楼和塔采用钢和玻璃的现代材料，体现出现代特征（图 5-12）。整个建筑对徽州传统村落和建筑进行模仿，不仅体现出强烈的地域性和时代性，而且通过严整而灵活的布局，定义了这个场地，形成整个区域的中心和标志，实现了将徽州村落建筑精华吸收进博物馆的设计初衷，体现出地方建筑师对地域性、时代性理解，这一理解是反思性而非批判性的，是基于对地域现实环境思考的积极回应。

1　汪国瑜 . 黄山云谷山庄设计构思 [J]. 建筑学报，1988(11)：3-10.

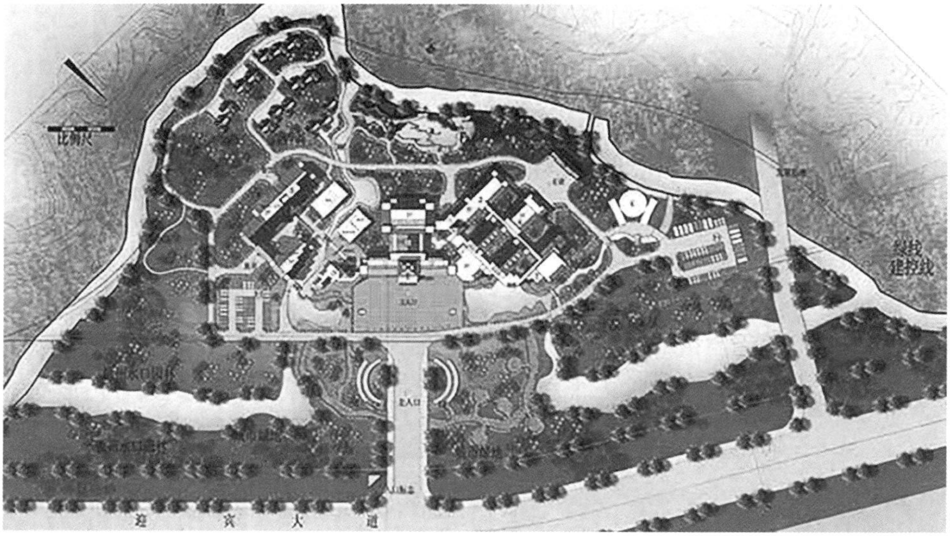

图 5-11　中国徽州文化博物馆总平面布局模仿徽州村落
资料来源：黄山市建筑设计研究院

图 5-12　中国徽州文化博物馆的模仿表达

2）抽象表达

抽象是人类对自然事物的理性认识，相对于模仿其认知层次有所提升。从抽象的概念，是指人类在面对所获得的感性材料，运用理性思维分析、归纳和处理，在思维中探究事物的内在规律。抽象表达是对建筑特色的分解与综合，作为一种创新手法被人们认可[1]。《周髀算经》说明了“数之法出于圆方”，《几何原本》也将物体划分为“圆、正多边形”等抽象的几何图形。提取建筑原型并进行抽象归纳，提炼出简洁的建筑形体，从而使人能够更加深刻地认识建筑的形态特征，继而启发受众的思维活动，并与具象

1　本奈沃洛．西方现代建筑史 [M]. 邹德侬，巴竹师，高军，译．天津：天津科学技术出版社，1996.

模仿形成对照，产生个性化的设计表达。

对于地域性建筑设计而言，抽象指在对地域性建筑原型的文化信息全面了解基础之上的分析与综合。建筑原型抽象是将其形态符号进行抽象，提炼出建筑符号的地域特征并用于新建筑，以此表现地域特色。建筑原型符号进行抽象，旨在形式和文化之间建立联系，以此承载地域文化并寻找建筑失去的意义[1]。建筑师通过对地域原型的抽象，与地域传统形成延续和关联，从而唤醒人们对地域文化的联想和认同。

中国祁红博物馆，从整体环境出发，与自然背景取得了有机的联系和协调，其整体形态抽象于徽州传统村落和建筑单体，严整的形态，大面的虚实对比，入口空间对门楼的抽象，给人强烈的徽州地域性建筑的整体感，具有既传统又现代的整体认知（图 5-13）。

岩寺新四军军部纪念馆，其整体布局延续文脉，建筑单体将徽州民居的入口、天井、屋顶、墙体等建筑形态符号加以抽象重构，建筑主体部分为长方形，入口四个小体量体块是对徽州建筑的抽象，也寓意各支部在皖南会合重整后北上抗日的历史事件，将地域建筑原型和历史事件以抽象的方式融入新建筑中。沿道路一侧坡屋面屋脊线的负形，是对徽州祠堂人字形坡屋面的抽象，使新建筑产生地域性和时代性的建筑意象（图 5-14、图 5-15）。

图 5-13　中国祁红博物馆的抽象表达

图 5-14　岩寺新四军军部纪念馆北侧抽象表达

图 5-15　岩寺新四军军部纪念馆南侧抽象表达

1　诺伯格 - 舒尔茨 . 建筑——意义和场所 [M]. 黄士钧，译 . 北京：中国建筑工业出版社，2018.

在城市大型建筑中，通过对传统形态的抽象表达，不仅可以满足新建筑对功能和空间的需要，更传达出传统文化的意蕴。黄山皇冠假日酒店的设计中，建筑体量巨大，长度近 170 米，建筑师将建筑体量划分为若干个较小的单体和退台的方式缩小了建筑体量，形成了独特的形象以及与山水城环境的融合[1]。建筑形态采用对徽州传统建筑中马头墙、防火窗的抽象，建筑主体高出部分抽象模拟了传统建筑方正的形态，退台形成层叠是对马头墙的形态的抽象，方窗是对徽州建筑中的防火窗的抽象，建筑形成徽州建筑层叠错落的整体意象（图 5-16）。在黄山轩辕国际大酒店的设计中，建筑沿山势错落灵活而设，整体布局通过抽象的方式，模拟了徽州村落形态。主体建筑高大厚重的墙身对比轻盈的玻璃幕墙，通过对徽州传统建筑形态的抽象模拟，大尺度地映衬出现代建筑与传统建筑的融合[2]。层叠的墙体加深了对于徽州建筑群体的剪影形态，门楼造型、屋面造型抽象简化了传统地域建筑语言，表达出强烈的地域特征（图 5-17）。大型建筑通过抽象方式的地域实践，为现代建筑与地域建筑的融合提供了新的思路和路径，一方面说明了地域建筑通过现代的转化仍然具有生命力，另一方面，也为现代建筑注入了地域文化的内涵而具有了文化价值。

图 5-16　黄山皇冠假日酒店的抽象表达

图 5-17　黄山轩辕国际大酒店的抽象表达

1　叶铮，马琴．黄山昱城皇冠假日酒店设计 [J]. 建筑学报，2013（5）：76-77.

2　谢强．创建地域酒店新标准：黄山轩辕国际酒店 [J]. 建筑创作，2008（4）：82-87.

3）隐喻表达

隐喻是一种复杂的思维模式，是将逻辑思维方法加入情感表达之中，形成一种理性与感性融合的情感表达方式，将这种思维模式引入地域性建筑设计之中，就是隐喻表达。隐喻是一个修辞学概念，从词源学的角度来说，隐喻（Metaphor）这个词可以追溯到古希腊，亚里士多德在《诗学》中对隐喻作了如下定义："隐喻是将某一事物的名称用到另一事物而使人产生联想，这一转移可以是从种到属或从属到种，或从属到属，或根据类推。……可以使我们最好地获得某些新鲜的东西。[1]"刘先觉先生认为隐喻是指一套特殊的语言过程，通过这一过程，一个事物或现象的若干方面被"带到"或者"转移"到另一物上，以至于第二物仿佛被说成是第一物了[2]。因此隐喻可以通过意义的新关联表达事物的新内涵，意义的新关联才是其关键所在。地域性建筑与某种意义的新关联才能激发受众的新联想，从而形成既熟悉又陌生的地域文化意象，而隐喻正是要达到这种目的而产生的地域性表达方法。隐喻是在对原型理性的逻辑思考基础上，通过感性的情感表达使建筑获得一定情感，从而完成地域特色的凸显和被感知。隐喻所借鉴的地域原型并不固定，可以是具体的地域性建筑形式，也可以是相关的地域事物、场景、故事等。通过隐喻，地域性建筑所依托的原型和作品之间可以形成某种非显性的内在关联。

隐喻与中国传统文化中的"神与物游"具有内在相似性，中国传统文人采用关联物与神的"神思"方法进行绘画和文学等创作，观者通过感受作者的"神思"来体验作品的意境。宗炳在《画山水序》中提出"万趣融其神思"，刘勰在《文心雕龙》中论述"形在江海之上，心存魏阙之下，神思之谓也。文之思也，其神远矣。故寂然凝虑，思接千载，悄焉动容，视通万里"[3]，对当代地域性建筑设计有很大的启发[4]。地域文化作为隐喻或者意象对象，可以成为建筑地域性设计生成的源泉。隐喻首先应对建筑原型和地域文化有充分和深刻的理解，经过深入挖掘、提炼萃取，再通过融入时代文化形成时代性和地域性的融合表达，能否合理地理解和挖掘地域文化深刻内涵是隐喻表达的关键。

黄山城市展示馆由姚仁喜设计，设计灵感源于李白《送温处士归黄山白鹅峰旧居》的意境，其体量"形神兼备"、空间"张弛并蓄"。形体从黄山山体汲取灵感，采用如山体一般的巨大墙体和玻璃中庭结合，完美呈现出黄山的"壮丽、秀美、险峻、奇幻"。

1 亚里士多德．诗学[M]．陈中梅，译．北京：商务印书馆，2011：208.

2 刘先觉．现代建筑理论[M]．北京：中国建筑工业出版社，2008：58.

3 刘勰．文心雕龙[M]．北京：中华书局，2008.

4 程泰宁．立足自己 走跨文化发展之路——访第三届梁思成奖获得者、中国联合工程公司总建筑师程泰宁先生[J]．中国勘察设计，2006（1）：8-10.

高达20余米的墙体以及30米高的中庭，让人感受到“黄山四千仞”的气势；墙体与功能之间的处理，更让人感受到出“丹崖夹石柱”的力量；基地与广场高达13米的高差，建筑复杂多变的空间，让人感受到“攀岩历万重”的艰辛；高达12米的落地玻璃幕墙，让人体验到“碧璋尽晴空”的广阔。在空间序列的营造上，借鉴徽州传统村落序列空间的原型，形成起承转合的空间序列。入口广场开阔，拾级而上，两侧巨大的岩石如黄山峡谷石泉，使得进入建筑内部的路径空间逐渐压缩。当步入展览馆前厅，空间适度放开，紧接着再次被收紧，进入中央中庭空间，空间序列在此处达到高潮，而主要展览空间也以中庭为中心在四周依次设置[1]，开阔—收紧—开阔的空间序列增加了参观者的体验（图5-18）。

黄山小罐茶运营总部设计中，启迪设计的建筑师试图将小罐茶与建筑之间寻求某种关联，并以此赋予建筑新的生命力。依据“向正方形致敬”（约瑟夫·亚伯斯，Josef Albers）的基本原则，用最简单的方形形态构成园区的建筑及景观，建筑师在传统方形的基础上反复推敲建筑形体，最终用圆形倒角取代了直角，使建筑简单而细腻，不仅在建筑上也采用圆角的形式，园区内部景观同样采用圆角和方形，高效布局的方形与小罐茶产品的圆形融于一体，形成了整合园区的基本元素。把“简单的事情做到极致”这种朴素而精致的匠人精神，融入企业精神中，也凸显出徽州文化精益求精的人文精神（图5-19）。

花溪饭店地块重建设计方案经过数十轮讨论，采用“屯浦归帆”的理念，通过对船帆的隐喻表达，将帆的意象融入建筑形态之中，形成层叠错落的船帆的意象和滨水特征。山墙与徽州建筑马头墙也有同构之处，增加了建筑的可读性。沿横江、率水设置低层建筑，采用白墙、灰瓦及坡屋顶以及现代材料，造型与尺度与老街传统徽派建筑相呼应，建筑风格、色彩与周边街区保持协调。同时，设计方案考虑了地块内滨水公共空间的设置和连接，加强与老街、老大桥、黎阳IN巷街区等周边地块慢行系统的联系，营造出更加宜人多样的地域性城市空间（图5-20）。由于地块所在地敏感，城市管理部门广泛听取市民意见，最终选择收回本地块作为城市公共空间，充分体现以人民为本的治理理念。

隐喻表达拓展了徽州地域性建筑设计的思路，满足了现代生活方式的需要，丰富了地域性建筑的多样形态，但由于这种方式与建筑师和受众人群的文化素养和审美意识有关，而且需要建筑师能够对作品进行一定的解读才能表达出其中蕴含的地域文化内涵，因而对建筑师和受众人群来说都有较高的要求。

1　佚名. 平衡的裂变——关于黄山城市展示馆建筑设计解读 [J]. 徽州社会科学，2012（7）：40-43.

图 5-18　隐喻黄山的黄山城市展示馆

图 5-19　隐喻茶罐的黄山小罐茶厂房
资料来源：黄山小罐茶运营总部[J].建筑学报，2018(5)：4.

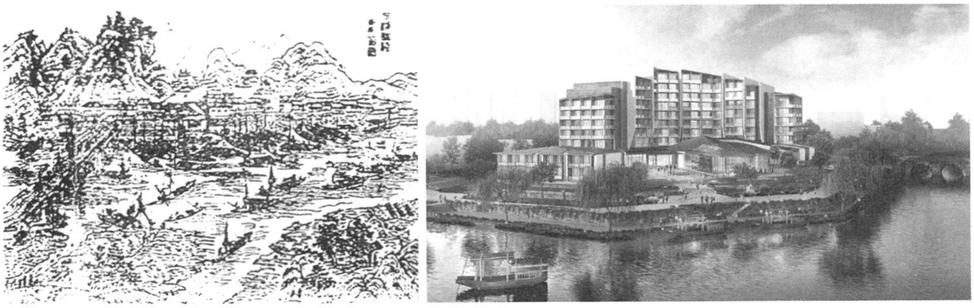

图 5-20　隐喻船帆的花溪饭店重建
资料来源：黄山市城乡规划局

2.建筑空间的场所营造

当代地域性建筑营造中，空间成为人们可以感知的物质和精神存在。空间是建筑的核心和基本元素，承载了地域文化的核心意义。经过凝练提取的空间原型，可以作为一种设计元素，运用到新建筑的设计中。围合空间的墙体、柱子、楼地面等作为实体，承载了文化意义，由于材料和结构的改变而随之改变。空间的尺度、比例、材质、色彩，是决定空间的重要因素。“埏埴以为器，当其无，有器之用。凿户牖以为室，当其无，有室之用。故有之以为利，无之以为用”[1]，指出空间的建造以满足使用为首要目的，现代建筑亦将建筑空间视为建造的目标，造型为空间的真实表达。而空间的尺度、朝向、组织模式则与地域文化存在更加深层的联系，传递出地域文化中的制度文化，如社会关系、组织秩序、生活习俗等深层文化。对传统建筑空间进行提炼萃取，可以得出一系列空间原型，其中包含了众多地域文化信息，将空间原型作为现代建筑设计的元素，经过重组融合，营造出新的空间形态，而由于空间原型中的地域文化基因使得新的空间具有与地域存在深层的关联，新建筑也因此具有了地域性特征。在现代建筑空间的

1　老子．道德经[M]．北京：中国文联出版社，2016.

场所营造中，通过对传统建筑的外部空间和内部空间原型的提取，经过现代转化得以营造出具有地域特征的空间场所。

1）外部空间营造

徽州建筑外部空间最常见的有水口、街巷、水系、节点和面状空间，“起、承、转、合”构成了徽州建筑的外部空间网络体系。街巷空间具有层级清晰，开合变异频率高，交叉口形式多样，空间景观丰富统一的特征，节点空间常位于人流集中处，适合邻里交往，面状空间因地制宜满足集散和仪式功能。建筑群体布局和外部空间营造，提取外部空间特征萃取出空间原型，通过引用、优化、变异等转化方式，以适应新功能和文化的需要，体现出地域性特征。

歙县禾园小区，毗邻渔梁老街，建筑外部空间吸取传统村落空间类型，街巷空间层级清晰，空间景观丰富统一，展现出具有传统气息的现代建筑风貌。小区中心主轴穿过入口一直向北，形成山水视线通廊。小区入口处广场提取徽州村落基因，提炼传统园林庭院元素，布置各种活动场地、浅池、凉亭、架空柱廊以及徽州传统聚落中心所特有的柱础、古井、小桥等环境元素[1]，营造出庭院和公共空间有机结合的外部空间，创造出层次丰富的具有地域认同感的场所空间。建筑吸取传统建筑特征，整体色彩清新明快，采用徽州建筑黑白灰主色调。建筑屋顶模仿传统徽州建筑，采用坡屋顶和马头墙相结合的方式。建筑墙面由白墙和砖墙相结合，外墙面砖模仿传统青砖贴面，部分细部采用木材装饰。小区入口采用徽州砖雕，通过简化处理，用于入口门楼。入口通过门楼进入，一方面形成门的意象，另一方面形成类似徽州传统村落水口空间中安全紧闭的外部空间特征（图 5-21）。

黄山柏景雅居小区规划设计中，建筑师充分利用场地内原有占川河水系组织小区外部空间，小区入口景观空间设置小桥水池，形成徽州村落中建筑与自然山水相融的意象，小区设有主街和辅街，形成徽州村落中街巷空间意象，并通过自然水系的叠石理水和生态化处理，地域建筑形态的外部界面、地域植物的配置、地域小品的设置，共同营造出具有徽州地域特色的人居环境（图 5-22）。

2）内部空间营造

天井、院落、厅堂、廊是徽州建筑空间最常见内部空间，几类空间通过组合，形成徽州建筑特有的内部空间原型。其中天井、厅堂属于仪式性的礼制空间，具有中正

1　韩毅 . 山・水・坊——歙县禾园・清华坊规划设计 [J]. 安徽建筑，2015，22（5）：46.

图 5-21　禾园入口外部空间场所

图 5-22　柏景雅居小区外部空间场所

规整的特点，天井所具有方向性，可使建筑在不同方向灵活生长。院落和园林中的廊依据场地条件，设置较为灵活，形成与天井、厅堂完全不同的空间特征。天井、厅堂的规整与院落、廊的自由结合，形成了徽州建筑特色鲜明的空间特色，对于现代建筑内部空间营造传承徽州特色具有启示意义（图 5-23）。如屯溪玉屏府独立式住宅设计中，融入徽州传统建筑中天井、院落、厅堂、廊的空间特色，转化为现代独立式住宅的庭院、起居室和外廊营，营造出适应现代人生活方式的居住空间（图 5-24）。

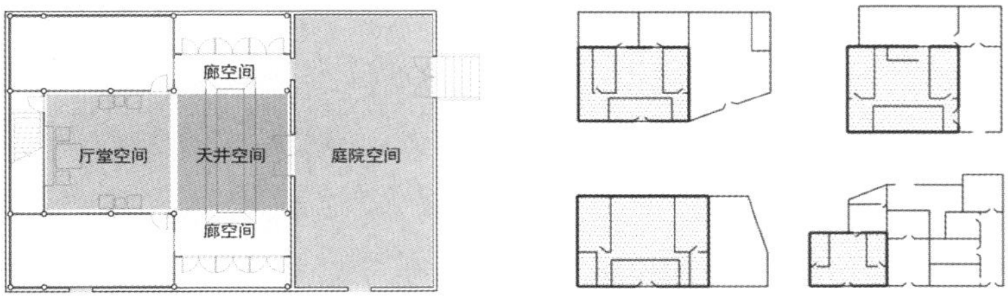

图 5-23　徽州建筑内部空间原型

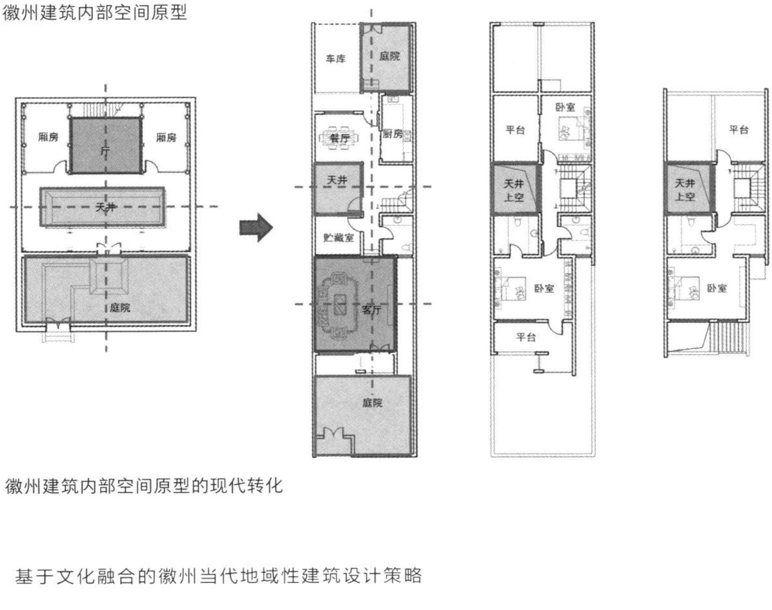

图 5-24　徽州建筑内部空间原型的现代转化

绩溪博物馆设计中，建筑师李兴钢通过提炼空间原型、重构，采用钢筋混凝土、钢材、玻璃等现代材料，对徽派建筑空间和构成元素进行了现代转化。建筑整体布局提炼出徽州传统村落中的街巷、水圳等空间原型，组织建筑各个部分，并以此化解建筑的尺度感[1]。与此同时，建筑中植入庭院空间以保留古树增加室外空间，植入天井空间以增强建筑的通风采光。天井的利用方式主要起到室内外过渡和增加建筑内部采光通风的作用。博物馆入口处观众厅前和办公室前的天井空间起到了空间过渡的作用；各展厅均布置内天井增加了建筑内部的采光通风，其尺度与传统建筑相仿，由钢框架玻璃幕墙围合而成，既具有采光、通风的作用，又形成四水归堂的意象，起到展示天井空间的作用。独特的场地信息、地域性的外部空间、内部空间和建筑元素，营造出具有徽州地域特色的建筑空间（图 5-25—图 5-27）。

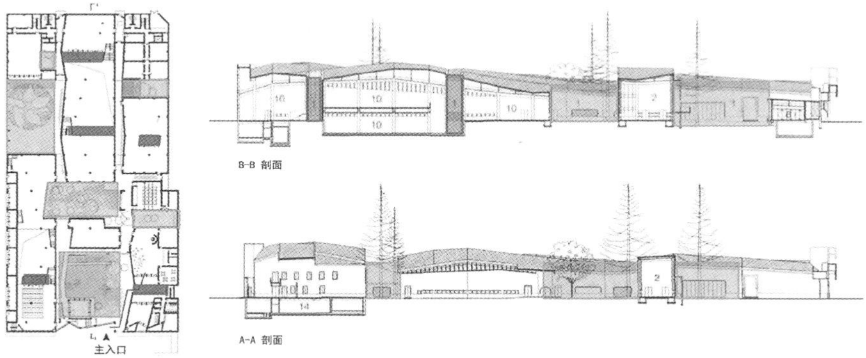

图 5-25　天井、院落空间在绩溪博物馆中的现代转化

资料来源：李兴钢，张音玄，张哲，等．留树作庭随遇而安折顶拟山会心不远——记绩溪博物馆 [J]. 建筑学报，2014（2）：32-39.

图 5-26　绩溪博物馆天井空间

图 5-27　绩溪博物馆院落空间

1　李兴钢，张音玄，张哲，等．留树作庭随遇而安折顶拟山会心不远——记绩溪博物馆 [J]. 建筑学报，2014（2）：32-39.

黄山市图书馆设计中，建筑师姚仁喜在主体建筑建筑适宜部位植入天井空间，一方面化解了建筑的体量感，增加了建筑内部的采光，组织了内部的交通流线；另一方面在天井中点缀徽州景观意象的竹子和流水景观，呈现出具有徽州地域建筑韵味的特色空间。此处的天井尺度和比例相对徽州传统建筑和绩溪博物馆较大，接近于 1 ： 1 的关系，而又不同于院落空间尺度和自由布局，给人兼有天井和院落的空间感受。此外，建筑师将建筑形体进行切割重组，形成类似徽州村落的整体结构，增加了建筑的自然通风采光，给人高墙窄巷的空间感受，进一步凸显了建筑的徽州地域特色（图 5-28、图 5-29）。

图 5-28　黄山市图书馆天井设置

图 5-29　黄山市图书馆天井空间

3 ）社区空间营造

建筑空间的场所营造，不能仅局限于物质空间的营造，更应重视社会和精神空间的营造，徽州地域性建筑设计中应将社区营造考虑进去，这是实现地域文化与现代文化融合，实现建筑可持续发展的重要一环。徽州传统聚落通过村民的集体建造共同参与等方式，强化了居民凝聚力和认同感，现代建筑营造借鉴这种方式，适应居民的生活需要，也激发了居民的社区认同。建筑设计的社区营造体现了社会学思想，突破了建筑本体物质要素的限制，真正从建筑的社会环境和人的视角出发，促进公众参与和社会公平，鼓励居民积极加入建筑的建造、管理和运营中，实现传统文化和现代生活的融合。由于建筑的自然和社会的双重属性，对于建筑师来说，则需要扩充社会学知识或与社会学专业形成跨专业配合，才能将社区营造有效地融合进建筑创作中，促进社区的可持续发展[1]。特别是在乡村振兴和乡建如火如荼地进行时，社区营造意识应作为一种观念和目标贯穿设计的整个过程。

1　王冬 . 乡村社区营造与当下中国建筑学的改良 [J]. 建筑学报，2012（11）：98-101.

尚村位于安徽省绩溪县家朋乡，随着城镇化的不断推进，传统村落破败萧条，村庄产业结构单一，村民收入低，人口流失和“老龄化”现象严重，古建筑损毁老化，村落发展动力不足。绩溪尚村竹篷乡堂的设计，在清华大学建筑学院宋晔皓教授的主导下，通过对尚村现有环境的深入调研和反复思考，以村落治理的机制建设为基础、以“村民自治、乡贤带动”为指导原则，采用多学科参与的工作模式。将改造的目标调整为从建筑单体的整修，转变为公共空间的营造，从改造为个人功能的建筑，转变为营造村民交往的场所，并希望作为启动项目激发村落活力引导村落复兴。乡堂的建造和尚村的复兴，发挥尚村延续至今的自治管理体系的作用，成立村落保护发展经济合作社，以村民自治为主，吸引社会各界的力量。 鼓励村民参与和管理，以自主责任的姿态持续介入乡村的建设，让村民成为实践者、使用者和维护者。村民积极参与建造，并成为乡堂的主人，增加了对家乡的认同和关注，使其具有了社会意义和公共价值（图5-30、图5-31）。另外，通过引进专家、学者、专业厂家等各种社会力量，共同协助乡堂的建造运营和日后村落的发展。随着项目社会影响的扩大，引起了越来越多的群体对尚村发展的关注，激发了乡村的活力[1]，为乡村振兴从重物到重人的转变提供了优秀案例。

图 5-30 村民参与乡堂营造

图 5-31 村民在乡堂的日常活动

资料来源：宋晔皓，孙菁芬．面向可持续未来的尚村竹篷乡堂实践——一次村民参与的公共场所营造 [J]. 建筑学报，2018（12）：36-43.

1 宋晔皓，孙菁芬．面向可持续未来的尚村竹篷乡堂实践——一次村民参与的公共场所营造 [J]. 建筑学报，2018（12:）：36-43.

5.1.3 材料细部的地域表现

1.建筑材料的地域表现

建筑材料不仅是建造的物质基础，也是表现地域建筑文化的重要载体，建筑材料对于表达建筑的文化意义越来越被人们所重视和认同。从人类文明发展来看，建筑材料主要包括传统材料和现代材料，英国学者戴维·史密斯·卡彭（David Smith Capon）认为有“三种主要的传统材料砖、石、木，三种主要的‘现代’材料混凝土、钢材与玻璃，以及各种复合材料，如非铁类金属、陶、塑料以及其他合成材料”[1]，它们可有机组合。

中国传统建筑用材有“五材并用，土木并重”[2]的传统，徽州传统地域建筑通过对砖石木传统材料的科学使用，营造出天人合一的人居环境和独具特色的建筑形态。随着时代的发展，如何利用建筑材料表现出建筑的地域性和时代性，是地域建筑发展无法回避的问题，也是建筑设计所追求的目标。通过材料表现当代地域性建筑特征主要有三种方式，传统材料的现代表现、现代材料的地域表现、传统和现代材料的并置表现。第一种是以地域建筑为基础，充分挖掘传统建筑材料的潜力，以现代审美意象和建筑技术为基础，对传统建筑材料使用方式进行拓展；第二种是以现代建筑为基础，探索现代建筑材料的地域适应性，使普适性的现代建筑材料具有地域性特征；第三种是发挥传统材料和现代材料的优点，通过并置的方式形成新旧材料的对比融合，建造出安全舒适又富有特色的地域建筑。徽州当代地域建筑设计，在材料使用基于这三个方面，营造出具有地域特色城镇建筑。

1）传统表现

传统材料属于具有生态属性的绿色建材，使用当地易于获取的传统材料，会大大降低建筑造价，降低能耗和减少对环境的破坏。如果采用适当的措施和工艺，大多数传统材料不仅能满足居住的需要，而且可再生、可降解，满足环保要求[3]。此外，材料最为直接地呈现出地域性建筑的形象特征与文化内涵，选择地域内常用的建筑材料是地域性建筑表达的重要途径。传统材料具有丰富的地域文化内涵，木材具有温暖的质感、

1　卡彭 . 建筑理论（下）勒·柯布西耶的遗产——以范畴为线索的 20 世纪建筑理论诸原则 [M]. 王贵祥，译 . 北京：中国建筑工业出版社，2007.

2　右史 . 中国建筑不只木 [J]. 建筑师，2007（3）：69-74.

3　郑小东 . 传统材料当代建构 [M]. 北京：清华大学出版社，2014：125-128.

石材蕴藏原始的气息、生土与砖则饱含乡土的情感。传统材料赋予建筑以大地的深情、历史的记忆，生命的力量和人性的温度，是许多现代材料和科技所不能达到的。另外，还具有易于协调周边环境，便于使用传统工艺和本土工匠等诸多优点[1]。需要注意的是，传统材料也需要消耗大量土地和自然资源，不科学地使用传统材料也容易导致水土流失，环境破坏。因此，对传统材料的使用应抱有科学理性态度，特别是在现代城市大规模建设中，应避免盲目使用传统材料。

目前对传统材料的使用较为常见的主要有以下几种方式，新建建筑对传统旧材料的循环利用，传统材料的地域性建造，传统建筑修复时使用，此外，还有在新建建筑中有节制的点缀性应用。婺源江湾镇中平村松风翠山茶油厂，源于对方便施工和旧材新用的思考，选择框架主体、砖混辅助的结构形式，采用了旧砖瓦循环利用的新建策略。建筑结构部分采用了钢筋混凝土，其余建筑材料则回收使用旧砖瓦、旧木材、旧石材等。旧材中砖的数量最多，主要是青砖，四种尺寸，年代跨越百十年。旧砖在清理中尽可能保留其痕迹以呈现历史记忆。旧砖的用途主要有结构承重、建筑围护和外墙保温三种类型。建筑外立面采用了清水砖墙，大部分砖均有时间积淀形成的表面痕迹，材质、砌法和窗洞形态统一，整个建筑呈现出自发且丰富的细部变化（图 5-32）。低层体量与青砖外墙，与山水田园环境形成了和谐的融合[2]。旧材料的循环利用体现出地域建筑材料对环境的适应性和生态性，也体现出地域特征，为徽州当代地域建筑设计提供了借鉴。

图 5-32　松风翠山茶油厂采用传统旧材料循环利用
资料来源：罗四维，卢珊，周伟 . 松风翠山茶油厂 [J]. 建筑学报，2015（5）：72-77.

2）现代表现

现代材料主要是指采用现代工业进行制造和加工的材料，如钢材、混凝土、玻璃、塑料等，这些建筑材料作为现代工业的产物而具有现代感。现代建筑材料的广泛使用，

1　支文军，朱金良 . 中国新乡土建筑的当代策略 [J]. 新建筑，2006（6）：82-86.
2　罗四维，周伟 . 厂内场外——松风翠山茶油厂设计 [J]. 建筑学报，2015（5）：78-79.

其优越性是显而易见的，钢筋混凝土具有更好的力学性能，玻璃具有更好的采光保温性能，加气混凝土砌块具有更好的保温性能等[1]。虽然与传统建筑材料相比，现代建筑材料缺少了一些自然和温暖的心理感受与文化内涵，但与地域建筑的并非处于完全对立的状态。批判的地域主义认为将现代的设计方法、结构、构造特点结合当地的构成元素、方式、特征来进行现代建筑设计，能够寻找到传统与现代、全球化与地域性之间的一个契合点[2]。大量的建成作品已经表明，充分认识和灵活使用现代材料和技术，建筑也可以体现出独特的地域性特色，特别是在大规模的城市建设中，运用现代建筑材料和现代建筑技术体系更加符合时代发展的需要，具有更强的可操作性。在地域建筑设计中，灵活使用混凝土、钢材、玻璃等现代建筑材料，通过融入地域文化元素使得现代材料具有了地域文化的内涵和生命，凸显出地域特征。现代建筑材料表现地域性主要有三种方式，第一种是模仿地域传统建筑形式，第二种是简化传承地域传统建筑形式，第三种是通过现代形式体现地域建筑文化内涵。

现代建筑材料模仿地域传统主要体现在，建筑形态采用传统形态，建筑结构采用钢筋混凝土结构，建筑构件采用混凝土构件，模仿传统细部、色彩、肌理、图案等。这种方式主要用于传统历史环境的更新和新建中，为了与传统历史环境形成风貌协调统一，往往采用模仿传统建筑形态，建筑材料使用现代材料。这种方式一方面使用现代建筑材料，符合现代建筑体系的应用发展，另一方面满足了历史环境对风貌协调的要求。徽州地区历史遗存丰富，这种方式使用较为广泛。歙县古城徽园商业街建筑设计中，建筑结构对徽州传统地域性建筑木构柱子进行模仿和表现，采用钢筋混凝土框架结构，施以栗壳色涂料的钢筋混凝土柱子，马头墙和门楼采用混凝土预制构件，门窗使用木材，融合成和谐统一的传统建筑风貌，与徽州古城作为古城保护的整体氛围相适应（图 5-33）。黟县水墨宏村位于世界文化遗产的宏村西侧，为了与宏村整体环境协调，同样采用现代建筑材料表现传统的整体布局和建筑形式，与传统建筑相比，其建筑功能符合新的生活需求，建筑形式显得简练而富于地方特色（图 5-34）。现代建筑材料模仿传统的方式，有其特殊的城镇环境和建筑风貌要求，如果不顾周边环境条件任意滥用，容易形成假古董，这是应予以避免的。

1　郑晓佳 . 地域性表达中现代建筑材料应用研究 [D]. 北京：清华大学，2015：33-44.

2　楚尼斯，勒费夫尔 . 批判性地域主义——全球化世界中的建筑及其特性 [M]. 王丙辰，译 . 北京：中国建筑工业出版社，2007.

图 5-33　歙县徽园
资料来源：唐权提供

图 5-34　水墨宏村
资料来源：黄山市建筑设计研究院

现代建筑材料简化传承地域传统建筑形式，主要是对传统建筑形式进行简化提炼，主体结构采用现代材料，局部细部点缀使用传统建筑材料，整体体现传统建筑韵味，彰显出建筑的地域性特征。黄山市建筑设计研究院办公楼位于黄山市齐云大道，建筑用地方整，建筑通过南北东三面围合形成合院空间。建筑主体采用钢筋混凝土材料，墙体采用白色防水涂料，局部采用青灰色面砖，屋面采用深蓝灰色树脂大波瓦，马头墙压顶采用深青灰色氟炭喷涂，阳台、空调位使用了木色铝合金框料。入口门楼采用了玻璃、钢等现代材料，局部使用了石材、砖等传统材料，内部庭院外廊采用了传统的木材和石材。建筑主体采用现代材料，但是由于对传统形式的简化传承，局部使用传统材料和色彩，使建筑整体体现出传统地域建筑的韵味。这种方式由于采用现代建筑的功能布局、材料技术、简化的传统形式，既满足了现代的使用需求，又对城市风貌的统一协调具有积极意义，在徽州当代地域建筑设计中具有广泛的应用价值。相比之下一墙之隔的豪泰大酒店，虽然也采用了现代建筑原则和徽州建筑元素，但是由于欠佳的形体和媚俗的符号，破坏了城市风貌。由此可见，对建筑的形态评价不能因是否采用传统或符号，应从是否适宜城市空间、建筑功能、地域审美的诸多因素评价其所体现的整体品质（图 5-35）。

现代建筑材料转译传统地域文化内涵，主要以现代建筑形式为基础，建筑结构和细部均采用现代建筑材料，并使用现代建筑材料对地域建筑元素进行简化提炼，体现地域建筑文化内涵。黄山学院新校区建设中，图书馆、风雨操场、教学楼等建筑群，采用现代建筑功能、形态和材料，建筑造型以“新徽派”建筑理念为基调，色调上延续徽州建筑粉墙黛瓦特点，立面细部引入“窗花”“木雕”等传统建筑元素，从空间、细部、色彩等方面进行地域文化的“转化”，通过建筑细部刻画为之注入文化内涵，营造出独具特色的校园生活聚落。黄山学院风雨操场设计中，建筑师从徽派建筑提取粉墙黛瓦、木

(a) 协调　　(b) 不协调

图 5-35　现代材料运用协调性对比

格栅、漏窗这些经典元素，运用现代材料进行转译[1]（图 5-36）。大面积的实墙面考虑浅色石材单元尺寸的变化组合，顶部以深灰色金属材料为压顶，使其达到力度感和厚重感。两个主体空间朝北的形象展示面采用通透的折形玻璃幕墙，满足日常采光要求的同时，使室内和环境融为一体。局部运用木色金属格栅，既满足功能需求，也将木色很好地融入黑白两色之间，建筑整体彰显现代材料坚固实用力量的同时，又流露出一缕温暖的色彩。同时这些现代建筑材料表现的徽州元素细节的运用，又使得风雨操场的建筑风格和谐地融入整体校园风貌和自然环境中，让人感受到地域文化的氛围（图 5-37）。

3）并置表现

传统建筑材料具有亲近自然、就地取材和体现地域文化的固有特点，现代建筑材料具有优良的结构和物理性能的优势。从哲学层面来讲，纯粹的东西一定具有极强的排他性和较低的适应性[2]，材料并置表现方式是在基质中注入异质性元素而获得新的平衡。地域性建筑设计中，完全使用传统建筑材料无法满足现代的生活方式和建造方式，完全使用现代材料则容易产生与地域文化疏离的建筑环境。将传统建筑材料和现代建筑材料并置使用，可以发挥他们各自的优点，既满足现代建筑生活方式和功能需要，又体现出人文关怀和凸显出地域文化特征。地域性建筑设计注重在传统与现代之间取得联系，将传统建筑材料工艺与现代建筑材料和建筑技术结合，在形体、质感、色彩等方面和谐统一。传统材料和现代的并置表现，给地域建筑设计带来了更多机会和选择，在合理的并置使用中相互融合相得益彰，从而达到和谐统一的整体融合状态。

1　原野，同济设计四院．筑作丨穿越与风景——黄山学院风雨操场 [EB/OL].（2018-09-07）.https：//mp.weixin.qq.com/s/dnve53ivZxAWsW8KqatwvA.

2　荣朝晖．灵活的工艺策略——在并置与掩饰之间获取平衡 [J]. 新建筑，2016（2）：27-31

图 5-36 黄山学院风雨操场

窗花
徽派建筑窗花被化繁为简，在满足立面美观同时，增强建筑采光通风。

木格栅
增加木格栅的装饰性，对原有的复杂图案进行简单处理，白墙中穿插木色。

马头墙
将原有徽派建筑的复杂细部进行了现代演绎，用工字钢或是深灰色石材线脚代之。

图 5-37 现代建筑材料对传统元素转译
资料来源：同济大学建筑设计研究院有限公司

传统与现代建筑材料的并置方式在地域建筑设计中有巨大的潜力。黄山市屯溪黎阳 IN 巷，与屯溪老街隔江相望，其前身为黎阳老街，素有“唐宋之黎阳，明清之屯溪”之称。2013 年重新开发利用，为了营造传统与现代融合的街区环境，建筑师在材料选择上进行了深入的思考，通过保留、移植、创新的理念形成传统与现代材料的融合，以保留传统、新旧相融、异质同构三种方式在街区中形成并置状态，呈现出传统和现代交融的景象。

保留传统建筑是形成街区历史厚重感和地域特色的基础，也是形成传统与现代并置的基础，可以通过建筑整体保留、建筑构件保留、建筑材料保留循环使用三种方式得以实现（图 5-38）。保留传统建筑以使用传统材料为主，为形成传统与现代的对比融合创造了场所基质，是形成整体并置的重要基础。

（a）整体保留　（b）构件保留　（c）材料保留

图 5-38　保留传统建筑三种方式

传统建筑与现代建筑无论在材料、功能、形式上都存在较大差异，为实现传统和现代的融合，采用新旧相融比邻而建的方式混杂并置，形成相接、相隔和相邻三种关系[1]。传统建筑保留与新建建筑形成相接关系时，建筑师采用现代玻璃材质与其衔接，形成材质的强烈对比，玻璃体顶部采用钢材压边，山墙部分加入马头墙符号，形成传统与现代的对比与统一。主街两侧的新老建筑形成隔街相望的关系，新建筑在高度、色彩以及屋面与对面的传统建筑相呼应，以一种谦虚的姿态与老建筑和谐共处。而当新老建筑相邻时，建筑师采用了多样的建筑材料和现代建筑形式，与传统建筑形成了融合关系（图 5-39）。

（a）相接　（b）相隔　（c）相邻

图 5-39　新旧建筑并置相融的三种方式

黎阳 IN 巷中建筑材料的选择丰富多样，既有青砖、红砖、木材、石材等传统材料，也有钢材、玻璃、混凝土等现代材料，不同的建筑材料以异质同构的方式，形成多样

1　周虹宇．皖南与皖中地域建筑风貌解析与传承方略研究 [D]. 合肥：合肥工业大学，2016：53-58.

统一的建筑形态。新建建筑对徽州建筑元素，如马头墙、砖雕、漏窗、门洞等进行提炼，与玻璃、钢材等现代材料结合，形成传统与现代的融合。建筑师在外墙部分采用传统建筑材料，通过模仿传统建筑的肌理，呈现出既现代又传统的韵味。此外，建筑通过提炼传统元素后融入现代理念进行创新，采用简化、变形和置换三种方式。屋檐和马头墙压顶进行抽象简化为黑色压边；坡屋顶拓扑变形为连续折线；屋檐置换为工字钢，屋面小青瓦置换为混凝土块瓦。建筑形式元素的简化变形，建筑材料的置换，形成了传统与现代并置，相互交融、和谐共存的新地域建筑环境（图 5-40）。

图 5-40　多种材料的并置

2.细部元素的提炼运用

建筑具有物质和精神的双重属性，传统建筑细部元素是体现这种精神属性和文化价值的重要元素。现代建筑发展以来，曾一度拒绝任何的装饰元素，但这引发了人们的反思，建筑通过元素表达文化特征成为人们的共识。传统元素是历史文化的精华，具有一定的时空性，产生于一定时期的一定地域，是人们生活方式、文化环境的反映。从符号学的角度来看，建筑要准确地传达其特定的意义，就要有能被人理解的元素。传统建筑元素提示着时代和文化的信息，不仅增强了人们的文化认同和归属感，也凸显了建筑的地域性特征。传统元素合理地引入现代建筑中，不仅不会束缚新思想新技术的使用，通过灵活运用，反而会增加建筑的文化特色。

徽州地区传统建筑特色逐渐被人们认知，其特色的传统元素发挥了重要作用，如马头墙、小青瓦，将这些传统元素进行提炼、重组、简化、抽象，应用于现代建筑，能够加强建筑的地域性特征，提升人们对地域文化的认同。

1）直接运用

传统元素的直接运用，可以较为直观地体现出地域性建筑的文化意义。传统元素在现代建筑中的灵活运用，可以形成独具特色的地域性建筑，从而产生地域认同。建筑入口、屋顶、墙体，直接运用传统元素，更容易凸显建筑的地域特色。传统元素以原初形态出现在现代建筑中，就如同方言的使用，很好地营造出地域文化氛围，也增加了空间的地域感知。而传统元素的创新处理与现代建筑相结合，可以产生古今交融、体现地域特征的建筑形式。

位于黄山市屯溪的徽商故里大酒店，为了使建筑能够与城市总体风貌和谐统一，积极探索传统建筑的当代传承，建筑通过对传统建筑元素的直接运用，整体体现了徽州地区建筑风格，反映了徽州地域文化的内涵。设计中直接运用了传统建筑元素，使得整幢建筑清新淡雅、徽风盎然[1]。马头墙是徽州建筑传统元素的代表，徽商故里大酒店直接运用了马头墙的形式，屋顶采用小青瓦铺设，外墙采用白粉墙，体现了徽州建筑粉墙黛瓦的典型特征，酒店入口、墙体、窗子等处采用了徽州传统三雕作为装饰性元素，使人感到既是传统的，又具有现代气息。建筑大门采用了变异的门楼，增强了入口的导向和场所感（图 5-41、图 5-42）。此外，建筑二层设置了中庭和戏台，中庭不仅改善了建筑的通风采光效果，也是对徽州建筑“天井”的隐喻。入口门厅设置的小池、石桥以及水帘，使空间具有画意和生机，也体现出徽州建筑“四水归堂”的意蕴。地域本土建筑师在建筑中对传统装饰元素和空间元素的灵活运用，凸显了建筑的地域特征，给人强烈的文化认同感。

可以看出，对传统元素的直接运用，并非简单地复制，而是在设计时吸收了地方传统建筑的精华并加以提炼，非照搬、照抄。通过建筑师的精心设计，建筑体现出一种精致感和品质感，元素的直接运用，减少了建筑语言的误读，也更加凸显了地域文化的直接表达。

1　程铨 . 传中有新 • 承中有扬——徽商故里大酒店设计浅析 [J]. 低碳世界，2016（16）：140-141.

图 5-41　马头墙元素的直接运用

图 5-42　入口和装饰元素的直接运用

2）简化运用

从现代建筑设计简洁、抽象的审美特征来看，传统建筑形态和元素显得具象繁琐，为了缩小与现代建筑审美上的差异，使现代建筑体现出地域性特征，将传统元素进行简化抽象处理后加以运用。现代建筑设计的多元化产生了多样的建筑形态，对传统元素进行提取简化抽象，或者表达传统元素的寓意，都能表现出传统意象。传统元素的简化抽象，主要是通过抽象的方式提炼出传统元素的简化形式，把握元素形态的整体特征。简化抽象的形式，既符合现代建筑的审美特征，也能够表达传统文化内涵，体现传统文化的特征和韵味。此外，简化抽象的传统元素不仅易于被社会大众接受，也与现代建筑理念相符合，不仅符合时代发展的要求，也使得现代建筑具备了地域性和文化性。

黄山国际大酒店的设计中，齐康先生首先感受到的是徽州建筑，突出的马头山墙、浓重的檐口和坡顶、富有变化的梁柱和地方独有木雕、砖雕和石雕，山水环绕的乡村，粉墙黛瓦，错落有致的整体特征[1]。建筑整体布局模仿徽州建筑背山面水的格局，建筑对传统元素进行简化抽象，以简化和抽象方式展现出传统建筑的风貌，其中白墙灰瓦坡屋面体现了徽州地区粉墙黛瓦的意象。建筑山墙提取了徽州建筑的马头墙元素，进行巧妙地简化抽象并进行镂空处理，形成古朴灵巧的形式效果。建筑正立面采用大窗，窗楣采用简化的徽州建筑门罩形式，侧面采用徽州民居的小窗（图 5-43）。酒店入口门楼和雨棚的处理极为精彩，对牌坊和门楼简化抽象，将起翘和曲线简化为直线斜线，取消繁琐的石雕，体现出现代建筑简练，又蕴含传统建筑的韵味（图 5-44）。黄山国际大酒店通以山水树木为背景衬托出现代形体和简化元素的建筑形态，具有浑厚、淳朴而清新的气质，成为探索现代徽州地域性建筑创新的有益尝试。

1　齐康 . 地方建筑风格的新创造 [J]. 东南大学学报（自然科学版），1996，26（6）：1-8.

图 5-43　黄山国际大酒店马头墙简化

图 5-44　黄山国际大酒店入口雨棚简化

歙县新安中学建筑设计中，对徽州传统建筑元素进行提取简化抽象。建筑墙体以白墙为主，部分墙体采用灰色面砖模仿传统砌石墙，建筑坡屋顶与楼梯间实体穿插形成丰富形态。建筑立面采用传统徽州建筑小窗形式，多处开设方形小窗，与正立面的大窗和墙体形成虚实对比。建筑整体色彩采用黑白灰，局部对传统门窗元素进行简化，点缀性使用木色隔扇，体现出整体安静而又活泼的校园氛围（图 5-45）。徽州地区多雨，为方便各教学楼联系方便，建筑群体采用连廊连接，顶部采用简化的坡屋顶，连廊两侧采用简化的隔扇，外部空间采用亭、桥、竹林等徽州园林元素，营造出传统徽州书院的空间氛围（图 5-46）。建筑整体形态通过对传统徽州建筑进行简化抽象，建筑形体的穿插组合，形成丰富的外部空间。建筑群四至五层，整体高度较低，以谦逊的姿态置于场地，让人感受到传统建筑的尺度感。建筑师采用现代建筑理念，通过建筑的体块穿插、材质组合、色彩搭配与简化符号，创造出形体简洁空间丰富，现代与传统相融合的徽州当代地域性建筑形态。

图 5-45　歙县新安中学立面元素简化
资料来源：黄山市建筑设计研究院

图 5-46　歙县新安中学连廊元素简化
资料来源：黄山市建筑设计研究院

3）物化运用

传统元素的提炼运用，除了建筑元素，还可以通过对非物质形态的文化元素以简化抽象的方式提取文化信息，将其物化为建筑符号，植入建筑形态和空间环境，体现出传统文化和地域文化。徽州地域传统非物质文化资源十分丰富，有徽州三雕、新安画派、徽剧等诸多文化资源。

黄山市新安江滨水区的照壁景观节点，位于城东牌坊前路尽端，采用了现代的整体布局，传统的徽州照壁形式，照壁雕刻的主题元素为徽州山水和历史人物，并通过与历史人物相关的历史事件形成连续的整体，雕刻采用简化和抽象的方式，徽州文化元素得以通过物化的形式体现。传统形式的照壁和现代高层建筑背景形成传统与现代的对比，体现出场所的地域性和时代性特征（图 5-47）。徽风皖韵酒店中庭的大型壁画为以徽州民俗为主题的雕刻，与天井式中庭共同营造出具有徽州地域特色的建筑室内空间（图 5-48）。

图 5-47　新安江照壁历史人物雕刻

图 5-48　徽风皖韵酒店徽州民俗雕刻

5.2　审美特质的地域表达

建筑审美是一种综合的文化现象，是审美主体对审美客体复杂的心理过程，这一过程贯穿了人们对建筑与环境的审美需要、情感和认识等众多因素的参与。由于建筑特有的地域环境和文化属性，建筑审美成为一定地域的人们在长期的生产生活过程中不断形成建筑所特有的多层次审美结构和审美层次，反映在环境、形态和细节之中。地域审美文化对地域性建筑设计来说具有强烈的心理引导作用，并形成“以自然适应为基础，以社会适应为动力，以文化适应为目标的新的建筑审美的生成过程”[1]。徽州地域优美的自然地理环境和深厚的历史人文环境，孕育了新安理学、新安画派、徽州

1　唐孝祥．论建筑审美的文化机制 [J]. 华南理工大学学报（社会科学版），2004（4）：24-28.

篆刻、徽州建筑等文化艺术，形成了徽州人独特的审美心理和审美特质，这种特质延续至今，在徽州当代地域性建筑设计中体现在建筑的环境观念、形态选择以及装饰意向等方面。

5.2.1 整体有序的环境观念

吴良镛先生在《广义建筑学》中提出，建筑应以营造良好的人居环境为核心。中国在长期农耕文明的影响下，人与环境、与自然的融洽和谐关系是传统建筑环境观的核心，表现出强烈的崇尚自然的价值取向以及因地制宜的自然秩序和环境观念。与此同时，受社会和人文环境的影响，这种环境观还体现在注重整体秩序、主次分明、疏密有致的伦理秩序。徽州文化是中国传统文化的代表，对自然环境的崇尚和伦理秩序的注重显得格外突出。

中国的现代转型和改革开放，城乡自然人文环境面临了严峻的挑战。由于徽州特殊的自然地理和社会发展背景，交通不便经济落后，城乡建设发展缓慢，也正由于这种滞后性，整体自然生态环境优越，大量传统村落建筑得以保留，使得与后工业社会提倡的生态文明与遗产保护具有共同现实和价值基础，尊重自然环境观念格外受到重视。徽州当代地域性建筑设计在整体层面的审美特质，体现出崇尚自然与注重秩序的环境观念。

1.崇尚自然的整体布局

中国传统文化崇尚自然，无论是儒家的山水之乐，还是道家的道法自然，充分体现了人与自然亲近、融洽的关系，并体现出“天人合一”的境界和理想。中国传统建筑在城乡聚落建设中重视自然，表现为建筑与环境的整体有机的关联。这一理想在徽州文化中表现得尤为突出，成为徽州人永恒的精神诉求。徽州地域自然地理环境多低山丘陵，山水环绕，徽州传统村落的选址布局，依山傍水、顺应地势，体现出与自然有机的整体性关系。现代建筑在经历了工业社会功能审美的阶段，逐渐认识到其脱离自然破坏自然的局限，发展出有机、生态等新的审美理念，以期改善与自然的关系。与此同时，对自然的再认识，也极大丰富了现代建筑的内涵和外延，使得原本机械单调的现代主义建筑获得了活力和多样性[1]。徽州当代地域性建筑在整体布局中，表现出

1　张曼，刘松茯，康健．后工业社会英国建筑符号的生态审美研究 [J]. 建筑学报，2011（9）：4-9.

崇尚自然的环境审美理想，既是对传统审美的继承，也是对现代生态审美的地域性表达。

黄山学院率水校区（同济大学建筑设计研究院有限公司设计）位于屯溪市郊，校园整体自然环境为低山丘陵，地形起伏变化多样，中部高四周低。校园的规划设计中，最大限度保留原有地形地貌特征和自然环境，将教学楼分别布局在不同标高的地形环境中。面对不同的地形条件和高差，因地制宜布置教学楼、宿舍楼和运动场，使得各建筑仿佛从原有地形上生长，呼应了地形，建立了与自然秩序之间的关联，各建筑在自然环境中，呈现与自然有机融合的整体特征（图 5-49、图 5-50）。

图 5-49 黄山学院率水校区融合自然的整体布局
资料来源：作者根据高德图片改绘

图 5-50 黄山学院率水校区教学楼与自然融合

2.注重秩序的群体组合

在中国传统文化中，儒家思想占有主流地位，将伦理道德作为永恒的追求，在建筑中则体现为群体性、集中性和秩序性的道德审美。徽州文化作为中华文化的典型代表，信仰儒家文化，注重宗法制度，追求伦理秩序，加之深受徽州理学的影响，使得徽州地域成为儒家文化兴盛，村落建筑秩序井然的地域。这种伦理化在审美上体现为庄严肃穆和注重秩序，在建筑中表现为“追求伦理化的审美特征，注重整体和谐、秩序井然、主次分明”[1]的秩序观念。现代建筑同样注重在环境中建立人工秩序，通过轴线控制和空间序列设置，建立建筑环境的伦理和秩序，从而形成井然有序的群体空间。

合肥工业大学宣城校区各教学楼在总体规划中，挖掘场地自然地形地貌信息，通过入口大门和徽州牌坊，北侧的图书馆、教学楼，南侧行政办公楼，以及长方形的校前区广场，形成强烈的主轴线和空间序列。与此同时，与主轴线平行建立次轴线形成空间的横向拓展和轴线网络，次轴线上的建筑通过压低建筑高度、化解建筑体量等方式，从而达到突出主轴线和图书馆在整体环境中的突出地位。一系列的轴线组织、体量控制，

1 洪永稳．从徽派建筑的角度论徽州人审美精神的诉求 [J]. 池州学院学报，2012，26（5）：70-74.

使得整个校区建立起主次分明、疏密有致的空间秩序，强化了人们的空间认知，也凸显了地域审美特质[1]（图 5-51、图 5-52）。

图 5-51 合肥工业大学宣城校区注重秩序的群体组合
资料来源：作者根据高德地图改绘

图 5-52 合肥工业大学宣城校区主次分明的校园空间
资料来源：合肥工业大学宣城校区

3.自然人文的秩序融合

中国传统文化的环境观，将天人合一作为最高境界和理想，崇尚自然并非顺从自然，而是融入人的因素把握自然规律地积极应对，形成人与自然融为一体的整体共生状态。中国传统城乡聚落，无一不体现出对自然尊重和人的尊重，追求自然与人文秩序的融合统一。建成环境中，则是聚落和建筑的整体形态以顺应和谦卑的姿态融入自然，其整体空间结构注入人文伦理审美精神，体现出自然秩序与人文秩序的有机融合。现代城镇空间，随着生态可持续理念的兴起，对自然的整体有机以及空间对称均衡的秩序追求，则是对传统文化和现代文明的吸收融合。黄山学院新校区、合肥工业大学宣城校区、黄山雨润涵月楼以及黄山柏景雅居小区，整体布局顺应自然、融入环境的自然秩序，群体组合与空间序列体现出主次分明注重伦理的人文秩序，其整体环境体现了自然与人文秩序的有机融合。

5.2.2 严谨丰富的形态意向

徽州人在徽州地域有限的自然资源和徽州理学和朴学的影响下，体现出严谨精致、节俭坚韧的性格特征，这反映在徽州传统聚落和建筑上，建筑形态方正、外墙封闭、构件精巧，表现出严谨精巧的形态特征，给人庄重而亲切的感受。严谨体现出现代建筑的理性精神，精巧则蕴含了文化情感和工匠精神的传承。随着社会发展和时代变迁，

1 谌珂，陶郅，郭钦恩．传统徽派文化在现代教学建筑中的表达——合肥工业大学宣城校区新安学堂建筑创作 [J]. 建筑与文化，2019（2）：216-218.

特别是近年来随着经济文化的发展，这种严谨精巧的审美倾向逐渐回归凸显，也正因在这种审美特质的影响下，徽州当代地域性建筑经济实用，对“奇奇怪怪”的非理性建筑具有审美上的免疫，形成了整体统一而富有地域特色的城乡建筑环境和风貌。

1.严谨方整的整体形态

人们对建筑的感知从形态开始，本土与外来、传统与现代、东方与西方的建筑，人们首先关注的就是建筑的形态。徽州地域建筑形态给人严谨方整的审美感知，这种审美特质继承徽州传统地域建筑的形态基因，体现了现代建筑中的理性精神，不仅具有功能性和效率性，给人们庄重安静、厚重稳定、永恒的心理感受和文化认同感，对强调个性和浮躁的现代社会也起到重要的调适作用。与此同时，徽州地域地处夏热冬冷地区，严谨方整的建筑形态形成较小的体形系数，有利于建筑节能。文化的传承、审美以及自然环境的影响，使得徽州地域严谨方整的建筑形态具有强烈的地域性和时代性特征。

黄山学院率水校区各教学楼的设计中，以严谨方整的方形建筑形体，结合内部功能强调虚实对比，使其既严谨又富有节奏韵律感。建筑空间植入方整的院落空间，为学生们营造出了安静的学习空间和场所，形成沉静内敛的校园氛围。在不同地形环境中，通过对方形的局部变化，增加圆形等形体组合，融入坡屋顶形态元素，在保持建筑形态整体性的同时，适度变化的形体丰富了形态和空间，徽州地域性特征得以凸显（图 5-53、图 5-54）。

图 5-53 严谨方整的建筑形态

图 5-54 适度变化的建筑形态

2.丰富统一的细部元素

严谨方整的建筑形态给人庄重感和整体感，但如果缺少细部元素或者不合理使用，容易产生单调乏味和刻板之感，而细部构件的合理使用，使界面产生虚实对比，加之元素本身的精致感，共同产生了丰富统一的审美特征。正如文丘里所言，“我喜欢基本要素混杂而不要‘纯粹’，折中而不要‘干净’……宁可过多也不要简单……”[1]这与中国儒家文化的中庸与和合思想，与徽州文化中的“理一分殊”思想具有内在一致性。徽州传统地域建筑形态严谨方整，通过对建筑的一些细部进行有节制的适当修饰，如门楼、门罩、马头墙等元素的使用，使原本简洁的形态呈现出统一丰富的审美特征。现代建筑的形态审美特征表现为理性简洁，为了表现建筑的地域性审美特质，在入口、外墙、屋顶等部位增加细部元素，如增加入口的层次、外窗的韵律组合、顶层退台与屋顶形式组合等方式，以表现丰富统一的审美特质。

黄山市建筑设计研究院办公楼（图 5-55）与黄山市建工集团办公楼（图 5-56），建筑形态严谨方整，通过加入在入口简化的徽州门楼元素，墙体外窗与空调架的韵律组合、坡屋顶与简化马头墙组合、檐下装饰性构件、墙体砖雕等方式，大大增加了建筑的丰富性和精致感，各元素的重复出现和规律组合体现出的韵律感，并将空调室外机位与立面进行一体化设计，使得这种丰富性又体现出整合的统一性。这种丰富性与统一性通过采用同构的建筑元素通过一定的节奏和韵律组合得到整合。

图 5-55　黄山市建筑设计研究院办公楼细部元素

图 5-56　黄山市建工集团办公楼细部元素

5.2.3　淡雅质朴的装饰品位

建筑装饰是运用工艺和技术，在建筑物表面增加色彩、图形等符号，以取得修饰和美化的目的，符合人们的审美需求。建筑装饰符号，并非单纯的美化，而是文化的结果，是人们能动性和创造性的体现，作为一种审美元素，装饰符号具有象征和情感意义，反映了地域文化的审美品位。

现代主义建筑极力去除建筑装饰而宣称自身的现代性，但是随着人们对现代主义

1　文丘里．建筑的复杂性与矛盾性 [M]. 周卜颐，译．北京：知识产权出版社，2006.

建筑的反思和再认识，建筑装饰符号不再被认为是建筑的附属，而是建筑不可或缺的重要组成部分，它不仅增加了建筑的可读性，提示了建筑的地域属性，更使得建筑的文化意义得到外化与升华。建筑装饰作为文化的组成部分，北方的粗犷豪放、南方的淡雅精致，具有地域和历史的含义。当代地域性建筑设计，通过对地域建筑装饰的理解和转换，可以使作品展现出地域特色和历史信息，不仅营造出特色的文化氛围，还唤起了人们的地域情感和认同。

徽州地域受儒家传统文化的深刻影响，特别是程朱理学和乡土农耕文化的浸染，虽有徽商文化锦绣宏富之气，但由于受到理学文化的修正，总体来说徽州地域建筑体现出色彩清新淡雅，纹饰简约高雅，自然质朴的气息。徽州当代地域性建筑设计的装饰，延续了清新淡雅和简约质朴的审美特质，对现代社会炫目和媚俗的商业化建筑有一定的中和与修正作用，表达和凸显了徽州建筑地域性特征。

1.清新淡雅的建筑色彩

从视觉角度来说，人们通过形与色来认识物体，建筑色彩是视觉感知和审美心理的重要内容，是体现地域性建筑人文价值和文脉传承的重要方面，对于城市特色体现也具有重要意义。

由于徽州人钟情于水墨山水和雅致的审美取向，徽州传统建筑采用石灰青瓦，形成了黑白灰统一和谐的色彩基调，与现代审美标准相契合。乡村地域自然环境植被丰富，小体量的传统建筑易于融入环境，黑白灰色调在自然环境和四季植物的衬托下呈现和谐统一状态的意境美，显得清新脱俗。在现代城市环境中，为了延续徽州地域建筑传统文脉，采用了黑白灰作为城市的色彩基调，形成了与自然山水的和谐统一，体现出清新淡雅的地域性色彩特征的城市风貌（图 5-57）。

图 5-57　徽州地域城市黑白灰主色调

与此同时，由于现代建筑体量的增大，建筑很难隐匿于自然环境中，而黑白灰的整体色彩也容易产生冷漠单调的负面心理感受。近年来，为了缓解这种负面效应，在保持城市色彩黑白灰基调的基础上，逐步探索暖色调的适当使用，以同类色和谐融入与互补色对比协调为原则（图 5-58），在城市建筑中进行尝试，不仅丰富了城市色彩，也为城市注入生机和活力。

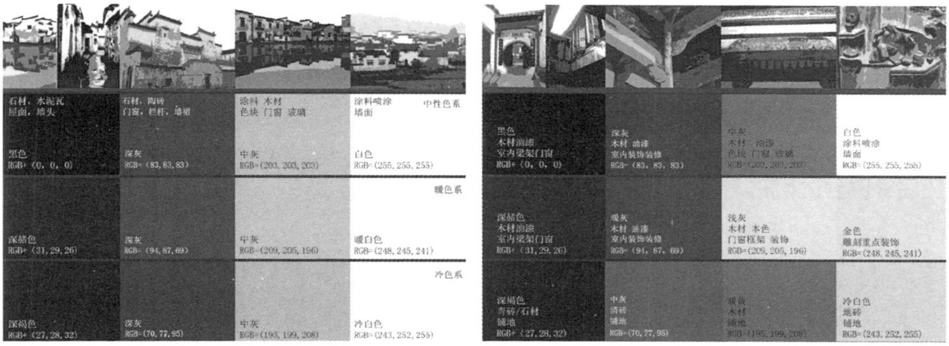

图 5-58　徽州地域性建筑色彩选用
资料来源：中国建筑标准设计研究院．地方传统建筑（徽州地区）[S]. 北京：中国建筑标准设计研究院，2004.

黄山市屯溪东部住宅区，在整体布局紧凑，满足功能使用的同时，延续了地域文脉和肌理。在建筑色彩的选择上，建筑师考虑高层住宅的体量较大，没有采用传统的黑白色调，而是选用了暖灰色调，给人淡雅温暖的心理感受，反映出以人为本的设计思想有亲和力的性格特征（图 5-59）。同时，整体暖灰色调体现出色彩的融合性，和谐地融入周边低层建筑的黑白色调之中，并增加了环境色彩的丰富感和温馨感。高层建筑采用淡雅的暖灰与冷灰色调形成整体感，与黑白灰的城市色彩基调构成和谐丰富的色彩关系。

黄山柏景雅居小区的建筑色彩，以黑白灰为基底，在建筑的外墙和构件点缀以暖黄色，形成统一丰富的建筑色彩（图 5-60）。与采用整体暖灰色调不同，此处的暖色是以点缀性的方式融入建筑单体中，延续传统的同时丰富了单体建筑色彩，给人清新淡雅的审美特质和安静温馨的心理感受。

图 5-59　整体暖灰色调

图 5-60　点缀暖色调

2.质朴雅致的图形符号

文化通过文字和图形符号进行表达，具有深刻的象征意义。图形符号起源于生活中对事物的模仿，经过不断的抽象变化，其形式趋于简化，在人们不断赋予其意义的过程中，从原始寓意到哲理观念，其内涵日益丰富。中国的图形符号和语言符号同样都具有表意的功能，传统建筑中图形符号的使用，弥补了建筑物本身表意功能不足的缺憾。建筑装饰图形符号也因此具有鲜明的地域性和时代性，不仅体现出建筑独特的地域文化特征和历史含义，还能够给人带来美的愉悦感受和地域的认同感。

徽州文化中装饰性图形符号，如几何图形、自然图形、动植物、人物图形、文字符号等等，无论是题材还是符号类型都和儒家文化密不可分，体现出高雅质朴的特质。由于时代的变迁，为了适应现代人的审美，传统文化的图示符号通过简化抽象在建筑中的应用，得以继承和转化。

当代徽州地域建筑，传统图形符号广泛用于各类建筑中，为标准化和通用化的现代建筑注入地域文化内涵。合肥工业大学宣城校区新安学堂建筑设计中，建筑采用现代建筑的简洁形体，局部墙体装饰采用混凝土砖材，采用传统建筑中的花窗和隔扇图案，通过简化和建构方式使建筑具有了地域性特征，体现出建筑质朴雅致的文化意蕴。不仅如此，漏窗的使用使建筑具有遮阳通风的功能，漏窗作为文化符号的载体与地域气候发生关联，具有了更加深层的文化内涵（图 5-61）[1]。黄山学院南校区教学楼设计中，同样在简洁的建筑形态中使用传统的图形符号，对徽州传统地域性建筑中的图形符号进行提炼抽象，如简化的冰裂纹、万字纹、回形纹等，并以铝材、石材、防腐木

1　谌珂，陶郅，郭钦恩 . 传统徽派文化在现代教学建筑中的表达——合肥工业大学宣城校区新安学堂建筑创作 [J]. 建筑与文化，2019（2）：216-218.

等现代材料进行建构，这些构件不仅具有文化的内涵，还具有遮阳、装饰等使用功能，形成具有现代和传统相融合的建筑意象，以此体现出徽州地域文化特征。

图 5-61 传统建筑图形符号转化
资料来源：谌珂，陶郅，郭钦恩．传统徽派文化在现代教学建筑中的表达——合肥工业大学宣城校区新安学堂建筑创作 [J]. 建筑与文化，2019（2）：216-218.

5.3 生活方式的现代融入

建筑对人的意义，在于它和生活的紧密关联，建筑以及建筑实践必须以当时当地的社会生活为根据[1]。生活方式作为地域文化的重要组成部分，并具有某一时空的社会性意义，对地域建筑的发展具有重要影响。生活方式指人们在一定的社会条件制约和一定的价值观念指导下，所形成的满足自身生活需要的活动形式和行为特征的综合，简单地说就是指人们怎样生活[2]。生活方式，狭义指个人和家庭日常生活的行为方式，包括衣、食、住、行、游等。广义指人们一切生活活动的典型形式和特征的总和，包括劳动生活、消费生活和精神生活等各种活动方式[3]。徽州地域人们受地域自然和文化的影响，在长时间的生产生活中逐渐形成了特有的生活方式，表现为崇尚自然、勤俭节约、心静行慢等特点，并以此营造生态宜居的城乡聚落空间。随着社会的发展，现代观念影响着人们的生活方式，传统的生活方式不断地演化发展，而传统生活方式的协调发展模式和对宜居环境的追求没有改变，这与现代社会的可持续发展理念和绿色低碳的居住理念不谋而合[4]。徽州地域性建筑设计，应以人为本关注居民生活方式的变化，充分考虑现实需求，设计适合当地人生活方式的地域性建筑；从另一个角度来说，

1 单军．“根”与建筑的地区性：“根：亚洲当代建筑的传统与创新”展览的启示 [J]. 建筑学报，1996（10）：35-39.
2 李淑贞．现代生活方式与传统文化教程 [M]. 厦门：厦门大学出版社，2003.
3 冯契．哲学大辞典 [M]. 上海：上海辞书出版社，1992.
4 陈易．低碳建筑 [M]. 上海：同济大学出版社，2015.

现代生活的方式不仅不会阻碍地域性建筑的发展，反而会因为其适应现代人生活的现实需求，使得地域性建筑具有新的活力，而新活力与地域文化的融合，则是生成现代地域性建筑的契机和动力。

5.3.1 城镇居住的地域营造

生活方式从根本上说是人在特定环境中的生存和生产需求，随着社会的发展，人们认识到现代主义功能主导的城市空间并不能满足人们日常生活和心理归属感的需要，在对现代主义城市和建筑反思的基础上，绿色宜居的生活方式和传统与现代融合的城市空间成为人们共同追求的目标。建筑师阿尔多•罗西关注生活方式与城市建筑的关系，并认为类型与人类的生活方式息息相关，“特定的生活方式与形式的结合形成了特定的类型，尽管它们的具体形态，因不同的社会而会有很大的差异”[1]，提出类型可以到历史中的建筑中去抽取，它不同于任何一种历史上的建筑形式，但又具有历史性的要素，在本质上与历史是相关联的。运用类型学方法进行地域性建筑设计，关注对传统城市形态、街区形态和建筑形态的类型抽取和转化，以满足现代生活方式的需要[2]。这种方法需要对历史和现状进行深入综合的分析，挖掘历史环境中的稳定因素和结构特征，融入现代要求的功能性要素，以形成满足现实要求又满足人们认同感的心理需求，以此实现城市环境的历史延续性，空间整体性。

1.紧凑混合的街区形态

紧凑混合高密度是典型的城市居住形态，体现了城市空间的紧凑复杂和居住多样需求，也是绿色宜居城市空间环境营造的重要内容。我国古代的城市随着人口的增加和商业的繁荣，出现了高密度的城市空间和多种功能的街区和住宅，下店上居、前店后坊的混合居住模式。徽州地域明清时期形成的屯溪老街、鱼梁老街和万安老街、歙县古城等历史城镇，因土地紧缺、人口集中和商业繁荣形成了典型的高密度商住混合的商业街区。这种街区以主街和次街形成鱼骨状道路结构，具有小尺度、紧凑混合的空间特征，与简•雅各布斯（Jane Jacobs）所提倡的“小街区，短街道”城市空间相契合[3]。现代城市空间中，这种紧凑混合的居住模式不仅符合现代城市空间人性化发展的

1 罗西．城市建筑学 [M]. 黄士钧，译．刘先觉，校．北京：中国建筑工业出版社，2006.

2 张骏．东北地区地域性建筑创作研究 [D]. 哈尔滨：哈尔滨工业大学，2009.

3 雅各布斯．美国大城市的死与生 [M]. 金衡山，译．南京：译林出版社，2005.

需要，同时还能够体现出城市空间的地域性特征。

黄山旅游商贸城位于老街东侧，建于20世纪90年代末，属于旧城改造项目。设计者为了使新建部分与老街形成和谐整体，延续传统空间形态，引入现代生活方式。从城市整体角度进行分析，确定鱼骨状开放街道网络和小尺度建筑体量。道路宽度控制在10米左右，形成宜人的空间尺度，既与老街形成衔接，又改善了交通条件（图5-62）。建筑高度靠近老街以二至三层为主，远离老街逐渐增加为商住混合的六层建筑。此外，底层商业以小开间为主，并提高占用率和多样化空间，充分融合现代生活的购物、居住、休闲等生活方式。新建建筑功能灵活分隔，在店铺内设置卫生设施，店铺上部安排居住空间，通过退台形成室外活动空间，进深大的建筑设置天井供通风采光，满足了不同人群的居住和经营需要[1]。黄山旅游商贸城延续老街空间形态，设计者通过控制道路宽度和建筑高度方式，减小了对老街的影响，在有限的场地中提高了土地利用率，并通过商住功能的混合增加了新建筑的容积率，营造出紧凑混合的空间形态。商贸城建成后既保持了徽州传统商业步行街的特质，又通过紧凑混合的空间形态，为居民和游人提供了多样化的交往空间，营造出适应现代人生活方式、地域归属感和认同感的场所，成为黄山老城区繁荣至今的商业居住街区（图5-63）。

图5-62　紧凑混合和商住混合街区
资料来源：作者根据高德地图改绘

图5-63　紧凑混合的商住空间街景

徽州地域的城市建设中，无论是旧城改造还是新城建设，大都采用紧凑混合的空间形态，城市道路多采用窄道路密路网，老城区建筑层数多为六层，新区则逐渐建设高层住宅。居住小区沿街底层部分设置小型商业功能，街区转角部分设置面积较大的商业功能，内部建筑底层设置成车库或非机动车库，利用较为实用有效的建设模式满足了人们居住需要，为人们提供了丰富便利的生活设施，增加了空间的实用性和丰富性。

1　陈琍，程铨．黄山旅游商贸城规划设计浅析[J]．安徽建筑，2000（5）：7-8.

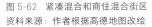

紧凑混合的空间还体现在街区内商业、办公、教育、居住、休闲等现代生活空间的混合，以及小区内不同户型和不同层数建筑的混合，地面地下空间的立体使用，为城市提供了高效丰富的空间，也为居民提供了多样的交往场所（图 5-64、图 5-65）。

图 5-64　典型沿街商住混合形态一

图 5-65　典型沿街商住混合形态二

2.行围混合的布局方式

在现代城市住宅发展过程中，为了适应紧凑高密度的城市环境，以及对健康居住环境和城市街道连续性的追求，形成了行列式和围合式布局两种主要布局方式。行列式布局因为更高的土地利用率、更好的日照通风条件而成为城市住宅建设的主流，但是由于较短的山墙面在建筑短边难以形成连续的街道界面和围合空间，导致街道界面连续性破坏和场所空间的缺失。围合式布局具有良好的街道围合界面，是传统城市空间的主流形态，但由于现代建筑体量的增大，围合式布局不利于建筑的通风日照。

徽州地域传统建筑的天井结构，保证了传统城乡空间高密度的居住环境中通风采光的需求，而现代观念中对阳光和空气的追求，改变了人们的生活方式和居住理念，也影响到了徽州地域的居住空间和住区形态。在徽州人的观念中，独门独院的居住情结根深蒂固，虽然现代城市中独立式住宅能够满足这种生活方式，但是无法解决大量的居住问题。这种独享自家土地的心理模式，以及南北向对夏热冬冷地区通风的积极意义，这些因素转变为对南北向通透居住空间的偏好。徽州地域现代住区多采用南北向行列式布局方式，由于场地条件、户型样式和公共空间的设置，也呈现丰富多样的住区环境。与此同时，由于徽州地域的商业传统、紧凑混合的功能布局，以及对街道连续界面所能围合形成场所空间的追求，形成了行列式和围合式相混合的街区形态。

徽州地域城市街坊主要采用行列式布局，建筑底层沿街部分设置二至三层的商业功能，在合适的部位增加出入口或过街楼形成围合式布局，沿街商业的繁荣，增加了建筑山墙面沿街空间的连续性和街道活力。由于商业功能仅有二至三层，大大减少了东西向住宅数量和对住宅采光通风的影响。与此同时，在街区主要道路的转角空间，多设置成围合式布局方式，东西向的长度控制在一至两户的长度范围，不利的朝向设置成非住宅功能或者小户型住宅。徽州地域这种行列式和围合式混合布局方式不仅提升了高密度城市居住环境品质，也增加了街道的连续性和活力，呈现出特有的地域性特征。徽州当代地域性建筑设计中，在这种布局方式的基础上进一步适应生态、老龄化等新挑战，形成适应地域居民现代生活方式的宜居环境（图 5-66、图 5-67）。

图 5-66　底层商业与转角围合的街区形态
资料来源：作者根据高德地图改绘

图 5-67　街区转角围合的建筑形态

5.3.2　乡村人居的适应更新

随着我国社会经济的发展和新型城镇化的进程，生态文明成为社会转型的目标，乡村振兴成为应对全球化挑战的压舱石。中国是农业大国，虽然城镇化水平已于 2012 年超过 50%，但仍有大量人口生活在农村地区，原有的居住条件已经无法满足村民的生活要求。此外，很多村落是具有历史遗产价值的传统村落，不仅需要进行保护更需要满足村民对现代生活的需求，为了适应现代生活和记住乡愁的双重需求，对村落建筑的更新改造具有现实意义[1]。与此同时，城市居民生活水平逐渐提高，促进了乡村旅游发展并从观光旅游到体验旅游转型，激发了乡村旅游的快速发展与升级转型，也成为乡村人居的更新动力。

徽州地域2018年城镇化率达到50.9%，徽州地域乡村多为有历史价值的传统村落，大量人口仍居住在农村，乡村人居环境建设不能照搬城市模式，传统民居面临更新改造的问题，一方面是现代生活方式引起的民居更新需求，另一方面为了满足乡村旅游发展对民居的改造需要。

目前，传统民居更新的主导力量主要有村民、地方政府、建筑师或专家学者，既有自下而上的村民自发行为，也有自上而下的政府行为，加上地域主义和遗产保护理论的兴起，使得徽州地域传统民居更新在融入现代生活方式的同时，体现出鲜明的地域性特征。

1.实用舒适的民居更新

建筑是容纳生活的容器，这个容器不仅能容纳人的活动，还能对人们的行为进行引导，由于人的主观能动性，人们的生活方式发生变化，也会改变作为容器的建筑形态。随着现代社会主流生活方式的传播，徽州地域民居不断适应更新，更新的类型包括改造与新建，对于改造来说，对原有空间的调整和新功能的植入，建筑外墙采光口适应扩大；新建建筑从对等级空间的伦理需求，转而向实用舒适的需求、新材料普遍使用，这样的转变不仅导致了建筑格局的整体变化，也直接导致了建筑形态的变化[2]。

对于徽州地域的新建民居而言，居民的生活方式受到现代观念的影响，建筑由高墙天井的内向格局，转变为直接对外采光的外向格局，这种转变不仅大大改善了建筑室内的采光条件，建筑内部空间和外部形态都随之发生了重大变化。基于实用性的首要原则，建筑尽可能沿宅基地边界布局，平面多采用方形平面，功能紧凑，首层一般设置厅堂（兼做餐厅）、厨房和房间，二层布置房间、阳台或露台，根据经济和使用情况设三层，卫生间一般位于一层楼梯间下方。建筑立面一般为底层入口和二层凹入，房间一侧墙体和阳台部分突出，建筑窗户由传统小窗增大为利于采光的大玻璃窗，二层阳台根据住户情况设置成阳光间。建筑底层入口为凹入的灰空间，与厅堂空间相互贯通，为居民日常用餐、劳作、休息等多功能的半户外空间（图5-68）。徽州地域新

1　吴桢楠．从适宜现代生活的角度审视皖南传统村落的保护与更新 [D]．合肥：合肥工业大学，2010.
2　宋康．徽州民居建筑更新发展方式研究 [D]．西安：西安建筑科技大学，2015.

民居一般多不再使用天井，但庭院空间依然保留，作为停车、休闲娱乐、堆放农具、绿化种植等室外空间，通过围墙、漏窗、篱笆等地域材料进行围合（图 5-69）。现代生活方式的引入，厨房、卫生间等采用现代设施，并作为辅助空间融入建筑主体，卧室的私密性得到增强，极大提高了民居的实用性和舒适性。传统空间中的厅堂的伦理功能虽然弱化，但是由于厅堂位于大门入口处开间较大，并设有中堂、八仙桌等传统室内陈设，其在新民居中的依然具有重要地位，仍然是具有起居、用餐、议事等多功能和强烈文化意义的精神空间，加之马头墙、小青瓦等传统建筑符号的使用，使得徽州地域新民居具有鲜明的地域性特征和居民的地域文化认同（图 5-70）。

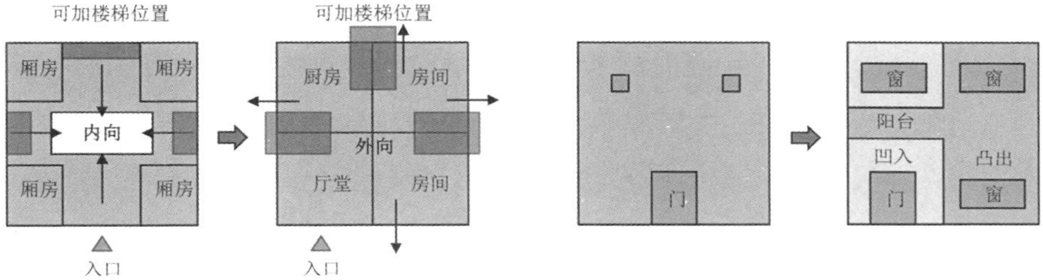

图 5-68　徽州地域新民居典型模式

图 5-69　徽州地域新民居典型形态

图 5-70　徽州地域新民居典型室内空间

新民居的设计中，应充分考虑现代生活方式与传统文化的融合，满足村民对实用性和舒适性的追求，合理充分地利用场地，采用紧凑的功能布局和地域建筑风格。作者在为黄山市某村民进行新民居设计中，通过对场地环境和村民需求和经济状况的了解，将建筑沿场地边缘布置，留出建筑前的庭院空间，便于村民日常生活和田园景观的融入。为了满足其为两个子女建造新房的需要，设计了两户相连的新民居，融入现代生活方式的餐厨和卫生设施，设置老人房适应老龄化需要和满足三代同堂的传统习俗，通过厅堂空间的重构和地域建筑符号的适当运用，使得新民居体现出鲜明的地域性特征，以低造价满足村民的居住需求（图 5-71）。在新民居的设计中，应注重因人制宜，满足村民的不同需求，并因地制宜，根据地形条件进行场地和功能安排。

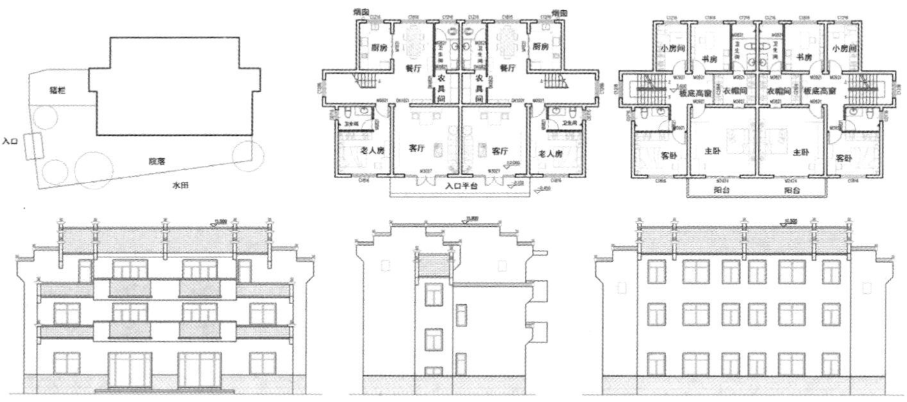

图 5-71 融入现代生活方式的徽州地域新民居

随着人们生活水平的提高和对文化的日益重视，一些村民和外来定居者，除了对现代生活的基本需求，对居住环境的文化氛围有了更高的要求，在建筑的重点部位如入口、庭院、门窗、屋顶等处加入了传统的门楼、雕刻等地域文化元素，使得建筑的地域性特征更加凸显，这也适应了人们满足生活基本物质需求之后精神需求提高，同时也表现出人们对徽州地域文化的认同（图 5-72）。

2.体验乡村的民宿改造

随着社会的发展和人们收入的增加，在满足基本的衣食住行需求后，人们开始追求更高的精神需求，旅游逐渐成为人们调节身心体验生活的一种方式。同时，随着体验经济的发展，传统旅游业由传统的观光旅游向体验旅游转变，乡村游、文化游的体

图 5-72　徽州地域新民居特色空间

验旅游逐渐兴起[1]。徽州地域至今保留了大量的传统村落，自然环境优美，人文底蕴深厚，吸引了众多的游客，有些在游览体验后定居于此。为了适应这一变化满足游客的住宿需求，同时也为了游客能更好地体验徽州传统文化和生活方式，出现了一大批利用传统民居改造和新建的民宿建筑，地方政府也出台诸多文件，鼓励村民和社会力量多样主体对传统民居的改造利用，2019 年黄山市民宿标准的制定更是有力推动了徽州民宿的健康发展。对于民宿建筑来说，无论是改造还是新建最重要的是对独特的文化和生活体验，同时还需要融入满足现代人生活需求的功能设施和环境空间。

徽州民宿设计，这种体验性应充分发掘利用据现有场地和建筑的历史信息和现实条件，转化为设计的生成因素和体验要素，通过建筑的功能设计和形态设计凸显地域文化以增强体验感。在功能方面，对公共空间、住宿和辅助空间，以及交通流线的改进和完善，以适应自住和旅居的需要，通过对天井、庭院等特色空间的适应性改造，增加地域性的绿化种植和室外陈设，以体现出徽州民宿的地域性特征，如位于西溪南村的巧巧原宿，村民在原有北侧两处老宅的基础上，扩建了东侧的厨房和餐厅和南侧的客房（图 5-73）。在形态设计方面，在不破坏旧建筑整体性的基础上适当扩大采光面积，新建扩建建筑通过新旧建筑体量整体融合新旧对比，建筑材料、色彩和细部元素延续传统等方式体现具有地域性特征的建筑形态[2]。2018 年，由黄山市旅游委员会主办的“徽州民宿五十佳”评选结果揭晓，选出了其中比较知名的如呈坎澍德堂、唐模七天井、西溪南清溪涵月、南屏秀楼等民宿，这些民宿均通过挖掘场所的历史信息，将现代生活与地域文化进行有机融合的方式凸显民宿的生活性、文化性与独特性（图 5-74）。在民宿的建设中，应首先满足居民的生产生活等多种需求，鼓励村民进行农业生产和旅游接待的结合，多种经营有利于一、二、三产融合，化解农业生产的低收益和旅游淡季带来的危机，同时还需注意民宿投资中外来资本不应损害农民利益。

1　陈兵．徽州传统民居形态下的特色民宿建筑设计研究 [D]. 合肥：合肥工业大学，2017.

2　牛亚庆．徽州传统民居改造成民俗客栈的设计研究 [D]. 北京：北京建筑大学，2017.

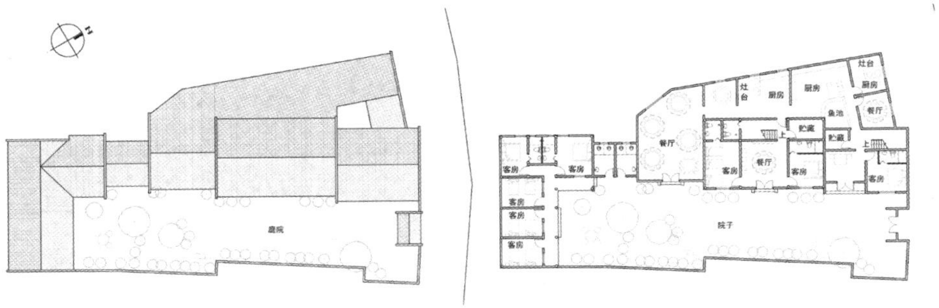

图 5-73　西溪南村巧巧原宿功能改造

图 5-74　徽州民宿典型外部和内部空间

作者为当地居民设计的一处民宿，业主希望和几位朋友退休共同居住养老，并融入民宿的功能（图 5-75）。项目位于歙县问政山，场地为山地环境，原有建于 20 世纪 60 年代的一层老宅，由于房屋不具备保护价值并且破败严重，业主希望拆除后建一栋三层建筑。设计中充分考虑场地周边和地形条件，对场地进行平整形成台地，整体布局依山就势，尽可能靠近山体并预留出建筑前部院落空间，通过场地悬挑架空扩大院落面积，并利用悬挑架空下部空间设置成汽车停车位。院落以竹篱笆矮墙围合，设置水池引入山泉，并通过绿化和铺地的变化，营造出具有山野气息而又精致的徽州民居园林空间。建筑底层设置为满足生活和民宿的公共空间，并设有外廊作为连接室内外的半室外空间，二层为五间住宿空间，三层为业主和朋友自住以及贮藏空间，并在南侧设有生活阳台和阳光间，以满足生活以及观景需要，翠竹摇曳清风徐来，近树远山尽收眼底。楼梯设在北侧通过外廊连接各功能房间，并设有电梯以满足民宿功能和业主养老需要，形成北侧服务性空间。建筑屋顶设置成平坡结合，平屋面设置太阳能和生活水箱，坡屋面使建筑与周边环境和建筑更为协调。由于场地较为局促，建筑未采

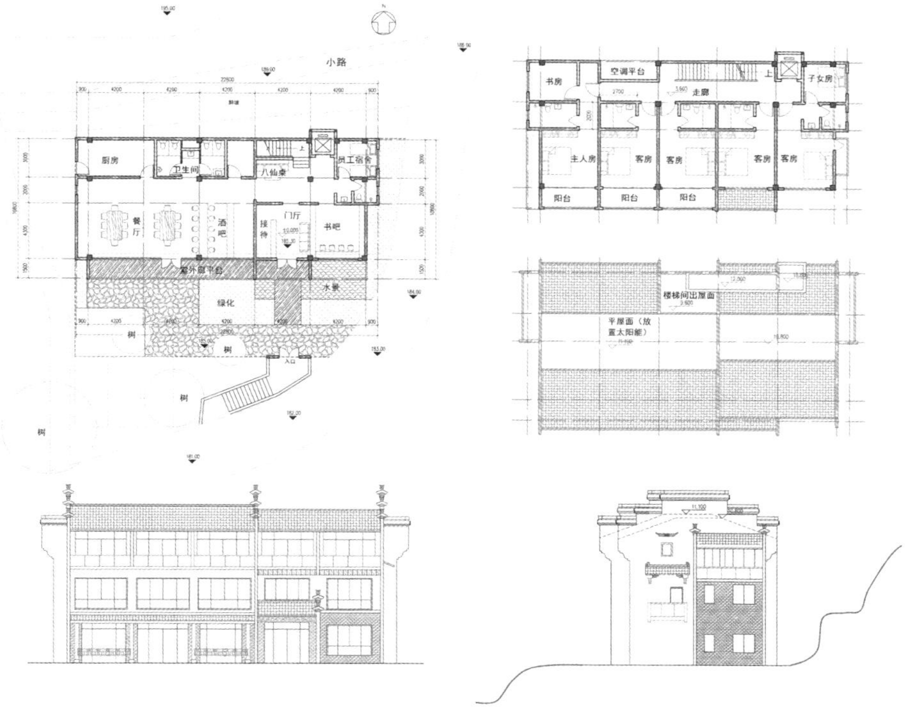

图 5-75　融入生活的徽州民宿

用传统天井空间，建筑形态采用规整形态以形成空间的高效使用也利于节能保温，对拆除后的旧材料进行循环利用。建筑形态表达，受到地方性法规、周边建成民居的形态以及业主多重诉求的影响，建筑形态上采用了马头墙、小青瓦、美人靠以及挂落等徽州传统建筑元素。建筑通过充分利用场地的山地环境，循环利用材料，通过融入现代生活方式、植入传统建筑元素等方式，凸显建筑的地域性特色。

5.3.3　休闲活动的空间生产

随着社会经济发展，人们的生活水平提高，休闲时间不断增多，城乡居民的生活已经不再停留在满足基本的物质需求，而逐渐需要更多的精神需求。健康、体育、娱乐、交流等多样的休闲活动，正在融入大众的生活方式中，与之相适应的是对公共空间的功能和品质需求也不断提升，并具有集中与综合、日常与体验、健康与生态、文化与特色的发展趋势。

休闲空间即满足人们休闲活动的空间，城镇休闲空间指的是为人们提供休息、娱乐、运动、观赏、游玩与交往等活动的城乡公共空间，其功能是为了满足人们休闲生活的需要，并使人感到安全、有归属和愉悦[1]。城乡休闲空间作为城乡居民重要的社会活动场所，代表着城乡风貌，彰显着城乡个性，是城乡文化的体现。城乡休闲空间作为城乡文化的重要内容，将对城乡地域特色的凸显起到重要作用，也将成为城乡发展的核心竞争力和重要内容。

徽州地域具有优越的自然环境和独特的人文环境，城乡休闲空间呈现融入自然与融合文化的总体特征，并在具体的环境中呈现自然与文化相互融合、相互依存的紧密关系，体现出徽州地域休闲空间以人为本的内涵和动态演进地域性特征。

1.融入自然的休闲空间

中国传统文化中天人合一的传统哲学理念，突出了人与自然和谐的重要性，传统节日时在自然山水环境中进行登高望远、祓禊畔浴等传统活动，寄托了人们对自然山水的热爱和对美好生活的向往。随着后工业社会和信息社会的到来，人们休闲时间增加，对绿色健康生活方式的追求以及对自然的回归和向往日益强烈，环境优美景色宜人的休闲活动空间，成为人们强身健体调节身心的理想选择和重要场所。每个地域的自然环境及其历史信息存在固有的差异性，将这种差异转换为设计的有利因素，有利于营造具有地域特色的休闲空间和地域景观。

徽州传统村落大都选址在环境优美的自然山水中，村口的水口园林利用自然环境，营造出景色优美植物茂盛的环境，不仅成为村落范围的象征，廊桥亭阁、水利设施等构筑物更为人们提供了生产、休闲、交流等活动的公共休闲场所。此外，人们将村中优美的自然和人工场景赋予景名，形成“八景、十景”等具有人文内涵的景观，为当代地域性的休闲空间景观提供了借鉴。

黄山市优越的自然山水为营造环境优美的休闲空间提供了得天独厚的条件，新安江延伸段的设计中，充分利用新安江两岸的自然景致，根据自然景观现状条件和历史人文信息建设满足市民活动的休闲空间，提炼出“屯浦归帆”“屯溪码头”“徽风水街”“湖边村落”“林廊清影”“坝址广场”“照壁怀古”“湿地栈道”“山阁远眺”“摩崖石刻”十大景观节点，营造出序列性的滨水休闲空间（图 5-76），使其具有可感知和可理解的意象。根据地形条件修建草坪亭廊、古村落，提供人们娱乐、交流、休憩的空间，

1　郭旭，郭恩章，陈旸．论休闲经济与城市休闲空间的发展 [J]. 城市规划，2008，No.252(12)：79-86.

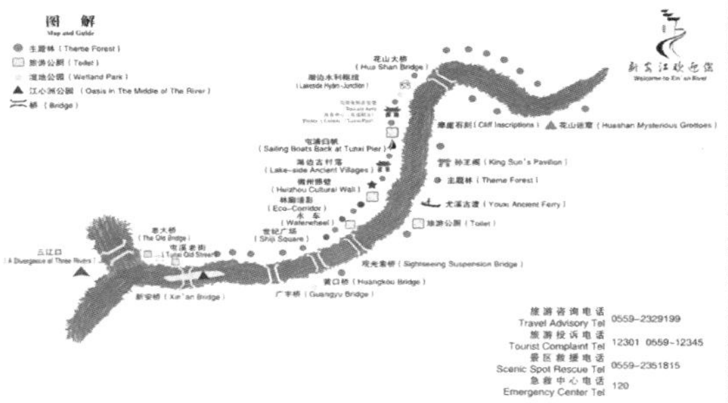

图 5-76　城市丰富多样的自然休闲空间

修建滨水步道满足人们健步活动，沿水边修建台阶满足人们浣洗垂钓活动，利用对岸山体原有的地质灾害点修建成摩崖石刻，在孙王山修建景观阁，并建登山步道和观景平台，形成对景和观景场所。在自然环境中营造的休闲空间，优越的自然环境本身即具有美的享受，而文化主题的设定，则将自然环境融入创造性的人文意蕴空间建构中，激发了人们多种休闲活动的展开和无限的人文想象，营造出具有人文内涵的休闲空间，使得人与自然形成统一。不仅如此，新安江延伸段的设计中，还融入了修建水利枢纽、建设码头、实现河道通航，疏导拓宽河道，兴建防洪堤，提升防洪标准；并同步建设发电、污水处理、取水供水等一系列实用功能，改善新安江水质和自然生态环境，实现了功能性、生态性、景观性等综合效益。

此外，黄山市城乡建设中还结合自然山水，修建了一系列公共性的自然休闲空间，如指中心江心洲广场、屯溪湿地公园、西溪南枫树林，利用自然山体修建的戴震公园、稽灵山公园，等等。这些空间不仅满足了市民回归自然，健康休闲生活的生理心理需要，结合自然环境和挖掘历史人文信息形成了具有地域特色的外部空间，同时还具有防洪防灾等功能，大大提升了城乡空间的品质和防灾能力。

2.融合文化的街区空间

商业街区是城镇居民生活中重要公共活动空间，也是凸显城镇地域特色、空间品质和城市活力的重要场所。随人们生活水平的提高，休闲时间和体验旅游需求的增加，人们对生活街区提出了融合休闲和文化功能的精神诉求，这也使得融合文化的休闲商业街区的地域文化特色需要更为凸显[1]。

1　朱鹤，刘家明，李功，等．中国城市休闲商业街区研究进展 [J]. 地理科学进展，2014，33（11）：1474-1485.

徽州地域明清时期文化、商业发达，形成了屯溪老街、黎阳老街、鱼梁老街等历史街区，属于历史保护街区，对其进行结构优化、功能更新、风貌整治等更新改造措施，能够满足人们休闲消费的需要，形成城镇文化休闲商业街区。此外，节庆日在街区中举行文化民俗活动，对于增强空间的吸引力，凸显空间的文化内涵起着重要作用。

屯溪老街的保护更新始于20世纪80年代，以整体保护动态更新的模式，保持老街整体格局和历史风貌，成为具有活力的文化旅游商业街。但由于缺少一定的公共空间，主街空间与滨水空间整体联系较弱，缺乏支持市民公共休闲活动场所，2019年老街开始新一轮的更新改造，为了适应休闲生活和休闲经济的发展，激发街区新的活力，规划将主街与滨水空间进行一体化更新，对主街、次街、滨水空间进行整合，以期适应现代城镇生活、休闲、旅游、文化、商业的需要，形成功能混合和空间复合的历史文化商业街区（图5-77）。黎阳老街与屯溪老街隔屯溪老大桥相望，历史较屯溪老街年代更为久远，2013年完成的更新中，基于与屯溪老街差异化的处理，采取了整体更新局部保护的模式，对街区的交通组织、整体布局、街巷空间以及群体建筑进行了重构，通过小尺度和开放性策略增加了街区与城市的关联，街区旁的大型居住区保证了稳定人流。街区更新中除了引入多样的商业业态，还注重公共休闲空间的设置和徽州地域文化主题氛围的营造，设置了主次入口广场、滨水休闲广场、中心戏楼广场、徽式戏楼与西式教堂，主街水系休闲空间，小吃休闲空间等一系列休闲和文化空间，并通过对徽州文化元素进行传统和现代的并置，营造出具有地域特色文化休闲商业街区。此外，引入观影、咖啡等现代生活内容，节假日举行多种传统民俗活动，如黎阳得胜鼓、黎阳庙会等，为街区注入了更多具有地域文化内涵的非物质内容。黎阳老街更新注重文化和商业的平衡，同时融入更多的日常休闲功能，具有日常性和公共性，激活了整个街区的活力，提升了城市品质和活力（图5-78）。

图5-77　屯溪老街文化休闲街区更新
资料来源：同济大学建筑设计研究院有限公司

图 5-78 黎阳老街文化休闲街区更新
资料来源：黄山市城乡规划局（左），自摄（右）

5.4 小结

本章主要探讨徽州当代地域建筑基于文化融合的设计策略，以大量徽州当代地域性建筑实例为基础，系统性地从物质、精神和现实生活三方面详细阐述了文化环境影响下的地域性建筑设计。在物质层面，从城镇肌理、建筑形态、建筑空间、建筑材料、细部元素等方面，论述了建筑文脉传承中，传统与现代、地域与全球文化融合的策略；在精神层面，从环境观念、形态意象和装饰品位等方面，探究了徽州地域审美特质的表达策略，体现了地域审美在现代文化影响下的延续性和适应性；在现实生活层面，从城市居住的地域建造、乡村居住的适应更新以及休闲活动的空间营造等方面，阐述了现代生活方式融入地域性建筑设计策略，新的生活方式为地域文化注入了活力和动力。

徽州当代地域性建筑设计需要从文化融合的角度，以地域文化为基质，广泛吸收传统文化与现代文化、地域文化与全球文化的优质因素，进行创造转化、融合创新，以达到文化融合的状态。在地域性建筑设计中，吸收借鉴地域文化的精华，保持地域文化特质的同时不断吸收现代文明的成果，地域内的政府、建筑师、专家学者以及居民对地域文化应持有文化认同和文化自信的态度，文化认同形成了地域文化发展的基础，文化自信则是在文化认同的基础上，对待现代文化和全球文化的积极态度。地域文化以地域自然环境作为承载，本章在阐述适应文化因素的地域性建筑设计的同时，对自然环境所作的积极回应，实现了从自然承载到文化引领的密切联系，徽州地域也因为徽州文化的延续和繁荣成为当代中国最具地域文化特色的城乡地域之一。

第 6 章

基于技术适宜的徽州当代地域性建筑设计策略

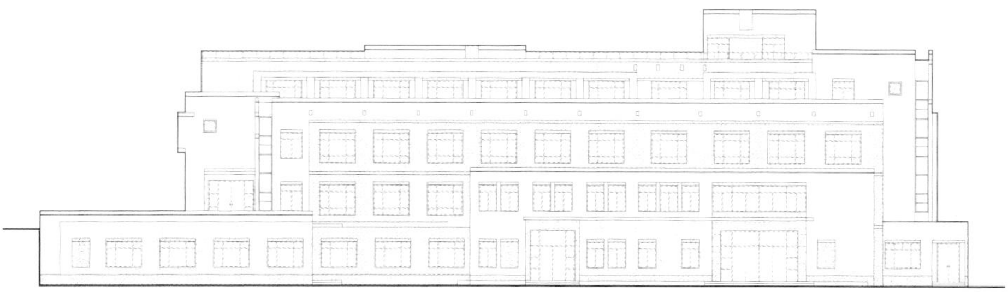

技术因素是推动人类社会进步的重要力量，人类古代社会技术进步，近代社会的三次工业革命深刻地影响了生产力、生产关系、社会经济的发展，形成了现代城市和建筑形态，随着第四次工业革命的到来[1]，对城市和建筑也将产生深刻影响。对于地域性建筑而言，现代技术如果不符合地方经济发展实际条件将无法落地实现，而生态可持续发展思想的崛起使得传统技术依然有价值。经济的发展为建筑提供了坚实的物质基础，技术的进步为建筑提供了有力的建造支持。技术经济因素促进了社会的整体发展，其对建筑设计的影响是基础且有力的，如果说自然提供了载体和资源，文化提供了建造的理念，那么技术则提供了贯穿全过程的实现手段，技术经济对建筑的发展具有推动作用。有学者指出，“地域性建筑设计在探索绿色节能技术、处理地域气候和地质灾害等方面缺少技术支持，特别是可持续发展日益受到人们的重视，而技术限制了这一诉求……地域性建筑发展的技术支撑不足……这虽然有经济和科技发展的限制，但地域性建筑设计中，建筑对技术的能动性追求不足也是重要原因，这也制约了地域性建筑的发展”[2]，对技术的积极态度是地域性建筑设计突破传统局限的重要途径。

地域性建筑的本质是建筑在特定地域的自然因素、文化因素和技术经济因素的共同影响下综合作用的结果[3]。由于各地区技术经济发展的差异，城市与建筑呈现出不同发展水平，但由于其技术经济是中性的，它们既不是建筑地域性差异的本质因素，也不是建筑设计水平高低的根本原因。建筑设计的水准与技术经济发展不是简单的等价关系，技术经济相对落后的地区也可能产生出较高水平的建筑设计，其核心思想是通过适宜技术对地域环境的综合适应。徽州地域技术经济发展相对落后，并有着其独特的技术经济特征，技术选择也因此受到诸多制约和影响，这也为建筑设计注入了更多的地域因素。技术是建筑的实现手段，设计与建造应重视技术的作用，但绝不能技术至上，而应将技术与自然、文化、经济紧密结合，采取与地域技术经济环境进行相适应的技术适宜策略，一方面适应了地方的实际情况，另一方面挖掘传统技术是对生态可持续发展的回应，这是徽州地区当代地域性建筑设计应采取的积极策略。

1　施瓦布．第四次工业革命 [M]. 李菁，译．北京：中信出版社，2016.

2　邹德侬，刘丛红，赵建波．中国地域性建筑的成就、局限和前瞻 [J]. 建筑学报 .2002，(5)：4~6.

3　张彤．整体地区建筑 [M]. 南京：东南大学出版社，2003.

6.1 适宜技术的适宜选择

技术具有发展生产力的巨大力量，经过数千年对技术的不懈追求与发展积累，现代人已经获得了改造自然的巨大力量，这促进了人类文明的进程改变了人类的生活，也使人与自然的和谐关系发生了失衡。

技术是一把双刃剑，工业革命以来，技术不断进步经济快速发展，结构技术的发展，建筑能够建得更高更大，城市的密度和承载能力大大提升。20 世纪 50 年代后，随着空调机械设备建筑中逐渐使用，建筑室内环境能够人工精确控制调节，使人感到脱离自然和季节的恒定舒适。空调设备为人类提供了舒适的室内环境，也使高密度城市能够实现，但却产生了环境破坏、资源紧张、健康威胁和文化断裂等一系列副作用。要实现一种更为合理的技术，并不能在技术内部自我实现，而是需要从观念层面的深入探索。20 世纪 60 年代以来，生态可持续发展思想的提出实现了观念上的重大突破，它强调人与自然、经济、和社会的整体协调发展。如果说生态可续发展是一种观念，那么技术就是实现的工具。正是在这样的背景下，众多学者在可持续发展观念的影响下对现代技术进行了反思，提出了适宜技术的概念。适宜技术是可持续发展观念在技术上的反映，寻求的是自然、经济、社会协调发展的契合。

因此，适宜技术可理解为，充分发掘传统建筑技术，发展现有的建筑技术，再到利用高技术，把传统低技术与现代高技术融合，合理使用多种技术，努力实现建筑与环境的生态和谐和可持续发展。

6.1.1 适宜技术的概念

当代建筑界对适宜技术的定义种类繁多，它们强调再生能源利用、低造价、地方性、技术路线中一方面或多方面。英国经济学家 E.F. 舒马赫（E. F. Schumacher）在《小的是美好的》（1973）一书中，反对资源密集高消耗的高新技术，大力倡导使用可再生能源的“中间技术”“人性技术”或“适宜技术”。国内学者吴永发[1]、陈晓扬[2]等学者提出适宜技术的科学含义，“适宜技术是针对具体作用对象，能与当时当地的自然、经济和社会环境良性互动，并以取得最佳综合效益为目标的技术系统”。因此，适宜技术是在可持续发展观念指引下，对生态、社会、经济的多种目标的均衡实现，是以

1 吴永发 . 地区性建筑创作的技术思想与实践 [D]. 上海：同济大学，2005.

2 陈晓扬，仲德崑 . 地方性建筑与适宜技术 [M]. 北京：中国建筑工业出版社，2007.

现代技术为基础的技术体系。它具有开放性特征，不仅重视传统技术的挖掘和现代技术的引入，同时关注社会环境与技术环境的相互协调。

6.1.2 适宜技术的特征

适宜技术关注当地的自然、文化和经济，不同的国家地区由于自然环境的差别和经济技术、社会文化的不同，使得适宜技术有鲜明的地域特色。在当代全球化的背景下，地域参与到与外界的交流中，赋予了地域性新的含义，从传统封闭走向了开放。全球化成为地域性发展的契机，根据耗散结构理论，开放的系统有利活力的产生，地区在与外界的积极交流中保持活力持续发展。因此，当代适宜技术既不激进地拥抱现代，也不消极地固守传统，而是以现代技术为基础，并用现代和传统技术以解决地方性问题。适宜技术具有地域性、时代性、层次性和整体性等方面的特征。

适宜技术的时代性，应关注技术随时代的发展而不断的变化，原来适用的技术由于是历史长期适应的结果，但因不适应现代社会而不适用了。时代先进技术在经济技术发达地域适用，但在相对落后地区也存在不适用的情况，应根据地域实际情况，充分发掘传统技术进行改善，以适应现代社会的要求，凸显文化认同的价值。此外，对现代技术进行地域转化，以适应地域的实际情况，促进地方技术经济的不断发展。

适宜技术的层次性，关注的是技术的综合效益而非先进性，针对不同地域不同项目，能最佳解决问题的适宜技术或许是高技术，或许是低技术，或许是几种技术的综合。由于地区差别的客观存在和具体项目的具体需要，应采用不同梯度、多层次技术的复合技术，以协调人与自然的关系。此外，适宜技术的层次性还体现在不同项目的不同侧重，或注重节约能源、降低成本、解决就业等方面，其侧重点依据不同项目对实现不同目标的侧重。

适宜技术的整体性，应超出技术本身的视域，关注技术的社会、经济、文化、环境、能源等综合效益，而不是其中某一方面的效益。有些技术可能具有经济性，但是对环境不友好，有些技术生态环保，但是成本很高，适宜技术应注重各方面的综合效益。

6.1.3 适宜技术的选择

《北京宪章》指出："由于不同地区的客观环境和因素不同，技术的发展路径和程度也不同，技术的使用环境也不尽相同，多种技术在 21 世纪将长期共存……从技术的复杂性来看，低技术、轻型技术、高技术各有不同，并且差别很大，因此不同的设计项目都需要细致选择适宜的技术路线，寻求具体的整合途径；各地区也要根据不同的地域和社会条件，对各种技术进行继承、改进和创新，并加以综合利用。[1]”

适宜技术是指在特定环境条件下，以最小的资源代价获得最大效益所选择的技术，而并非某种新技术。适宜技术的选择综合考虑了技术的经济性、可行性和适用性，体现出经济、社会、生态的综合价值。适宜技术也不是指介于低技术和高技术之间的“中间”技术，而是为了获得综合效益，合理地选择高技术、低技术或者混合技术。适宜技术可以是低技术，如埃及建筑师哈桑·法赛的Hammed Said住宅；也可以是高技术，如让·努维尔等建筑师们在建筑中使用现代前沿的材料、结构、设备等新技术；此外也可以是混合技术，如马来西亚建筑师杨经文的生态建筑技术。戴复东先生对适宜技术利用作了有益的探索，他曾撰文介绍贵阳龙洞堡山区民居巧妙利用挖填平衡，在改造地形的同时，获得宅基地、自留地和建筑材料[2]，适宜地建造出的居住空间。他在山东荣成北斗山庄的创作中，就地取材选用相应的适宜技术，将传统海草石屋建成现代化旅馆。因此，最新的技术不等于最适合的技术，“最适宜、最佳选择”的技术，是与当地自然环境、社会经济发展现状相适应的技术。地域传统技术由于与当时当地的情况相适应，创造了具有地域文化特质的地域性建筑。传统技术由于其朴素的“生态性”重新受到人们的重视，对其与地域环境相适应的智慧进行发掘，对其不足的一面加以改善和提升。同时，对现代技术进行地域化的适宜运用，使其与传统技术共同适应和支撑地域性建筑的发展需要。

建筑技术的适宜选择，是以可持续发展为目标，包含了建筑的设计、建造、施工、运营多方面的技术体系，也包含了对高技术—低技术、传统技术—现代技术等多种技术层次的理解和灵活运用，通过传统技术的适宜改善、现代技术的适宜运用以及多种技术的整合运用等策略得以实现。

6.2 传统技术的适宜改善[3]

地域性建筑的传统技术包含了地域的建筑材料和营造技艺的整体技术系统，是与地域的自然和文化环境经过长时间适应后的地域性做法和智慧的结晶。从传统技术中

1　吴良镛．国际建协“北京宪章”[J]. 建筑学报，1999（6）：4-7.

2　戴复东．“挖”“取”“填”体系——山区建屋的一大法宝[J]. 建筑学报，1983（8）：22-24+86.

3　参见：黄炜，颜宏亮．传统建筑技术的适宜性改善策略研究——以徽州地区为例[J]. 住宅科技，2019，39（5）：39-44.

发掘提炼其思想、做法和工艺，并进行一定的改善提升，使得传统技术的价值得以延续，地域建筑的特征得以凸显，具有传承和创新的双重价值。传统技术传承不是因循守旧，而是用科学的方法认识传统地域建筑技术体系，总结其规律，挖掘其中的基本原理和营造方式，并通过现代科技加以改善提升其性能。传统技术经过改善，在建筑的结构性能、物理性能以及防护性能等方面均能够得到提高，在这一过程中传统技术的信息也得以保留，在建筑的保护、改建以及新建中均大有可为，也为建造提供了技术支撑。传统技术的改善提升主要有三种策略：结构性能的适宜改善、物理性能的适宜改善、防护性能的适宜改善。

6.2.1 结构性能的适宜改善

徽州地域性传统建筑大部分采用砖木结构，一些高山地区的建筑墙体采用夯土结构和石材结构。出于结构安全、建筑遗产保护和生态环境保护的以及各种规范和社会发展需要，传统建筑的结构形式在保护、改建和新建建筑中仍然需要，但应对结构性能进行提升，以保证结构安全和保持地域特色，这也是技术、人文、生态三者价值的统一。

1.砖结构

徽州传统地域建筑外墙主要采用砖结构，从强度、防护性能看，砖的材料性能优于土的材料性能。相对于夯土墙采用的土材，砖材制作要求较高，制作的土质好、工艺多、时间长、造价高。但由于徽州地处山区，制作砖材所需材料来源丰富，加上徽商经济实力雄厚，制作工艺精良，砖材在徽州建筑墙体中使用最为普遍。

徽州地域传统建筑外墙多采用砖结构，墙体不承重而只作为围护结构，墙体的构造形式有空斗墙（一眠一斗、一眠三斗、空斗无眠）（图 6-1），灌斗墙（空斗墙中用土或碎砖填实），以及鸳鸯墙与单墙几种形式（图 6-2）[1]。徽州地区保存了大量的历史传统建筑，这些建筑大都具有百年以上的时间，由于传统建筑墙体的结构性能难以达到现代技术规范要求，加之墙体老化存在安全隐患，需要通过技术改善对其进行墙体加固，以提高墙体结构的整体性和建筑的安全性，加固的过程中还需要注意维护墙体的原真性。传统建筑墙体的加固方法，主要有钢筋网加固和灌浆加固。

钢筋网加固法是指将钢筋铺设、固定在墙体表面形成表皮结构层，并喷射混凝土

1　刘托 . 徽派民居传统营造技艺 [M]. 合肥：安徽科学技术出版社，2013.

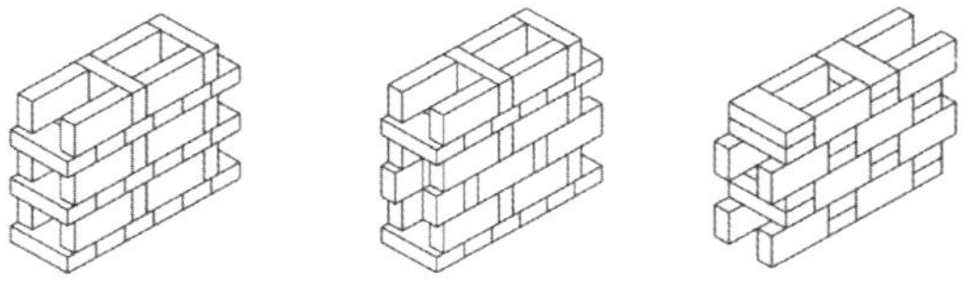

图 6-1　空斗墙（一眠一斗、一眠三斗、空斗无眠）

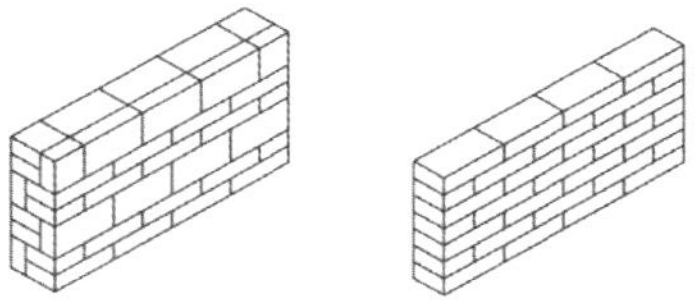

图 6-2　实墙（鸳鸯墙、单墙）

或特种固结材料使其成为原有墙体的附加结构层，以此起到加固作用并提高墙体的稳定性。为了保持原有建筑的风貌，可在原有外墙内侧进行加固外侧保护性出新，在外部加固的可在加固后再对面层做传统建造工艺处理。这种方法提高了墙体的结构性能、物理性能，同时也保护了建筑风貌。灌浆加固法作为常用的施工技术，是将一定配比的砂浆通过高压设备注入墙体的缝隙，使其填充缝隙以提升强度，一般来说选用的砂浆强度应高于原有墙体砂浆的强度[1]。此外，为了保证材料的融合度，尽量使用相近特性的材料。

位于祁门县的宀屋的修复改造，采用了钢筋网加固的方法。建筑紧邻叙五祠，周边为菜地。建筑占地只有 60 平方米，体量不大。建筑原为两层，一层堆放农具和杂物，二层层高较低而无法使用。屋架为穿斗式木构支撑屋顶，墙体为徽州地域常用的空斗墙做法，屋顶和墙体是相对独立的结构和承重体系。由于空斗墙的结构稳定性相对较差，需要对墙体结构进行加固。为了提升老墙体的结构性能，工人先在墙体内侧用钢筋网固定，再用水泥在墙面分层粉刷，以形成墙体内侧的加固层，同时起到保护老墙的作用。据研究表明，空斗墙采用钢筋网加固后，其结构性能提高约 60%，其刚度和强度、整体性和抗震性也都有不少提升[2]。建筑以一种新旧并置的姿态与老祠堂共存。用新技术和传统技术的适宜运用，获得了地域性和现代性的统一[3]（图 6-3）。

徽州传统建筑的外墙为防水防潮，大都采用石灰粉刷，墙体的砌筑过程中可以较少考虑砖墙肌理的审美影响。砖墙在砌筑的过程中，为提升墙体的整体结构性能，可在墙体结构薄弱部位采用钢筋混凝土材料设置过梁、圈梁、构造柱等方式。黄山市屯溪某传统建筑的异地重建中，由于空斗墙结构稳定性较弱[4]，墙体砌筑采用了传统一顺一丁的构造形式。不仅如此，为了进一步提升墙体的整体性和稳定性，在楼层处增加

1　周俊义．徽州古建筑墙体营造技艺及改善保护 [D]. 合肥：合肥工业大学，2014.

2　尚卿，刘沩．农村砖砌空斗墙建筑的抗震加固 [J]. 广西大学学报（自然科学版），2009，34（5）：603-608.

3　素建筑设计事务所．宀屋——安徽闪里镇桃源村祁红茶楼 [J]. 城市建筑，2018（13）：98-104.

4　葛学礼，于文，朱立新．我国村镇空斗墙房屋地震、台风灾害与抗御措施 [J]. 工程抗震与加固改造，2011，33（2）：143-149.

图 6-3　传统建筑改造中墙体加固提升结构性能
资料来源：素建筑设计事务所 . 宀屋——安徽闪里镇桃源村祁红茶楼 [J]. 城市建筑，2018（13）：98-104.

了圈梁，门窗洞口采用石材或者钢筋混凝土过梁，墙体转角处增设构造柱等一系列结构和构造措施（图 6-4）。

2.木结构

木构架是我国传统建筑的主要承重结构，因地理环境和思维模式的不同，形成了抬梁、穿斗和干阑三种主要结构类型。木结构的结构性能优越，在 5・12 汶川地震中其抗震性能又一次得到了充分的检验，仅极个别木结构古建筑倒塌，部分建筑的局部装饰物被破坏，一些建筑有榫卯拔出现象[1]，充分证实了木结构的良好性能。然而，由于传统木结构的技术局限，根据现代木结构设计标准，传统木结构的结构性能和构造方式，仍然需要进行科学化的改善提升。

图 6-4　增设钢筋混凝土圈梁、过梁、构造柱提升墙体结构性能

1　谢启芳，赵鸿铁，薛建阳，等 . 汶川地震中木结构建筑震害分析与思考 [J]. 西安建筑科技大学学报（自然科学版），2008，40（5）：658-661.

徽州传统建筑同样以木构架为主体结构，受到环境的影响逐渐形成了抬梁和穿斗相混合的结构形式，并发展出特有的插梁式结构形式[1]，这使其在复杂山地环境中的结构适应性以及结构性能都有了很大提升。徽州建筑中的大木结构，以穿斗式为主、抬梁式为辅，穿斗式构架的自身特征，决定了其在房屋进深方向的连接较强，而平行房屋桁条方向的连接较弱[2]。木结构的梁柱构件通过榫卯构造连接，因此其破坏形式往往是榫卯节点处的结构性破坏，而非构件破坏。连接楼层瓜柱顶和顶层穿枋的直榫可能首先拔榫破坏，连接底层明间楼板梁与脊柱的直榫可能首先发生折榫破坏[3]。因此，徽州传统建筑木结构的结构体系和榫卯连接，还有进一步提升的空间。

所以，为提升徽州地域木结构的结构性能，可以通过优化结构体系和节点连接的方式。由于穿斗式木结构体系与梁柱结构体系类似，设计时可增加横向联系形成梁柱式木结构体系，从而提升建筑的整体性。此外，梁柱式木结构属于现代结构体系，可以参照《木结构设计规范》进行结构设计和计算，从而实现传统木结构的科学化。传统建筑木结构的榫卯连接虽然有利于抗震消能，但也是结构的易破坏点。建造中用现代梁柱木结构体系的构造方式对传统榫卯构造加以简化，依据《木结构设计规范》采用齿接、销接，或钉、螺栓等构造方式进行连接。这样既保留了榫卯结构的优点，又可以对节点进行受力计算，使得传统技术逐渐实现科学化。黟县宏村乐彼园（图 6-5）和徽州区西溪南村溪源艺术馆（图 6-6）的设计者即采用了梁柱式框架木结构形式，对穿斗式木结构进行了改进，提升了木构架结构的整体结构性能。

图 6-5　宏村乐彼园木构架

图 6-6　西溪南村溪源艺术馆木构架

1　荣侠 .16—19 世纪苏州与徽州民居建筑文化比较研究 [D]. 苏州：苏州大学，2017.

2　马全宝 . 江南木构架营造技艺比较研究 [D]. 北京：中国艺术研究院，2013.

3　汪兴毅，王建国 . 徽州木结构古民居营造合理性的理论分析 [J]. 合肥工业大学学报（自然科学版），2011，34（9）：1375-1380.

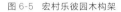

6.2.2 物理性能的适宜改善

徽州属于夏热冬冷地区，室内物理环境改善主要是为了满足夏季防热兼顾冬季保温的要求。徽州传统建筑屋面、墙体、地面的建造工艺考究和技术局限，加之天井形成的遮阳与自然通风效果，夏季室内一层热环境较为理想，但二层因受太阳辐射室内环境闷热；冬季室内环境由于空间开敞保温效果不佳，春秋季过渡季节具有良好的舒适度。为改善室内热环境，需要改善外围护结构的保温隔热性能，夏季增加空间的开敞性，冬季增加空间的密闭性，因此需要对屋面、墙体、天井、门窗性能进行一定的改善。[1]

1.屋面性能

屋面是建筑顶部的围护结构，其接受太阳的辐射量最大，直接影响到屋面下层空间热舒适度，需要重点进行保温隔热处理。徽州建筑祠堂和与富裕人家民居的屋面做法较考究，屋面小青瓦下，在屋架的椽条子上还铺设望板（或望砖），望板上铺设苫被层，而平常人家民居屋面的构造简单，通常仅采用冷摊瓦屋面，即在椽条上直接铺瓦。传统建筑屋面构造的下部空间夏季受太阳热辐射大，冬季热量损失大，冬夏两季舒适度均不佳。为改善屋面保温隔热性能，可采用现代保温隔热材料，在其上铺设现代防水卷材作为防水层，使得屋面的保温隔热性能和防水性能都得到极大的改善。

2.墙体性能

徽州建筑外墙封闭厚重，开窗少且小，空斗墙内为空气层或填充碎砖和黄泥，这一定程度上有利于建筑的保温隔热，但和现行节能标准中外墙导热系数小于 1.0 瓦 /（平方米・度）的数值相比，空斗墙的保温隔热性能依然还有不小差距。外墙物理性能的适宜改善，可以采用外墙内保温（有利于保护保温层和呈现外墙肌理）或者外保温的方式，或在空斗墙体内填充浆体类保温材料，这种做法可以较好地保留建筑墙体的原真性，并使其保温隔热性能得以提升。

3.天井性能

天井是徽州建筑中最具特色的空间，一般位于房屋入口或前后正间之间，四周为厢房，其空间狭长，面积一般占室内房屋面积的 1/9 ～ 1/8。天井不仅承担了民居的采光、

1 黄志甲，余梦琦，郑良基，等 . 徽州传统民居室内环境及舒适度 [J]. 土木建筑与环境工程，2018，40（1）：97-104.

通风、遮阳、排水等重要功能，还是徽文化的物化形态，是人与自然的相通的精神之所。由于天井的烟囱效应，天井是室内外空气交换的通道，在夏季具有改善室内环境热舒适度的积极作用，而在冬季却因为冷空气的进入和冷辐射导致室内环境温度的降低。天井对于徽州建筑室内热环境舒适度的影响，在夏季是有利的，在冬季则是不利的。为了发挥天井夏季利于通风和减少冬季的不利影响，设置可开启式通风口，并辅以遮阳措施以提升夏季的通风隔热性能，采用玻璃、钢等现代材料对天井进行封闭以增加冬季保温。休宁五福会所的设计中，天井外侧采用钢材和玻璃进行封闭，并增加可开启的自动控制装置，保留了天井的空间和功能作用，满足了冬季密闭保温和夏季自然通风，营造出舒适的室内环境（图 6-7）[1]。

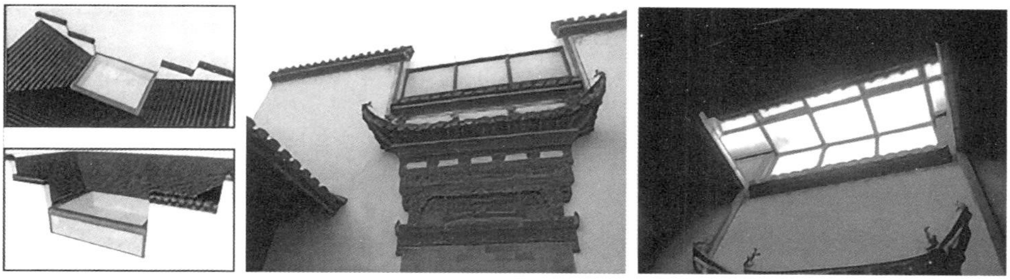

图 6-7　休宁五福会所天井可开启式封闭改造
资料来源：彭志明 . 徽州传统民居保护利用策略研究——以休宁县“五福民居”为例 [D]. 合肥：安徽建筑大学，2017.

4.门窗性能

相关研究表明，现代建筑能耗中，门窗占整个围护结构总能耗比例为 40% ~ 50%[2]，徽州建筑较为封闭，对外开门窗面积较小，比例低于现代建筑，但依然是不容忽视的。徽州传统建筑门窗材料多采用木材，木材易加工热工性能好，但由于含有水分、工艺做法的影响，木质门窗易变形腐朽，其密闭性和热工性能难以达到建筑节能的要求。门窗密闭性不足虽然利于夏季通风，但是不利于冬季保温。此外，由于徽州建筑开窗面积小，不利于室内通风除湿，使得夏季室内舒适度降低。门窗性能的改善可以通过以下三种措施来提高门窗整体性能：提高门窗的气密性，改善其保温隔热性能，适当提高窗地比增加室内横向风压自然通风。黟县屏山村有庆堂改造中，建筑师在不影响原有建筑风貌的前提下，于客厅和卧室的外墙位置，通过增设外窗或适当加大外窗尺寸，使建筑室内风环境得到明显改善[3]（图 6-8）。

1　彭志明 . 徽州传统民居保护利用策略研究——以休宁县“五福民居”为例 [D]. 合肥：安徽建筑大学，2017.
2　侯毅男 . 门窗与建筑节能 [J]. 建筑节能，2007，35（7）：39-42.
3　饶永 . 徽州古建聚落民居室内物理环境改善技术研究 [D]. 南京：东南大学，2017.

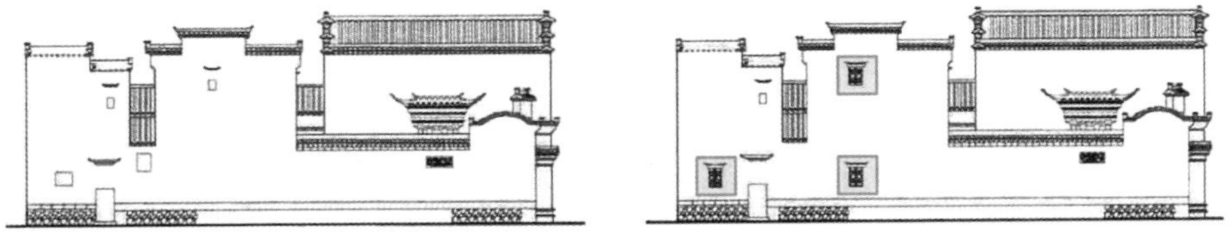

图 6-8 黟县屏山村有庆堂外窗改造前后比对
资料来源：饶永 . 徽州古建聚落民居室内物理环境改善技术研究 [D]. 南京：东南大学，2017.

6.2.3 防御性能的适宜改善

1.防火性能

徽州建筑大都为木结构，虽然具有优越的力学性能，却易毁于火灾。徽州先民在漫长的历史中，采用了一系列的防火措施来不断改善民居木结构的防火性能，如村落选址靠近自然水系，建设开凿人工水圳，设置巷弄、天井等防火通道防止火灾蔓延，设置防火墙、防火门窗、铺设砖的楼面屋面等构件防火的方式，最大限度地减小徽州建筑的火患，体现出科学防火的低技智慧。

木材是徽州建筑的重要建造材料，普遍使用在古建筑修复和新建筑的设计建造中。为了提升木结构建筑的防火性能，首先在建筑设计的方法和策略上学习传统木结构建筑建造中的防火智慧，其次通过现代科技提升木材的材料防火性能。在《建筑设计防火规范》（GB 50016—2018）中，要求木材的防火等级重要建筑必须达到 B1 级，一般建筑必须达到 B2 级。原生木材的防火性能难以达到现行规范的防火要求，为了满足现行规范的要求，应对原生木材进行涂刷或浸泡阻燃液体以提升防火性能[1]，同时为保持木材固有的材质和纹理，应采用无色、透明的阻燃液体进行处理。在徽州府衙修复工程中，采用现代化学防火涂料涂刷木材表面，并进行防火阻燃实验。“先刷无色无味阻燃剂三遍，使其吸收到木材表面 1 毫米深，形成一内层防火层，然后再喷防火清漆两遍，形成约 2 毫米厚面层防火保护膜，经实验基本能达到 B1 级防火要求”[2]。不仅如此，为了减少电路系统短路对木结构构成的潜在火灾隐患，将电线穿入金属套管后，固定在木结构梁枋的隐蔽部位，满足了防火和美观的双重要求（图 6-9）。原生木材通过现代科技进行阻燃处理，防火性能得到较大提升和改善，为建筑在改建、新建中使用木材的防火安全提供了技术支撑，同时也增加了徽州地域建筑设计中材料选择的多样性和地域性。

1 武恒，孔俊伟，黄赟，等 . 徽州古建筑木结构构件防护处理 [J]. 安徽农业大学学报，2016，43（3）：383-386.
2 陈安生 . 徽州传统建筑技艺的经典之作——徽州府衙修复工程 [J]. 徽州社会科学，2017（5）：9-12.

图 6-9　原生木材防火性能提升

2.防水防潮性能

徽州地域气候温暖潮湿，境内年平均降水量在 1400 ～ 2000 毫米之间，是安徽省降水量最多的地区[1]，建筑构件耐久性和室内环境舒适度都会受到影响。徽州传统建筑中虽也有防水防潮的措施，但是仍然难以解决，其改善途径主要有屋面、地面、墙基增加防水防潮层，改善木材的防潮防腐性能。此外，通过增加室内通风除湿也是改善防潮性能的一个重要方面[2]。

防水防潮性能的改善，其原理主要是判断水汽的来源和方向，通过阻断其渗透路径对建筑构件起到保护的作用。传统建筑的屋面部分因受到材料和技术的影响，最易受雨水和潮气的影响，容易造成木构件的腐朽甚至坍塌。为了改善屋面的防水防潮性能，可在原有屋架上增设现代防水材料，徽州府衙修复工程中，采用了在屋椽上铺设望砖的传统做法的同时，增设两层 APP 卷材防水层，上铺设 30 毫米厚钢丝网防水砂浆保护层后，再座浆固定小青瓦，经过几年雨季的检验未发现渗漏现象。现代防水材料的使用，大大改善了屋面的防水性能[3]（图 6-10）。地面防潮性能的改善，可以增加防水层，利用改性土材料替代防潮性较差的自然土壤，以提升的防潮功效。此外，通过增加室内外高差，设置架空层，都是改善地面防潮性能的重要措施。墙体的防潮，则可采用在墙体底部使用石材或者防水钢筋混凝土地梁，外侧再设防水防潮层得以实现（图 6-11）。此外，木结构的防潮也是需要特别关注，可以通过涂刷防腐剂，在木柱底部设置石材或混凝土柱础等方式，改善木结构的防潮性能。

1　黄山市地方志编纂委员会 . 黄山市志 [M]. 合肥：黄山书社，2010：213.

2　张伟 . 徽州传统民居的宜居性改造 [D]. 合肥：合肥工业大学，2014.

3　陈安生 . 徽州传统建筑技艺的经典之作——徽州府衙修复工程 [J]. 徽州社会科学，2017（5）：9-12.

图 6-10　屋面防水性能提升

图 6-11　墙体防潮性能提升

3.防蚁性能

徽州地处皖南，由于气候温和湿润，非常适合白蚁的生长繁殖，白蚁种类多、分布广、密度大。徽州先人采用了一系列防治白蚁的技术，如桐油涂灌、石灰洒灭、药剂喷洒，此外还注意选址的向阳干燥，置木柱于石础上，以及选用含水率低、硬度高、防白蚁性能好的木材等方式进行综合防治，这些措施在今天仍然具有实际意义[1]。此外，可采用水性或油性的现代化学复合配方药剂，进行防白蚁以及防腐、防霉的综合防治，如CCA、ACQ、TBTO等药剂，并通过涂刷、喷淋、浸渍、滴注等方法，增强木材的防白蚁性能。

6.3　现代技术的适宜运用

现代技术的适宜运用，能够体现技术与地域自然、文化、经济的综合效益，现代建筑曾凭借技术优势在全球迅速发展，由于过度重视技术的工具理性和追求效率，忽视地方自然环境引发了生态危机，不顾地方文化特色导致了地方特色的衰落，不考虑地方经济导致了资源浪费，由此引发的诸多问题催生了现代地域性建筑的发展。在生态保护和文化多样性日益被重视和强调的今天，现代地域建筑发展的目标便是在接受使用现代技术的前提下，通过技术的适宜运用，弥合现代技术与地域自然文化生态的关系。国内大量地域建筑案例已经表明，现代技术并非与地域自然人文生态相对立的状态，适当运用现代技术，与地域自然和文化融合，建造具有特色的现代地域建筑，逐渐成为一种共识。

1　陈伟．徽州古建筑中的白蚁防治技术 [J]. 建筑知识，2000（2）：31.

现代技术在地域建筑中的运用已然成为建筑的发展趋势，如何将现代技术因地制宜适宜运用，适应地域自然、文化和经济环境，应是地域建筑发展的所追求的目标。徽州地区的现代建筑技术是从技术发达地区引入的，在引入现代技术过程中，需要对其进行适应性调整，包含结构技术的适宜运用、生态节能技术的适宜运用、整体技术适宜运用等方式。

6.3.1 结构技术的适宜运用

西方工业革命以来，以玻璃、钢铁和高层、大跨结构为标志的现代建筑技术在欧美蓬勃发展，其直接动力是当时资本主义经济和城市的快速发展对基础设施和新型建筑的巨大需求和新要求。与此同时，随着现代结构技术的发展，高层、大跨、悬挑、非线性等结构形式不断发展，结构高度、跨度不断突破，建筑结构成为形式表现的手段，建筑的力学和美学价值得以呈现，但是过度的技术化成为非理性的炫技表演，如中央电视台大楼巨大的悬挑结构，其不尽合理的结构和夸张的建筑形态更是饱受争议。相比而言，伦佐·皮亚诺（Renzo Piano）设计的特吉巴欧文化中心，则是现代技术和传统建筑技术结合的典范，他受到当地的棚屋的启发，萃取出其特色的肋状木结构，并以此为母题以现代建筑技术来建造文化中心。该建筑体现了建筑师对现代技术的适宜运用，对传统文化的尊重，得到了当地居民的广泛认可。正如皮亚诺所说，“建筑的本质意义的获得应通过尊重地域文化，感恩历史遗产，寻得其根”[1]。结构技术在结构工程师的不断探索下不断发展，在与建筑师的合作下呈现出力与美的形态，虽然遵循着其结构自身规律发展，结构技术在地域的适宜运用不仅需要体现技术经济价值，更需要体现地域文化价值，不应看作是和地域文化的对立体，而应看作是结构技术适宜运用的高级阶段。

徽州当代地域性建筑的建造，多层建筑采用常用的现代钢筋混凝土框架技术、砌体结构技术，经过多年的地域探索，与地域文化的融合也逐渐成熟。随着城市的不断发展，对高层、大跨建筑的需求不断增加，而对高层、大跨建筑来说，有其自身的内在规律，如何适应地域环境、凸显地域特色，对地域建筑创作提出了挑战。作者在徽州调研和访谈中，发现人们对待高层和大跨建筑是否应体现地域文化有两类声音。一些人认为，高层、大跨建筑应体现自身的技术性和现代风格，无须体现地域文化，并

1 付瑶，管飞吉．传统与现代的完美结合——特吉巴欧文化中心浅析 [J]. 沈阳建筑大学学报（社会科学版），2008，10（1）：14-18.

以当年花溪饭店作为反面案例。另一些人认为，两者都应体现出地域文化特征，在黄山市城市管理文件中，也对建筑体现地域特色作出了明确规定[1]。

1.高层技术的适宜运用

高层建筑在 100 多年的发展史上，创造了许多辉煌和奇迹，高层建筑在满足城市发展需要的同时，丰富了城市景观，但纵观高层建筑的发展历程和现状，也产生了一些弊端，如生态环境破坏、造价和运行费用增加、城市人性尺度缺失等问题，特别是因地域特色与文化内涵丧失产生了城市面貌趋同。高层建筑在解决人地矛盾和满足城市建设需要方面发挥着巨大的作用，如何在发挥积极作用的同时，与中国及各地区的地域文化相融合，是高层技术适宜运用中亟待解决的问题。

高层建筑有其自身的造型规律，在经历了古典文化、技术文化的阶段后，发展到体现多元地域文化时期，它强调通过与地域文化的结合，形成具有地域文化内涵的高层建筑形态。SOM 事务所设计的上海金茂大厦，其构思源于中国古塔的造型。建筑师按照中国古代密檐塔的特征和比例设计新塔，塔身正方形平面 8 根钢柱外凸，塔身角部以 0.75 米向内收缩，使其包含“树”的变化逐级上升，勾勒出柔和精致而有力的建筑形态，形成一种“纤致性”[2]的效果，也体现出上海特有的气质。贝聿铭先生设计的香港中银大厦，通过斜向切割的方式向空中递减，斜撑和角柱的运用不仅直接传递了荷载，也增强了抵抗风的能力，形成了优雅的形态，也暗含了“芝麻开花节节高”的中国传统文化内涵，形成了结构与文化的高度统一。戴复东先生设计的绍兴震元堂，平面形式呈圆形构图，地面三层高体量逐层外挑形似药罐，剖面空间则借三爻震卦寓意震，从而体现“医、药、易”[3]一体的精神，建筑造型还借用了马头墙的整体轮廓，形成整体跌落的造型，与江南水乡的文化内涵高度吻合。可见，高层建筑的适宜运用，不仅可以通过地域文化中的物质形态体现，还可以通过文化内涵来体现。

高层建筑不宜一味追求建筑高度或者最先进的结构形式，特别是对于中小城市来说更应如此，应根据地域社会经济情况，选择适宜的建筑高度和合理结构形式，并考虑与地域文化的融合。徽州地域高层建筑的探索，始于 20 世纪 80 年代末的花溪饭店，为适应当时的旅游发展，选址在屯溪老大桥头的滨水地块，采用高层与低层相结合的

1　黄山市人民政府办公厅关于印发《黄山市城市容貌标准》的通知 . 黄山市城市容貌标准 [EB/OL].（2018-12-28）. https://zjj.huangshan.gov.cn/zwgk/public/6615727/9258077.html.

2　辜鸿铭 . 中国人的精神 [M]. 南京：译林出版社 .2017

3　戴复东 . 老店、传统、地方、现代——浙江绍兴震元堂大楼设计构思 [J]. 建筑学报，1996（11）：10-12.

建筑布局，并选用框架结构形式。建筑形态考虑地域文化因素，对马头墙进行简化处理后以符号的形式用于高层建筑的上部，虽然体现出一定的徽州地域特色，但因顶部马头墙与高层建筑结合显得比较生硬而受争议。2000 年以后建成的黄山市市政府办公楼、黄山市规划局办公楼，采用了框架结构形式，黄山电信大楼采用了框架—筒体结构，建筑形态采用地域抽象的方式，提取徽州建筑色彩、马头墙、木柱、防火窗等元素，方整的形态和简洁的形体表现出现代高层建筑的特征和徽州地域文化的意蕴（图 6-12）。随着城市的发展，市区高层建筑不断涌现，建筑高度都控制在 100 米以下以适应地方经济，而城市东部新区一些高层多从功能和技术角度考虑，与地域气候和地域文化的结合不足（图 6-13）。城市老城区高层建筑依然沿着经济适宜、文化融合的路径不断演化，其中黄山市政协办公楼、黄山市财政局办公楼、黄山市建工集团办公楼、柏景雅居居住小区等建筑，在经过高层结构技术引入消化以后，通过建筑形态重组、建筑材料置换、建筑色彩融入等方式，呈现出统一而多元的状态，传递出地域文化气息，形成了高层建筑地域适宜发展又一阶段（图 6-14）。

图 6-12　传统抽象

图 6-13　现代传播

图 6-14　多元转化

徽州地域的高层建筑，受技术经济和文化的影响，整体表现较为拘谨；在脱域的环境中，徽州地域文化与高层技术的融合与呈现，则显得更加的开放与自由。同济大学戴复东、吴庐生设计的苏州昆山徽商大厦，总建筑面积 7.6 万平方米，共 24 层。建筑结构采用框筒高层建筑结构形式，通过简洁的造型和玻璃材质体现出现代感，高层建筑的主体和裙房将徽州建筑元素采用简化的形式融入其中，裙房屋顶营造出徽州村落的自然与人文景观环境，赋予了建筑清新脱俗、端庄灵动的整体意象。建筑中庭融入徽州天井空间元素，建筑形态和空间形成了高度统一，体现出设计者对高层建筑技术与文化的深刻理解。徽商大厦是高层公共建筑中体现徽州特色典型案例，也是对“现代骨、传统魂、自然衣”建筑思想的徽州诠释。徽商大厦与闽商大厦相邻，其现代的建筑功能、形态和技术，具有强烈的现代感，同时与徽商和徽州文化的形成内在关联富有企业特色和地域特色，也给城市空间带来了新的文化元素（图 6-15）。

2.大跨技术的适宜运用

大跨建筑技术也是伴随城市发展和技术进步的产物，它提供了满足人们各类活动的大型室内空间，如体育、观演、交通等公共建筑。大跨度建筑的结构与建筑的关联度很高，能够体现建筑的结构艺术美，但结构技术复杂，建筑造价高昂。如果建筑师不尊重结构的内在规律，忽视结构的合理性、造价的经济性以及文化的传承性等现实问题，盲目地用结构“实现”建筑师所谓的想法和造型，容易形成新奇、独特、夸张的视觉效果，面对这些建筑现象，我们应该冷静思考，特别对于中小城市来说，受社会经济、技术施工水平等影响，大跨技术的适宜运用体现在选择适宜的建筑规模、功能组织、空间形态和结构形式，并考虑与地域文化的融合，以取得经济、技术、文化的平衡。

黟县文体中心设计，考虑到黟县人口规模和经济水平的限制，建筑规模控制在 1 万平方米左右，同时采用一馆多用和经济适用的方式，对建筑功能进行复合化和弹性

图 6-15　昆山徽商大厦
资料来源：同济大学高新建筑技术设计研究所

化设计[1]。文体中心立足黟县发展需要，定位满足从市民健身到市级赛事的需要，兼顾举办体育比赛、文艺演出、科普展览、会议办公等多种功能，底层设置外廊，满足黟县山地车运动自行车停车需要。此外，考虑到空间的适用性、节约投资造价、地方施工技术以及场馆的后期运营，采用矩形的简洁建筑形态。大型体育馆功能复杂、空间较大、常用创新材料和技术[2]。黟县文体中心规模较小，为追求经济型、结构合理性和文化性的平衡点，结构和材料的选择结合造型综合考虑。建筑结构选型设计直接影响到建筑造价、施工难度、建筑造型和内部功能。黟县文体中心建筑采用常规和低造价的结构形式，主体采用混凝土结构体系，柱网控制在 8 米，入口部分适当扩大到 10 米。屋面采用常见的平板网架结构形式，最大跨度为 58 米，为利于防雨、遮阳和内部通风，在四周进行悬挑处理。建筑材料选用节约成本和便于施工，以及利于后期维护的环保耐久材料，文体中心材料均选用了常规的现代材料，混凝土、石材、铝板、涂料，天棚采用了金属穿孔板，节省了铺装吸声材料的成本。建筑设备也考虑集中和适宜设置，保证运营全周期的节能环保和节约维护成本。建筑造型对徽州建筑的屋面和墙体进行抽象简化和材料置换，悬挑屋面下百叶窗利于场馆自然通风，整体形态既严谨稳重又飘逸轻巧，符合体育建筑的形态特征。黟县文体中心建成投入使用最终造价约4000 万元，适应了小城市县城的经济、技术和文化现实（图 6-16、图 6-17）。

黄山高铁站站房的设计过程中，建筑师采用适应中小城市的大跨建筑结构策略，采用框架结构，建筑形体简洁稳重减少了能源消耗，建筑结构、材料采用钢结构和石材、

1　李玲玲，梁斌，陈晗，等 . 中小城市体育建筑设计策略——以丹东浪头体育中心三馆设计为例 [J]. 建筑学报，2013（10）：55-59.
2　徐洪涛 . 大跨度建筑结构表现的建构研究 [D]. 上海：同济大学，2008.

图 6-16　黟县文体中心
资料来源：黄山市建筑设计研究院

图 6-17　黟县文体中心外墙和屋顶

图 6-18　黄山市高铁站站房外景

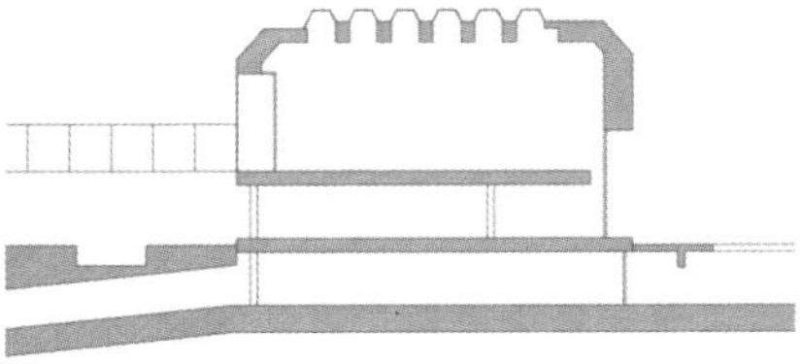

图 6-19　黄山市高铁站站房剖面
资料来源：蒋中贵．黄山高铁站交通枢纽工程总体设计 [C]//2013 城市道桥与防洪第八届全国技术论坛，2013.

玻璃幕墙的常规形式，营造出符合交通建筑功能要求的室内空间，建筑形态通过对黄山山体和云海的模拟和抽象，具有现代感，探讨了体现徽州地域文化的新形式（图 6-18、图 6-19）。

3.预制技术的适宜运用

随着工业化和信息化的推进，建筑的预制技术对社会经济的发展所起的积极作用愈发明显。其中预制装配式建筑技术体系因其工业化生产方式具有多重优势，可以提高质量、缩短工期，还能减少污染、降低造价，与 BIM 技术配合可以实现设计施工一体化。2016 年《中共中央 国务院关于进一步加强城市规划建设管理工作的若干意见》提出，国家大力支持装配式建筑，计划用十年的时间，使装配式建筑占比达到 30%[1]。预制技术与地域建筑的结合中，标准化和个性化一直是一对主要矛盾，通过单元的排列连接逻辑的变化，附加非标准化的构件，以及建筑形式更新等方式，能够起到协调

1　朱晓琳，胡冗冗，刘加平．结合装配式生态复合墙体系的徽派民居节能更新设计 [J]. 城市建筑，2017（23）：48-50.

化解的作用。

九华山德懋堂设计中，通过引进现代木材结构体系，建筑师将徽州建筑与现代木结构（砖木混合结构）应用相结合，采用工厂预制的方式进行建造。其中精品酒店主楼的屋面部分采用木结构，呈现自然质朴的木结构坡屋面与屋檐，形成混凝土与木材混合体系。别墅部分基础采用混凝土结构，主体部分采用现代木结构，外表皮用透气纸材质围护，依然采用了徽州建筑的经典形式[1]。建筑内部现代结构与徽州地域建筑文化的结合，体现了现代木结构技术体系适宜运用的价值和潜力（图 6-20）。

西安建筑科技大学研制了装配式生态复合墙体系的徽州民居，采用轻质复合墙体，全装配式生产施工，运用墙体的被动式保温一体化技术，部品构件采用了工业化生产，建筑管线采用模块化迁入，保证和实现了建筑整体性能和品质。同时，采用太阳能光伏发电、热水供应、污水处理、地暖、新风等适宜性节能技术集成。此外，还考虑徽州建筑粉墙黛瓦和马头墙的地域特色，实现了装配式技术与地域建筑文化的融合（图 6-21）。

4.混合技术的适宜运用

现代结构技术给地域建筑带来了更多选择，按照高度跨度有单层建筑、高层建筑和大跨建筑，按照材料来分则由钢筋混凝土结构、钢结构、木结构等结构形式。多样化的结构形式以合理性和经济性为原则，按照结构逻辑进行混合配合，能够形成更加开放高效的技术体系，从而促进建筑各要素更加合理地配置。

徽州传统建筑中，采用材料复合逻辑和结构混合技术，地面采用三合土或石材。墙身下部采用石材、中部采用砖实砌、上部采用空斗墙，屋面采用瓦材，内部结构采用木材，多种材料和结构体系相互配合，形成了性能优越特色鲜明的徽州建筑。徽州现代建筑中，可选择的材料和结构形式更为多样，能够形成更为丰富多样的建筑形式[2]。位于黄山区的黄山一号独立式住宅，建筑师深入研究传统材料和现代材料的工艺做法，使用混合技术形式，试图塑造出传统和现代混合的材料和技术逻辑。外墙为砖材实墙体系，内侧围绕天井采用预制的玻璃和钢结构形成虚墙体系，外廊的木柱置入钢结构以增加稳定性，也巧妙地置换了传统的木结构。室外地面采用石材，室内采用卵石上铺设木结构。木雕、砖雕、石雕渗透在建筑入口以及墙体的合适部位（图 6-22）[3]。总体来看，建筑通过混合技术的适宜运用，形成了传统与现代、地域与全球的融合。

1 吴春花，卢强．十年德懋堂的文化传承——访德懋堂董事长卢强 [J]. 建筑技艺，2015（7）：24-33.

2 寿焘．抵抗与交融——当代徽州地区建筑创作体系的多维思考 [J]. 城市建筑，2018，276（7）：117-122.

3 孟犁歌，李竹青．黄山一号公馆别墅 [J]. 建筑学报，2010（3）：60-64.

图 6-20　九华山德懋堂轻木结构体系
资料来源：吴春花，卢强 . 十年德懋堂的文化传承——访德懋堂董事长卢强 [J]. 建筑技艺，2015（7）：24-33.

图 6-21　预制装配式技术体系徽州民居
资料来源：朱晓琳，胡冗冗，刘加平 . 结合装配式生态复合墙体系的徽派民居节能更新设计 [J]. 城市建筑，2017：48.

从前述案例我们也可以看出，现代结构技术作为一种进步的力量，本身并没有好坏之分，在生态文明和地域文化的共同指引下，考虑地域现实的前提下适宜利用，才具备促使地域性建筑可持续发展的能力。

6.3.2 生态技术的适宜运用

对先进技术和生态技术的态度，克里斯·亚伯（Chris Abel）认为，先验的价值判断是没有意义的，从来没有像技术这样的一个词语，统治了所有社会中各种因素和关系；在众多技术及其观念中，其中有一些对于保护人类和维护自然环境的平衡方面是不可或缺的，另外一些却破坏了人类和自然的平衡。面对先进技术，人类需要以生态原则对其进行合理选择，而不是不假思索地放弃它们[1]。

1　亚伯 . 建筑与个性：对文化和技术变化的回应 [M]. 张磊，司玲，侯正华，等，译 . 北京：中国建筑工业出版社，2003：227.

图 6-22 黄山一号公馆混合技术体系
资料来源：中国建筑设计研究院．黄山・壹号公馆 [M]．北京：清华大学出版社 2010.

徽州地域自然生态环境优越[1]，现代技术引入徽州地域应注意生态节能，这不仅有利于生态环境保护和节约能源，也具有经济性和可操作性。建筑是能源消耗大户，2015 年全国建筑能源消费总量占全国能源消费总量的 19.93%，2000—2015 年中国建筑能耗总量呈现持续增长趋势[2]。徽州地区属于夏热冬冷非采暖地区，建筑能耗总体低于全国平均水平，通过生态节能技术的适宜运用，能提高现代技术在地域运用的可实施性。现代技术在促进了现代建筑发展的同时，也带来了自然环境破坏等一系列生态问题，随着全球生态意识的觉醒，处理好人与自然的融洽关系已经成为全球共识。此外，徽州地域自古以来重视生态环境的保护，引入现代技术中注重生态节能技术的理念与传统文化具有共同的价值基础。注重生态节能技术的引入，不仅可以取得环境和经济效益，也是对传统文化的传承和延续。生态节能技术的适宜运用，应以开源节流为原则，一方面需要大力发展可再生能源的使用，另一方面需要通过主被动式建筑设计降低能耗，对生态节能技术的态度、根据地域实际情况采取的技术措施，是地域性建筑特色得以凸显的重要方面。

1.发掘可再生能源

可再生能源将得到广泛使用，不仅仅是节约能源的效用问题，而且是地域建筑与地域自然环境的深层关联，地域建筑得以超越表层形态特征，体现出生态价值。对可再生能源的使用，包括太阳能、生物质能、地热能、风能等方面，随技术发展逐渐成为社会主流技术（图 6-23）。

1 周加来，李强．安徽城市发展研究报告 2017[M]．合肥：合肥工业大学出版社，2017.
2 侯恩哲．《中国建筑能耗研究报告（2017）》概述 [J]．建筑节能，2017（12）：131-131.

可再生能源在建筑中的应用，应鼓励各类建筑根据类型和条件采用太阳能、生物质能、浅层地热能等可再生能源。在城市建设实施过程中，通过示范效应进行推广，重点支持办公、学校、医院、酒店等公共建筑使用可再生能源，推进保障性住房、大型公共建筑强制使用可再生能源，多管齐下。黄山市在执行国家建筑节能有关标准规范的同时，2011 年以来结合地域资源制定了《黄山市可再生能源建筑应用实施暂行办法》（2011）、《黄山市人民政府关于推行推进太阳能建筑一体化应用工作的实施意见》（2011）、《黄山市人民政府办公厅关于推进绿色建筑发展的实施意见》（2016）等一系列政策性文件，有力推动了可再生能源的利用。[1]

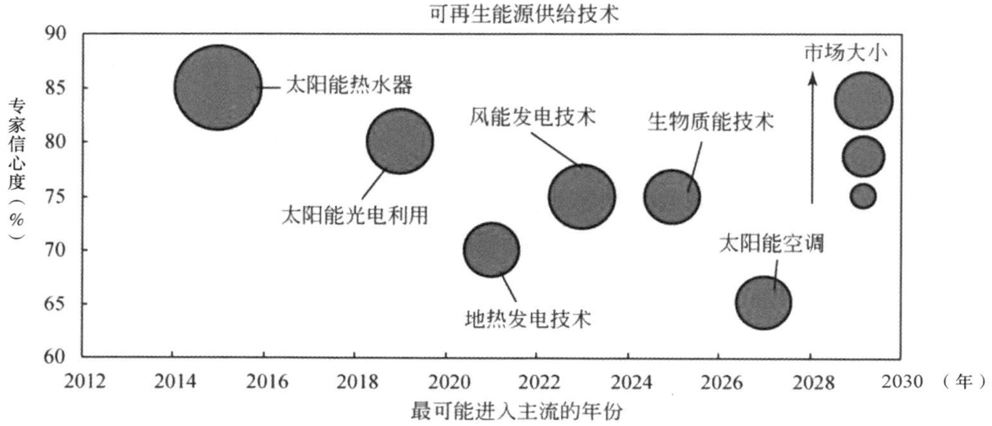

图 6-23　可再生能源技术可能进入主流的年份

资料来源：牛文元 . 中国新型城市化报告 2010[M]. 北京：科学出版社 2010.

1）太阳能

黄山市太阳能资源丰富，太阳辐射总量均值是 4549 兆焦 / 平方米，即使是少数年份也不低于 4400 兆焦 / 平方米，平均日照时数有 1800 小时。黄山地区太阳能资源指数为 4400 ～ 5000 兆焦 /（平方米 • 年），较为丰富，具有很多使用空间，截至 2018 年，全市已建成太阳能光热建筑一体化项目 1000 万平方米。

黄山市休宁县东临溪镇吴景清 2012 年建成住宅，注重太阳能利用，采用太阳能光伏和热水系统，建筑外围护结构采用适宜保温材料，保证了建筑保温隔热效果，突出了绿色生态及环保和可持续发展理念。此外，建筑形式尊重自然山水和传统文化，并力求创新，住户对于该建筑的评价满意度高，“实用美观，采光、通风效果好，现代

1　黄山市住房和城乡建设局 . 黄山市人民政府办公室关于印发《黄山市发展绿色建筑管理办法》的通知 [EB/OL].（2022-10-10）.https://zjj.huangshan.gov.cn/zwgk/public/6615727/10866625.html.

与传统生活方式均兼顾”[1]，该建筑也因此获得 2015 第一批田园建筑二等奖（图 6-24）。

黄山市屯溪区黎阳镇凤霞村建设，项目的总占地面积达 5.7 万平方米，总建筑面积约 8.1 万平方米。该项目采用了建筑与太阳能光热一体化技术、太阳能分户独立式热水供应系统，为 700 多户家庭提供生活热水，建筑设计时即考虑太阳能热水器的热效率和建筑形态结合，形成一体化设计（图 6-25）[2]。

图 6-24　吴景清农房太阳能利用
资料来源：佚名 . 安徽省黄山市休宁县东临溪镇临溪村吴景清农房 [J]. 小城镇建设，2017（10）：96.

图 6-25　太阳能热水系统与建筑坡屋顶一体化
资料来源：李哲申 . 黄山地区可再生能源在建筑中的应用 [D]. 合肥：安徽建筑大学，2017.

2）地热能

地热能是来自地表以下的可再生能源，在当今能源紧缺和生态环保日益增强的情况下，地热能清洁并可再生，其合理开发受到人们的重视，而浅层地热的开发利用更具有经济性和可行性。

黄山市属于浅层地热源丰富的城市，地热源利用前景广阔。黄山市浅层地能分布面积广，地下温度相对稳定，地表 2 米以下温度在 18.5℃～19.5℃之间。经区域内调查显示，黄山市区域内地质条件较好，钻孔易造价低，十分适于采用浅层地热能进行采暖制冷。

此外，黄山市有地表径流流量约 100 多亿立方米，水量丰富、水温恒定，水面 1 米以下水温，冬季在 8℃左右、夏季在 27℃左右，能够提供空调稳定良好的冷热源。市域范围内地表水系网络发达取水方便，水量充足的地方宜首先采用地表水源热泵。黄山市有地下水储量丰富为 10 多亿立方米，水温恒定常年在 18.5℃左右，是空调良好的冷热源[3]。丰富的地能资源，为促进可再生能源发展准备了良好的条件。黄山市目前已建成地源热泵应用项目约 40 万平方米，如黄山皇冠假日酒店整栋建筑全部采用地表水源热泵系统，客房区夏、冬季可同时供热供冷，大大节约了不可再生能源的消耗。

1　佚名 . 安徽省黄山市休宁县东临溪镇临溪村吴景清农房 [J]. 小城镇建设，2017（10）：96.
2　李哲申 . 黄山地区可再生能源在建筑中的应用 [D]. 合肥：安徽建筑大学，2017.
3　李哲申 . 黄山地区可再生能源在建筑中的应用 [D]. 合肥：安徽建筑大学，2017.

地热能虽然作为可再生能源，但对自然水体的水温和清洁具有一定的负面影响，开发过程中应注意开发强度。

3）生物能

目前，世界各国都致力于开发高效、无污染的生物质能利用技术。据预测，生物质能源将成为未来能源的重要组成部分[1]。

黄山市生物能资源丰富，主要包括木竹林业、作物秸秆、牲畜粪便等。黄山市2018年森林面积740.7千公顷，森林覆盖率82.9%，活立木总蓄积量4490万立方米；耕地有效灌溉面积47.28千公顷，粮食产量29.26万吨，油料产量3.17万吨，蔬菜26.72万吨，瓜果类产量3.98万吨；牲畜存栏量29.20万头，出栏量53.06万头，家禽出栏505.35万只[2]。截至2020年，全市畜禽粪污综合利用率达到94.8%，全市有机肥厂4家，年产商品有机肥3万吨；大型沼气工程6个，年处理畜禽粪污1.5万吨，秸秆2000吨，发电量180万度[3]，建设庄里、潜口、唐模、环砂等国家级省级生态示范村百余个[4]，丰富自生物质资源和可再生能源使用的科学引导，保护了自然环境，节约了能源消耗。

4）风能

我国风能资源丰富，主要分布于东北、华北、西北，沿海及其岛屿地区，安徽省的风能功率密度为50～100瓦/平方米，黄山市受特殊地形的影响，风能资源分布于有限范围之内，可利用风能的区域主要分布在歙县东北部、祁门县西北、休宁县南部以及歙县东北部[5]。

2.采用被动节能技术

20世纪采暖空调设备的出现及技术的发展，使建筑可以完全依赖人工设备调节室内气候舒适度，割裂了人与自然和地域的关联，产生了很多“高能耗、低生态”的现

1　马隆龙，唐志华，汪丛伟，等.生物质能研究现状及未来发展策略[J].中国科学院院刊，2019，34（4）：434-442.

2　黄山市发展和改革委员会.关于黄山市2018年国民经济和社会发展计划执行情况与2019年计划草案的报告[EB/OL].（2019-01-20）.https://www.huangshan.gov.cn/zwgk/public/6615714/9429440.html.

3　黄山市生态环境局.我市畜禽粪污资源化利用率达94.8%[EB/OL].（2020-11-27）.https://sthjj.huangshan.gov.cn/zwgk/public/6615736/10009147.html.

4　黄山市环保局.黄山市省级以上生态村一览表[EB/OL].（2019-01-07）.https://sthjj.huangshan.gov.cn/stbh/zrstbh/8751686.html.

5　钱进.皖南“生态”型民居适宜技术研究[D].合肥：合肥工业大学，2010.

代化建筑，这种不可持续的设计范式遭到了人们的质疑和批判，被动式建筑随之出现。被动式建筑是指以地域自然地理、气候条件和社会条件，通过建筑设计，以保证建筑室内环境的舒适性、传统生态建造方式的传承和地域建筑风貌的延续，同时尽可能利用太阳能、风能等可再生能源，实现节约能源、保护生态的建筑[1]。其核心思想是通过建筑师对建筑形式、内部空间与细部构造进行合理设计，对建筑形体、保温、隔热、通风等采取适宜的策略，利用太阳能和风控制室内的温湿度和风环境，提高室内空间舒适度。与此同时，注重运用现代技术原理，挖掘利用徽州传统建筑中的被动技术[2]，可以使现代被动技术与传统技术形成更好的融合，也使得现代技术能够更好地与地域自然和气候形成深层关联。

1）建筑形体

建筑形体是被动式建筑应首要控制的因素，也是绿色建筑设计的重要考核指标，规整的形体能够形成较小的体形系数，有利于建筑的节能。传统建筑中，建筑形体是建筑适应气候的结果，北方四合院利于保暖纳阳，南方的天井利于遮阳通风，北方地床式和南方干栏式建筑形成鲜明对比。徽州建筑在气候和文化的影响下，综合了地床式和干栏式建筑的特点，形成了特有的建筑形体。建筑形体的选择不仅需要考虑气候条件，还应考虑场地条件、地域文化、建筑造型、空间使用等多种因素。徽州地域现代建筑形体多选择方正规整的建筑形体，一方面满足了被动式建筑对体形系数的要求，另一方面也传承了徽州地域性建筑方正规整的形态基因。

2）采暖保温

被动式建筑中充分利用太阳能是常用的采暖手段，如采用阳光房利于采暖、密实墙体利于保温。徽州地域性建筑的天井利于夏季的通风，却不利于冬季的采暖保温，利用玻璃采用可开启封闭的方式保证冬季的采暖保温需要。徽州地域性建筑通过空斗墙构造增加了墙体的保温性能，在现代建筑墙体构造中，可以通过材料和构造的改进，采用加气混凝土双层墙体中间设置空气层的方式，提升墙体保温性能，虽然双层墙体占用了一定的使用面积，但是也减少了外墙保温材料的使用成本以及避免了保温材料与墙体结合易脱落的问题。

此外，被动式技术中的 Trombe 墙体与徽州建筑的结合，不仅能提升墙体的采暖保

1 宋琪．被动式建筑设计基础理论与方法研究 [D]. 西安：西安建筑科技大学，2015.

2 黄志甲，张恒，江学航．徽州传统民居被动式设计技术 [J]. 安徽建筑，2016（5）：34-36.

温，还能体现徽州建筑的特色。在Trombe墙中置入可旋转的百叶帘，形成百叶型集热墙，可翻转百叶帘片的分别涂有高吸收和高反射涂层，在冬季和夏季吸收和反射太阳辐射能，能起到冬季保温、夏季隔热的效果[1]。利用被动式建筑技术，融入徽州建筑的特点，将百叶型集热墙和徽州建筑遮阳（雨）屋檐相结合的设计，在改进了传统太阳能集热墙外观造型的同时，极大提升了冬季的采暖性能和室内房间舒适度，夏季开启外通风口改善了室内通风效果（图 6-26）。

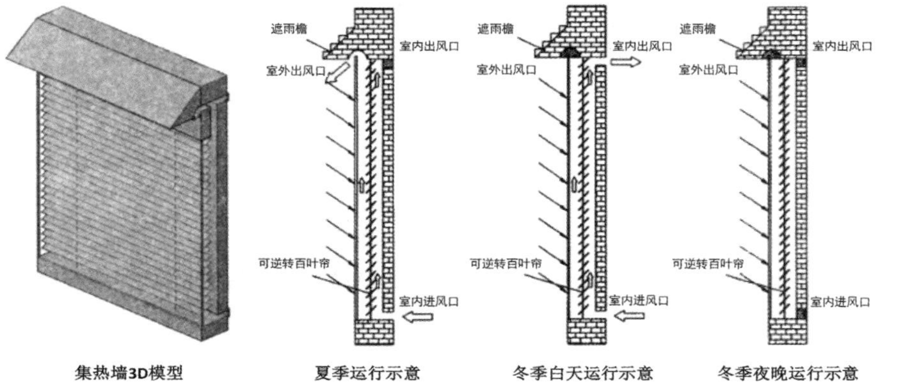

图 6-26　徽派建筑与百叶型集热墙设计
资料来源：王臣臣，何伟．黄山地区徽派建筑与百叶型集热墙研究 [J]. 安徽建筑大学学报，2013，21（5）：97-99.

3）遮阳防晒

建筑防晒遮阳是被动式建筑设计中的一个很重要的途径，传统地域建筑中墙上开窗较小，现代建材及墙体材料提供了多种可能，一是做窗子的遮阳处理，如以格栅，形成遮阳措施，以金属漏网形成叠涩挑檐。二是利用窗体凹入增加窗口的进深，以及外檐或增加外廊方式减少阳光进入的办法，以增加遮阳效果。利用入口凹入形成一个内凹的阴影区，同时也利于形成风道，导入空气，利于空气流通。

合肥工业大学宣城校区教学楼设计中，建筑师考虑到夏季遮阳防晒，西入口大门灰色门框式体块，中间从三至五层逐层向外悬挑 1.5 米形成阴影，在其外立面采用竖向木色百叶装饰，体块逐层出挑不仅有效防止西晒，也表达出传统徽州民居的“门楼”意象，形成建筑对传统地域建筑的应对。西立面设计汲取徽州传统特色的木雕“格窗”进行简化抽象，采用方形模数的木色铝合金装饰“格窗”设置在东西两个外立面上[2]，

1　王臣臣，何伟．黄山地区徽派建筑与百叶型集热墙研究 [J]. 安徽建筑大学学报，2013，21（5）：97-99.
2　郭钦恩，刘彬艳，陶郅．新徽派建筑的探索与实践——合肥工业大学宣城校区一期公共教学楼设计 [J]. 华中建筑，2016（2）：32-35.

每半跨一组嵌入至竖向立面凹洞之中，形成极具标志性和韵律感的装饰“格窗”立面，使立面既具有传统韵味，又体现出时代特征（图 6-27）。

合肥工业大学宣城校区新安学堂建筑创作中，东西侧廊道空间有交通和遮阳防晒的作用，墙体采用砖砌花格窗，满足通风和采光的需要。交通空间与西侧广场，由于外墙的半透明表皮，产生亲密的空间关系，形态错落有致、空间彼此独立、景观相互渗透，花格墙在台阶廊道内的漏影，形成教学楼内独特而舒适的公共交往空间（图 6-28）。

4）自然通风

被动式建筑技术应注重对自然风的利用，风不仅有降低温度、除湿干燥的作用，还能为室内提供新鲜空气。徽州地区由于天气炎热、潮湿，建筑中对通风的考虑显得十分必要。徽州地域性建筑形体可以通过底层架空、增加通风口面积并调整位置，将建筑的朝向面向夏季主导风向，在平面上南北开口形成风压促进空气对流，同时减少必要的室内间隔，以减少空气流通的阻碍及调节通风，可更多地使用穿堂风利于通风和除湿。同时安排一些竖向流通空间并设置成可开启，夏季利用烟囱效应排出室内热空气，达到降低室内温度的目的。建筑的周边设置外廊或者悬挑结构，形成遮阳降低空气温度，同时具有防雨的功能。另外在建筑的适当部位设置庭院空间，一方面可以改善建筑的采光通风，对建筑的物理环境产生积极的影响；另一方面庭院的介入可以提供绿化、水景等景观元素，同时能够调节空气湿度，增加微气候环境舒适度，营造出适应徽州气候的场所与空间。

3.探索绿色生态技术

在徽州当代地域性建筑实践中，也应注意利用当地条件进行绿色生态技术的适宜运用。例如，黄山南大门多层停车楼设计中（图 6-29），首先，建筑师充分利用山地

图 6-27　教学楼一期遮阳防晒

资料来源：郭钦恩，刘彬艳，陶郅，等 . 合肥工业大学宣城校区一期公共教学楼设计 [J]. 华中建筑，2016（2）：32-35.

图 6-28　教学楼二期遮阳防晒

资料来源：郭钦恩，刘彬艳，陶郅，等 . 合肥工业大学宣城校区一期公共教学楼设计 [J]. 华中建筑，2016（2）：32-35.

的地形条件，建筑依山就势，减少了对山体和对树木等自然资源的破坏；其次，针对可能的景观条件将屋顶空间进行绿化，南北外墙做垂直绿化，与周边的森林相融合，与黄山的景色融为一体，将开放空间还给整个景区，提高土地利用率；最后，结构上采用预应力技术，在建筑高度和层高受限的控制下，为利于车辆布置，灵活布置大柱网，保证结构高度，以适应当前和未来机械停车的需求（图 6-30）[1]。

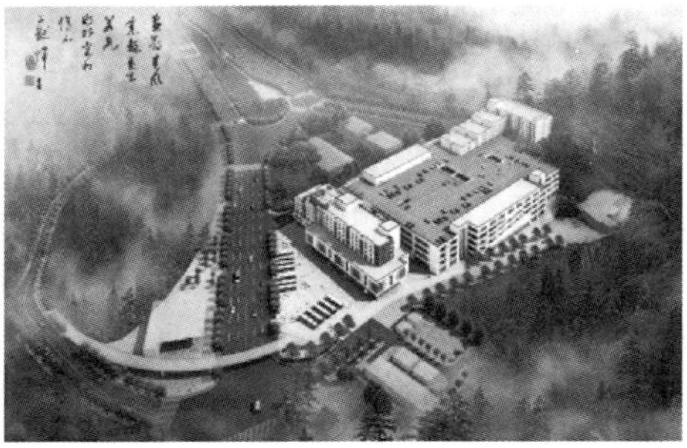

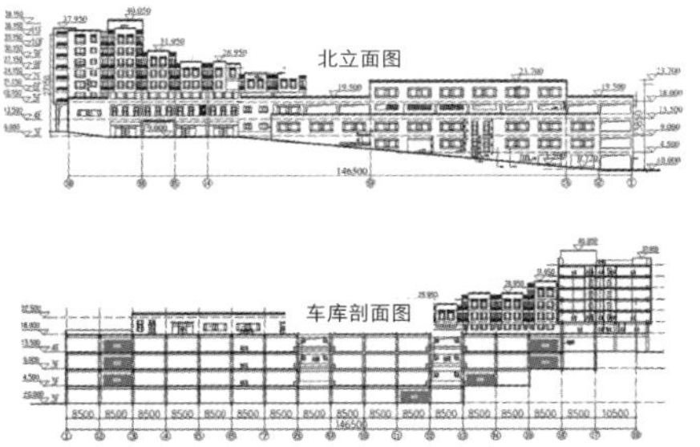

图 6-29　黄山南大门多层停车楼鸟瞰

图 6-30　黄山南大门多层停车楼立面图和剖面图

资料来源：南建林，徐传衡，王凯，等．绿色建筑技术在黄山南大门多层停车库工程中的应用 [J]. 建筑科学，2011（12）：185-188.

6.3.3　信息技术的适宜运用

1.信息数字技术

随着科技进步，人类社会逐渐从工业社会向信息社会演进，网络社会崛起[2]，第四次工业革命来临[3]，信息化成为促进人类文明和社会生产力发展的重要推动力。信息数字技术领域大数据、云计算、互联网、物联网、人工智能、虚拟现实技术的不断开发，城市与建筑领域与这些新兴对象相结合，逐渐形成智慧城市、BIM、智能建造、参数设计、数字建造等建筑信息技术，引领着建筑业向着信息化的生产方式，推动了规划、设计、施工、运营、拆除的全生命周期中，有力促进城市与建筑向着绿色、生态、宜居的人居环境建设发展。在社会的迅速发展和变革中，建筑与信息数字技术的结合，以适应日益复杂环境的需求。

信息社会是人类社会发展的新阶段，信息数字技术面对的是信息的产生和利用，其所处理对象的虽然是信息，但是其应用同样面临着需要与地域社会、经济、技术等

1　南建林，徐传衡，王凯，等．绿色建筑技术在黄山南大门多层停车库工程中的应用 [J]. 建筑科学，2011（12）：185-188.

2　卡斯特．网络社会的崛起 [M]. 夏铸九，王志弘，等，译．北京：社会科学文献出版社，2001.

3　施瓦布．第四次工业革命 [M]. 李菁，译．北京：中信出版社，2016.

现实环境相适应的地域化过程，其目的是促进地域人居环境和社会的生态可持续发展。

中国于 2002 年将信息化首次列为国家发展专项规划，2006 年、2016 年先后发布的国家信息化发展纲要将信息化上升为国家战略。以 BIM 技术为例，中国于 2003 年开始引入“BIM”概念，2007 年“十一五”国家科技支撑计划重点支持 BIM 技术，2011 年、2016 年的建筑业信息化发展纲要明确了将 BIM 作为建筑业发展的重要方向，而一系列 BIM 技术标准的制定则为 BIM 技术的实施提供了重要技术支撑。丁烈云主编的《BIM 应用·施工》（2015），李建成主编的《BIM 应用·导论》（2015），各类 BIM 建筑设计大赛，则有力推动了 BIM 在中国的推广和普及。2008 年的奥运会“水立方”场馆、2010 年的世博会场馆、北京凤凰媒体中心、上海中心大厦的建成，则是对 BIM 技术的建筑全过程应用，充分显示了 BIM 技术的社会经济综合价值[1]。

地域性中小城市以黄山市为例，应注重 BIM 技术的应用，在古建筑保护利用、规划、设计、施工、造价等领域积极引入 BIM 技术。

1）古建筑保护利用

黄山市古建筑数量众多，据全国第三次文物普查统计，辖区内拥有徽派古建筑 13 438 幢（1820 年以前建造）。徽派建筑是徽文化的重要载体，是中国传统建筑文化典型代表之一。黄山市徽派古建筑的保护始于 20 世纪 50 年代，为了更好的保护利用，2016 年开始利用信息数字技术进行数据库（数据库群）建设，对其保护利用、资源管理、质量监控提供技术支撑。利用三维激光扫描仪进行古建筑数据采集，形成点云数据，古建筑三维 BIM 模型，构件、影像以及地理信息数据等数据录入。信息数字技术的采用，大大提高了古建筑保护利用和管理的有效性。目前，古建筑数据以数据群的形式保存，下一步将进行数据平台建设，将各数据通过数据平台，进行录入和管理。同时，通过对地域性建筑的实体和空间语言进行提炼，采用人工智能技术，实现信息化和轻量化。

2）规划设计与施工

BIM 技术对于智慧城市、智能建造、生态文明无疑具有积极意义，BIM 价值被各界人士所认可，研究工作已经深入开展，然而在应用领域，截至 2015 年，我国使用 BIM 技术的项目不到 1%，而且都是一些大型项目，进行正向设计更少，这说明 BIM 技术仍在发展阶段。黄山市作为地域性小城市，2016 年开始推进 BIM 技术，2019 年位于黄山

1　李建成，王广斌 .BIM 应用 导论 [M]. 北京：中国建筑工业出版社，2015.

市经济开发区的黄山小罐茶项目采用了BIM技术，在规划设计阶段均各专业协同设计并进行“碰撞”检测，根据BIM模型进行造价和施工，为项目的造价控制和施工质量提供依据和保证。此外，该项目还采用了屋面雨水虹吸系统、雨水回收系统、TPO防水材料、UHPC混凝土幕墙等新系统、新材料和新技术，推动了地域建筑新技术的发展。2019年11月，黄山风景区北海宾馆环境整治改项目，项目招标中即明确要求采用BIM技术，这也表明逐渐被业主单位认可，也预示着随着BIM从研究到政策，再到市场的逐渐认可与普及的发展规律。同时我们也应注意，对地域小城市来说，在BIM技术普遍采用之前，仍然还存在一定时期的过渡阶段，应根据项目的性质、规模、复杂程度以及技术储备，决定是否采用BIM技术以及哪些阶段采用，这也体现出对技术适宜应用的原则。

3）研究与人才培养

BIM技术的研究与人才培养是推动BIM技术发展重要途径。黄山学院2017年成立BIM研究所开展研究和教学工作，指导学生国家、省级BIM竞赛获奖几十项，建筑类专业开设BIM课程，极大推动了BIM技术的研究和人才培养工作。2018年3月，黄山市首届“建筑工程BIM技术研讨会”在黄山学院建筑工程学院召开，黄山市建筑类企事业单位和学院相关教师共同探讨BIM技术在建筑工程上的应用，涉及设计施工一体化、工程应用、古建筑保护利用以及人才培养等内容。2019年8月，在黄山市建筑设计研究院召开BIM技术在徽派古建筑数据库中应用技术研讨会，探讨通过BIM技术实现徽派建筑信息的可视化和参数化，探索基于PKPM-BIM、Revit和ArchiCAD平台的BIM技术，为徽派古建筑的保护、利用、传承提供信息数字技术支持，提升地方建设管理能力[1]。

2.建造施工技术

由于地方技术条件的限制，现代技术引入的过程中，在保证结构安全的前提下，尽量避免使用复杂的现代先进技术手段。这不仅有利于现代技术在地方的推广和应用，也有利于地方工人的学习和操作。此外，适宜的建造施工技术措施，不仅能降低因施工技术不熟练导致的建筑品质的下降，还便于和地方技术结合形成创新的施工工艺和建筑成果。

婺源松风翠茶油厂的建设中，建筑师出于施工方便和材料选择的考虑，选用了框架为主、砖混为辅的结构形式，降低了施工难度提高了建筑的完成度。绩溪博物馆的施工中，建造由当地的施工和监理队伍完成，当地的施工者虽不再采用传统的施工技术，却也很难达到现代建筑的整体施工水平，但他们依然表现出传统工匠的工艺、智

1　黄山市住房和城乡建设局．黄山市建筑设计研究院召开BIM技术在徽派古建筑数据库中应用技术研讨会[EB/OL].（2019-08-29）.https://zjj.huangshan.gov.cn/zwgk/public/6615727/9264328.html.

慧和热情，与建筑师一道研发出水墙新做法，以及对瓦墙、瓦窗等传统材料的当代创新，赋予建筑“既古亦新”的感受[1]。

3.成本控制技术

“建筑就是经济制度和社会制度的自传。[2]”经济形态包括经济发展模式和发展水平，是地域现实状况和发展的基础，影响着地域性建筑的经济基础和工艺品质。现代技术引入如果超过了地方经济的发展水平，则很难落地实施，因此，在现代技术引入的过程中，应注意进行成本控制，与地方经济发展相适应。现代建筑的建造施工成本，主要包括建筑材料、建筑人工、建筑设备和运行几大方面，而从建筑的整个生命周期来看，还包括建筑的土地成本、拆除回收成本等。与此同时，应该注意的是，对建筑进行成本控制，并不意味着建筑品质的降低，而是应该通过合理利用资源、节约投资，在满足安全、功能、舒适的前提下，同时兼顾生态和可持续发展。

首先，在材料选用方面，应综合考虑材料的获取的方式途径、操作性和经济性。现代材料因为工业化生产，具有成本低、施工快等特点，应选择常规材料有效降低材料成本和施工成本。传统材料的就地取材和循环用材也是降低成本的重要方式，就整个系统的自然生态价值、社会人文价值而言也是合理的。但就地取材以及循环用材，其生产和收集起来再利用需要耗费不菲的人工，在劳动力成本大涨的当下，一些地方材料加工和旧建材利用最后的单价超过现代建材，可以通过现代技术对地方材料进行工业化生态化生产降低造价保护生态，如现代复合木、再生砖等建材的研发和生产。因此，材料选择不能一味追求现代材料或者就地取材，而应考虑建筑材料的成本控制以及自然生态的综合效益。此外，对材料的合理巧妙利用不仅能节约成本，还能提高建筑品质，为此同济大学戴复东和吴庐生提出了“普材精用、低材高用”[3]的理念，并在武汉东湖梅岭工程中进行了实践，获得了良好的效果。

其次，在施工主体方面，中国目前的建设施工仍然劳动密集型行业，大量的建设项目依然靠建筑工人在现场施工。虽然建筑行业现在鼓励建设总承包和设计施工一体化，但对于地域建筑的建设施工来说，应多考虑采用当地的工人，不仅可以降低成本，还可以带动地方就业，促进地方建设水平提高、缩小技术的地区差异。此外，地方工人熟悉地方工艺，与现代建筑技术结合能够形成适合地域的新做法并凸显地域特色。

最后，在建筑设备方面，应多考虑设备选用和日后运营成本的问题，在建筑整个

1　罗四维，周伟．厂内场外——松风翠山茶油厂设计 [J]. 建筑学报，2015（5）：78-79.

2　赛维．建筑空间论——如何品评建筑 [M]. 张似赞，译．北京：中国建筑工业出版社，2006：98.

3　戴复东，吴庐生．因地制宜普材精用凡屋尊居——武汉东湖梅岭工程群建筑创作回忆 [J]. 建筑学报，1997（12）：9-11.

生命周期中，其整个使用成本往往远远高于购买设备的成本。随着社会分工的细化，建筑的日常运营逐渐成为一门专业和行业，对建筑设备的科学选用和合理运营，不仅能节省建设成本，还能减少运营成本，甚至还能获取利润。这为建筑运行提供了管理技术，也为新技术的发展和采用提供了平台。

6.3.4 多种技术的整合运用

由于现代建筑对安全、功能、生态、舒适、文化等多方面的需求，同时需考虑场地条件、经济条件、技术条件、施工条件等众多因素，单一技术往往很难应对，需要对高技术低技术、主动被动技术、生态技术等诸多技术进行整合。通过挖掘传统技术进行改善，引入现代技术进行转化，适应地域的实际情况和条件，使得地域建筑的设计建设中，可满足现代建筑的多种需要。

位于黄山市休宁县的双龙小学[1]，虽然建筑面积仅有770平方米，但是建筑采用并整合运用了一系列生态建筑技术，满足了教师、学生和村民的不同空间使用的要求。建筑师在对现代技术和地域实际情况深入研究的基础上，采用了多种适宜技术和被动式建筑技术策略：①选用合适的结构选型和建造策略。为了不影响教学，采用快速建造施工，采用了预制轻型钢结构，避免使用黏土砖和大块石以减少对自然资源的消耗。建筑主体构件基本在工厂预制加工，施工采用螺栓在现场组装，减少湿作业缩短施工工期。建筑材料考虑能耗和污染最小化，以及可循环利用。②选择适宜的保温隔热策略。外墙围护结构保温设计中，采用岩棉保温板固定在轻钢结构内侧，岩棉板自重轻有利于减小荷载，内保温构造处理能够避免冷桥以提高保温效能。建筑屋面与南向外墙设计为双层中空结构，内外表皮分别采用浅色彩钢板、阳光板，中间是可以通风的空气间层，能较好提高围护结构的隔热保温性能，浅色的阳光板与彩钢板则可减少夏季太阳的辐射量，同样有利于提高围护结构的隔热性能，同时白色的阳光板与白墙能够较好协调。如果考虑空气间层的可关闭，则可以提升冬季的保温能。③选择适宜的自然通风策略。为有效组织室内通风，南北两侧外墙的开窗设置不同高度，尤其是将南墙窗的高度降低到与座位相同，使自然通风路径可以经过座位下部空间，不仅利于改善室内热舒适度，还带来室内环境健康的提高，有助于提高学习效率。④自然采光策略。在教室顶部开设小天窗，墙体开窗面积较大，采用阳光板使光线柔和照度均匀，保证了室内在阴天也有足够的照度和避免眩光，大大节约了用电量（图6-31）。

1 吴钢，谭善隆．休宁双龙小学[J]. 建筑学报，2013（1）：6-15.

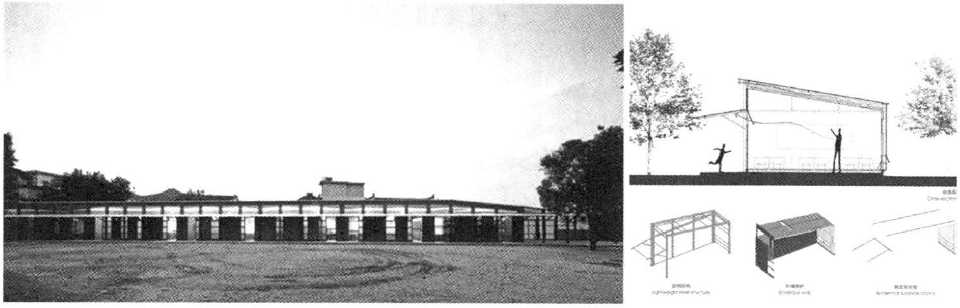

图 6-31 休宁双龙小学整合技术策略
资料来源：吴钢，谭善隆 . 休宁双龙小学 [J]. 建筑学报，2013（1）：6-15.

此外，在建筑策略中，对原有两栋建筑评估后，通过拆除一幢危房新建的方式，新老建筑相望形成传统与现代对话，新建筑由 7 间教室和两端的活动空间组成，并设置遮风避雨的外廊空间（由于学校没有风雨操场，外廊和棚架空间满足了学生雨天户外活动需要），旧建筑改造成生活和教学辅助功能。场地设计中拆除西侧旧建筑，保留的老建筑与新建建筑形成具有围合感的室外空间，为学生提供了尺度适宜的活动空间，为村民提供了氛围熟悉的场所空间。休宁双龙小学由维思平事务所提供资金、设计和管理，设计方整合了诸多社会资源，作为一项援建项目，其可持续性不仅涵盖生态的内容，还成为一项社会公益慈善事业，在满足了建筑使用价值的同时，取得巨大社会效益。

双龙小学采用的现代轻钢结构和岩棉保温板，具有建造快、结构轻、造价低等优势，取得了综合效益。然而需要注意的是，钢结构和岩棉保温板作为现代社会的工业化材料需要在城市工厂中制作加工，建筑使用维修也需要现代材料和工艺，拆除后如何处理，在生态主导的乡村地区存在局限和环境影响[1]。钢结构在城市中被视为绿色建材，在乡村地区是否也能作为绿色建材并大力推广，而现在乡村地区钢筋混凝土材料的广泛应用对生态环境的负面影响，都值得专家学者和建筑师的深入思考和研究。作者认为，随着我国生态文明和乡村振兴战略的实施，绿色建材的使用应注意其适用的范围和地区，对于资源丰富的乡村地区来说，木材、竹材、生土等作为可再生的建筑材料[2]，对其科学化、资源化、生态化利用，发展现代木结构、竹结构、生土结构等技术，是适应生态文明和乡村地区建筑和环境可持续发展重要途径。

1 樊魁，蒋玉川，何传书 . 我国新农村建设中建筑垃圾污染现状及改善对策 [J]. 安徽农业科学，2012，40（17）：9448-9450.

2 徐娅，杨豪中 . 新农村住宅环保建筑材料的选用 [J]. 安徽农业科学，2011，39（13）：7923-7926.

与此同时，城市和乡村材料和技术使用应制定差异化政策，积极发展适合城市建设的绿色建材和技术，严格控制不可再生乡土材料在城市中的使用，鼓励乡村地区采用可再生乡土材料和技术。

6.4 小结

本章探讨了基于技术适宜的徽州当代地域性建筑设计策略，首先对技术与经济因素与地域性建筑的关系进行了阐述，技术经济作为经济基础和实现手段，但由于其通用性并非地域性建筑的决定因素，而是受到自然与文化的多重影响并与其协调的结果。当代地域性建筑设计，应提倡与自身技术经济环境相适应的策略，适应地域实际情况，凸显地域特征。在此基础上，通过对适宜技术的概念和特征的论述，提出地域性建筑设计应以生态可持续发展为目标，以适宜技术为原则适应当地自然、文化、经济、社会等现实情况，通过传统技术的适宜改善、现代技术的适宜运用以及多种技术的整合运用等策略，以最少的资源换取最大效益的技术选择。

地域性建筑对现代设计理念的适应，最大的困难在于科学技术，而实现地域性建筑的生态和特色目标也在于技术，从而使技术更有力地推进地域性建筑的发展，这要求建筑师扩大视野，因地制宜地选择适宜技术，综合利用建筑技术、环境、生态等方面的新技术，提升地域性建筑的整体品质，这在当今技术革命的时代极其重要。科学化和地域化从来就不是对立的，现代技术的适宜应用仍然是地域性建筑设计的重要观念，是应当继续坚持的技术方向。当代地域性建筑必须鼓励以全球化的现代技术与地域化的地方技术的融合发展，通过适宜技术理念的支持，设计出具有积极意义的地域性建筑。

本章深入论述了引入适宜技术理念的徽州地域传统建筑技术的适宜改善和现代技术在地域的适宜使用，通过挖掘传统技术的经验与原理，对其进行现代改善，不仅保留了大量传统技术信息，还大大提升了建筑结构安全、物理和防护各方面性能，使建筑适应现代社会生产生活的使用要求。现代技术的适宜运用，是在生态可持续的指引下，通过对现代技术的适宜运用，弥合现代技术与地域自然、文化生态的紧张关系。现代技术、传统技术在地域建筑中的适宜运用已然成为发展趋势，对现代结构技术、生态节能技术以及多种技术的整合运用，使其适应地域自然、文化和经济环境等诸多因素，并获得地域性建筑的现实建造。

第 7 章

徽州当代地域性建筑设计方法与实践

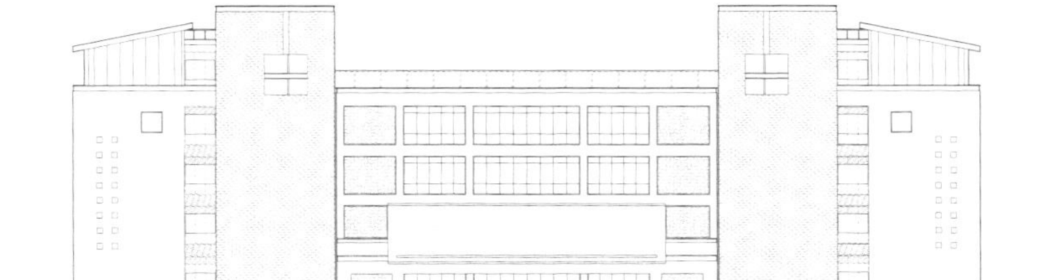

徽州地域性建筑在地域自然、文化、技术环境的影响下，呈现出环境适应和特色鲜明的地域性特征，这些特征对本地人有强烈的认同感和归属感，给外地人又有强烈地域特色的印象，体现出以自然为本、以人为本的内在价值。本章以地域性建筑设计理论为基础，归纳总结出“自然共生—文化融合—技术适宜”的徽州当代地域性建筑设计方法，并通过设计实践进行验证。

7.1 “自然共生—文化融合—技术适宜”的地域性建筑设计方法

地域的自然、文化、技术环境是既独立又统一的有机整体，对地域性建筑设计具有独立又综合的影响。对建筑设计来说，由于建筑的地域性、地点性、对象性，每个建筑都将面对不同的自然、文化和技术环境，而且受到不同程度的影响。建筑师对此需要有清醒和深刻的认识，充分挖掘地域环境的内在信息，将其融入地域性建筑设计，并处理好地域共性和地点个性的关系，在传承传统地域性建筑特征的同时，积极融入现代文明，设计建造出传统和现代相融合、地域与全球相融合的统一而多元的地域性建筑。

7.1.1 自然环境适应——自然共生

自然环境维度，在对自然共生的阐释和徽州特殊的自然环境探讨的基础上，注重建筑与自然环境地形、气候和资源三个基本要素的和谐共生，地形影响了建筑的整体构成、构筑方式和建筑形态，气候影响了建筑的总体布局、建筑空间和界面形式，资源成为建筑的构成基础和环境关联，不仅是体现建筑地域性特征的基本条件，也是建筑与自然环境可持续发展的内在要求。在地形条件综合适应方面，通过地形地貌的灵活适应、场地形态的秩序建立、防灾减灾的绿色理念的适应策略，适应山地丘陵的地形条件。在气候条件的整体适应方面，通过群体布局的气候适应、建筑形态的气候适应、建筑界面的气候适应的适应策略，适应夏热冬冷的气候条件。在地域资源的合理利用方面，通过地域材料的适宜运用、自然景观的特色营造、日照光影的空间表达、地域植物的合理运用的适应策略，适应丰富多样的地域资源。地域的自然环境是人类生存和地域性建筑的载体，通过适应地形、适应气候、适应资源，实现建筑与地域自然环境的和谐共生。

7.1.2 文化环境适应——文化融合

文化环境维度，在对文化融合的阐释和徽州独特的文化环境探讨的基础上，注重建筑与文化环境文脉、审美、生活三个要素的有机融合。在建筑文脉传承融合方面，通过城镇肌理的传承延续、建筑形态的现代表达、建筑空间的地域营造、建筑材料的地域表现、传统元素的提炼运用的适应策略，适应地域文脉传承。在审美特质地域表达方面，通过整体有序的环境观念、严谨丰富的形态意象、淡雅朴素的装饰品位的策略，适应地域审美特质。在生活方式的现代融入方面，通过城镇居住的地域营造、乡村人居的适应更新、休闲活动的空间生产的适应策略，适应生活方式的更新。地域的文化环境是人们在地域自然环境中的生存方式和价值取向，通过建筑文脉传承融合、审美特质地域表达、生活方式现代融入，凸显建筑的地域性特征，实现建筑与文化环境的有机融合。

7.1.3 技术环境适应——技术适宜

技术环境维度，在对技术适宜的阐释和徽州现实的技术环境探讨的基础上，论述技术经济对地域建筑的有力推动作用，注重建筑与技术环境传统技术、现代技术和多种技术的合理运用。在传统技术适宜改善方面，通过结构性能的适宜改善、物理性能的适宜改善、防御性能的适宜改善的适应策略，适应传统技术改善。在现代技术的适宜运用方面，通过结构技术的适宜运用、生态节能技术的适宜运用、其他技术的适宜运用，适应现代技术应用。多种技术的整合运用，适应适宜技术的整体应用。地域的技术环境是人们在地域自然和文化环境中生存的实现手段，通过传统技术的适宜改善、现代技术的适宜运用、多种技术的整合运用，实现建筑对技术环境的合理适应。

7.1.4 自然、文化、技术的整合

地域性是建筑的本质属性，地域性建筑以地域的自然环境为承载与自然共生、在文化的引领下与文化融合，通过适宜的技术手段实现建筑与环境的地域建造，以实现人们在特定地域环境中的理想栖居，在这一过程中，地域性建筑设计应对地域自然、文化、技术环境形成的整体环境进行综合性适应，这不仅是凸显地域性特征的重要途径，更是实现人居环境生态可持续发展所必须遵循的内在机制。

以下结合实践项目对徽州当代地域性建筑设计进行进一步探索，中共黄山市委党校设计侧重探讨了与自然环境适应的地域性建筑设计问题，歙县徽州历史博物馆侧重探讨了与文化环境适应的地域性建筑设计问题，黄山市建筑设计研究院办公楼侧重探讨了与技术环境适应的地域性建筑设计问题，虽然各项目有所侧重，但是设计的目标是对自然、文化、技术的整体综合地适应协调，从而凸显地域性特征，实现生态可持续发展[1]。

7.2 自然共生融入环境——中共黄山市委党校设计

项目于 2016 年 7 月至 2016 年 12 月设计，2018 年 10 月竣工。

中共黄山市委党校原校址位于黄山市屯溪区阳湖，由于教学场所有限，决定另选校址新建，经多次调整，新校址位于屯五公路与学院路交会处，与黄山市职业技术学院（同济大学建筑设计研究院有限公司设计）毗邻（图 7-1、图 7-2）。四周丘陵起伏，满山松柏，环境宜人，当人们身处其中，自然地对场地内外优美的环境产生注意，特别是场地北侧的山体，成为设计一开始就确定为予以保留的重要自然元素。校址位于黄山市西郊，周边村落星罗棋布，显著的地域文化和建筑肌理特征，给建筑设计提出了体现地域文化的内在要求，也提供了思想资源。

建筑设计以徽州地域性建筑的自然共生为出发点，希望建筑群体能更好地融入自然，掩映在山林环境中，同时以现代语言传递地域文化气息和建筑的性格特征，实现建筑与自然环境、文化环境和技术环境相互融合。

图 7-1　中共黄山市委党校周边环境
资料来源：作者根据高德地图改绘

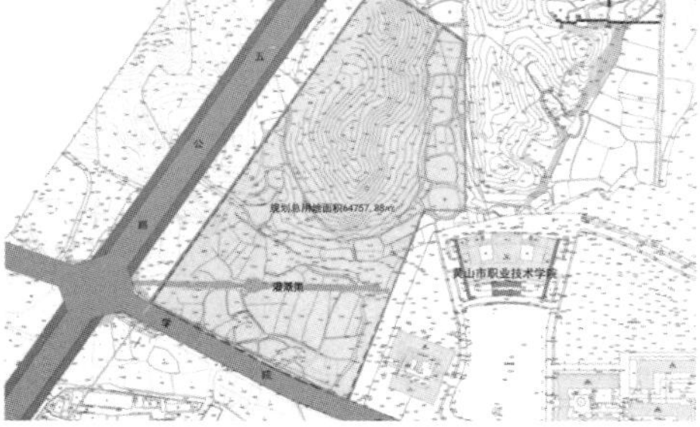

图 7-2　中共黄山市委党校用地现状
资料来源：黄山市建筑设计研究院

1　其中：中共黄山市委党校和徽州历史文化博物馆为作者参与项目，感谢黄山市建筑设计研究院提供相关资料。

7.2.1 总体布局自然共生

校园用地为山地丘陵地带，地势北高南低，平面形状呈不规则形。地块北侧为一山体，南侧为缓坡林地，一条灌溉渠自西南向东穿越地块，场地整体环境优美。总体布局考虑场地的整体自然环境，确立保护北侧山体，尽可能多地响应自然环境条件，形成与自然环境的共生。

1.总体布局融入环境

校园总体布局充分利用周边自然环境条件，营造庄重清幽的校园氛围，体现党校建筑及群体特征，也与传统村落和书院氛围具有内在的关联（图 7-3）。建筑群体布局延续了徽州传统村落背山面水、集中紧凑的整体格局，保护北侧山体，对场地内灌溉渠进行改道理水处理，建设区集中设置在南侧场地相对平坦区域，结合地形形成两级台地。总体布局以会议中心为中心，形成“一轴一核三区”的空间结构（图 7-4）。“一轴”为南北轴线，仪式广场—会议中心—崇正学堂；“一核”为地块北侧的保留山体—绿核；“三区”为南部中部集中设置教学、教研、会议区、生活区，北部利用场地条件设置拓展训练区。轴线空间建立了场地的自然和文化秩序，形成中正庄重具有仪式感的空间氛围，建筑群体的灵活布置和院落的穿插，又为整体空间注入一种自然的空间因素。在满足使用功能的前提下，采取集中—分散式布局方式，并尽可能减小建筑体量，降低建筑高度。整体集中的布局，提高了土地的集约利用，在各单体增设庭院空间，提升环境的空间渗透，易于将自然山体和环境引入校园整体环境，也减少了建筑对周边环境的影响（图 7-5）。从功能来看，整体布局力求合理便捷并满足人的使用要求，各建筑布局紧凑联系方便，营造出严谨有序的校园环境和安宁静谧的校园氛围。从空间来看，希望校园与自然有更多的融合，并借鉴徽州村落祠堂和书院布局，营造礼仪性和生态性的校园环境。

2.空间景观融入环境

校园空间环境景观的营造在于有机融入环境，南侧为校园主入口空间，采用对称严整的布局方式，以形成庄重、大气的格局。中部会议中心和东西两侧的教学楼和图书馆，共同围合出入口的仪式性空间。生活区空间则以多样的院落空间进行组织，为学员提供了生活和交往的场所，体现出生活空间的自由开放，庭院空间将自然因素引入，形成自然的渗透，提升了建筑的采光通风和景观环境。

图 7-3　中共黄山市委党校与自然环境共生关系
资料来源：黄山市建筑设计研究院

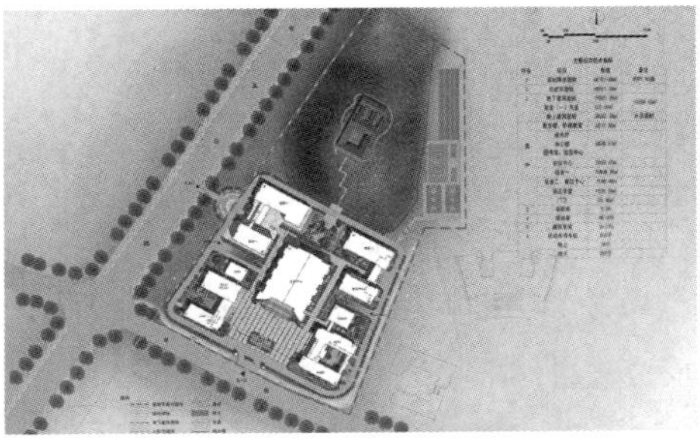

图 7-4　中共黄山市委党校总体布局
资料来源：黄山市建筑设计研究院

图 7-5　中共黄山市委党校主入口处与自然环境共生关系
资料来源：黄山市建筑设计研究院

校园空间景观，通过点线面状空间，形成景观的开放与内聚的不同层次。步行道与观赏性景观结合，机动车道与行道立体景观结合；各个单体内部庭院等面状空间设置集中绿化场地；在教学楼前场地、宿舍楼之间、庭园等处设置点状装饰绿化。校园的绿化景观重视植物选用的混合性和立体性，注重乔木、灌木、花草不同类植物的混合种植，注意场地不同位置、高差以及植物高低的立体种植。同时，注重采用徽州地域植物和季节性乔灌花植物，营造出四季常青、四季有花的绿化景观，体现地域特色。步行道从广场，经过景观步道，再到山顶和山脚步道，结合绿植、小品等景观元素形成从开放到私密的时空感受，产生如园林般的曲径通幽氛围，提升了校园整体空间的景观层次和环境品质。

7.2.2　建筑群体肌理传承

1.群体空间传承

徽州传统聚落的群体空间大、中、小各类建筑，与院落、街巷、坦等外部空间共同形成徽州地域建筑的整体空间，并形成主次分明、方正对称等空间特征。中共黄山市委党校尊重并发扬地域文化特色，五栋建筑单体采用同构形态，其群体组织方式从徽州传统聚落提炼出群体空间原型特征（图 7-6），采用“一主四从”的空间布局，各组建筑外部形成广场—院落—街巷的外部空间，与传统聚落空间和布局形成同构性组织形式，营造出具有地方特色又不失现代气息的现代校园聚落空间（图 7-7）。

图 7-6　徽州传统聚落空间原型
资料来源：作者根据高德地图改绘

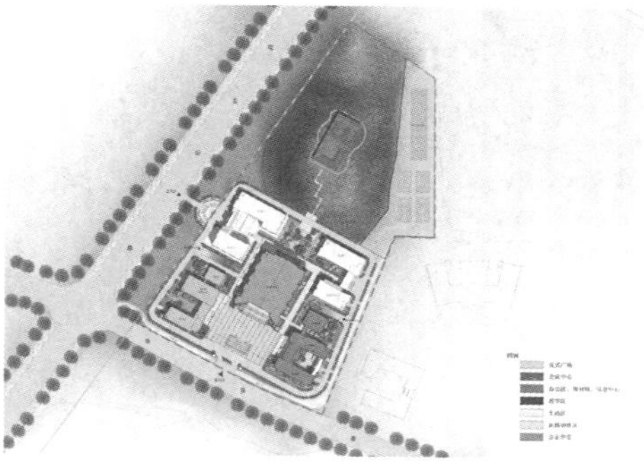

图 7-7　中共黄山市委党校校园空间转化
资料来源：黄山市建筑设计研究院

2.建造策略传承

徽州传统村落是经过长时间居民的建设自发生长的，具有自发性、丰富性的特征。而现代建筑一般是在短时期一次性设计建成，具有强烈的统一性标准性特征。为增加校园群体的空间丰富性，在校园空间的营造中，一方面汲取传统聚落空间多样性的特质；另一方面，通过团队协作多人参与的方式，在建筑负责人总体协调的前提下，每一组建筑由不同的建筑师负责，最终各组建筑形成统一整体，又具有丰富多样性的建筑单体形态，更大程度上趋近传统聚落空间的群体同构关系，延续了地域的环境文脉。

7.2.3　建筑单体文化融合

校园的整体布局对自然环境的有效合理利用，不仅使建筑与环境形成融合关系，也是对徽州传统聚落与自然共生、天人合一理念的文化延续，使其具有现代的价值和意义。建筑单体在满足现代功能使用的同时，同样吸收了徽州传统地域建筑的文化内涵，通过紧凑使用的功能设置、特色简洁的形态控制以及生态特色的细部建构等策略，以期实现传统与现代的对话与融合。

1.紧凑实用的功能设置

徽州传统聚落和建筑依山傍水，在营造中尽可能减少对自然的干扰，形成背山临水的高密度人居环境，建筑功能体现出紧凑实用的特质。中共黄山市委党校校园由会议中心、教学楼、图书馆、学院宿舍，以及崇正学堂迁建组成，规划设计中通过保留山体，水体改道，主体功能集中设置在场地南部平坦区域，并设置一定数量的地下停车位，减小对自然干扰的同时提高土地综合利用率，实现了紧凑的总体功能设置。

校园单体的功能设置，同样体现了紧凑实用的功能设置特质，会议中心采用以大礼堂为中心，东西两侧设置各类中小型会议室，实现了空间高效利用，并通过对中小型会议室的形体处理，削减了礼堂的巨大体量从而形成了近人尺度的建筑界面。其他建筑单体，均以紧凑实用为原则，以院落为中心组织建筑功能，化解建筑体量，采用合理工整的室内空间和便捷高效的交通组织，充分提高空间利用率（图 7-8、图 7-9）。

图 7-8　会议中心紧凑实用的功能设置

图 7-9　其他建筑紧凑实用的功能设置

2.特色简洁的形态塑造

徽州传统地域建筑形态简洁，与现代建筑对简洁形态的要求具有内在的一致性。中共黄山市委党校在建筑形态塑造上，采用现代建筑的简洁形态，通过对传统建筑墙体、屋顶、色彩等元素的提炼并重复运用，突出了建筑的整体性，呈现具有地域特色的形态特征（图 7-10）。

校园建筑形态强调形体的组合，通过对称均衡、虚实对比、围合通透等方式，利用现代建筑的美学原理，以几何构图形式对形体进行分解组合，化解建筑体量营造宜人尺度，营造出既庄重严肃又富有生活气息的校园环境。主入口处中心的会议中心，与教学楼和图书馆，以及生活宿舍，均采用对称均衡的建筑形态，形成庄重的建筑特质。建筑通过几何形体的穿插与衔接，窗与墙的虚实对比，玻璃与实体的对比，形成了错落有致的空间形态和虚实变化的建筑形态。建筑单体注重形态、空间、色彩、质感的统一和对比组合，形成高低结合进退有序的整体形态，同时也将地域建筑元素融入整

（a）会议中心　（b）教学楼　（c）图书馆　（d）宿舍

图 7-10　中共黄山市委党校校园建筑

个建筑风格之中，突出了建筑的地域个性。

相对于徽州传统地域建筑，中共黄山市委党校建筑是公共性的大尺度空间与建筑群，设计时采用了统一的单坡屋面与平屋面结合的形式，以消解大空间、大体量，单坡屋顶与玻璃体共同形成增加了建筑的飘逸感。远远望去，建筑群层叠错落，体现出徽州传统地域建筑的整体意象。建筑材质与色彩的选择，采用白墙青砖灰瓦，这既是对党校庄重素雅建筑氛围的适宜表达，也是对徽文化理解的传承与尊重。大面积白色墙面和深灰色石材产生强烈的色彩对比，局部玻璃体点缀其间又产生强烈的材质对比，连续的竖条窗和不断重复的建筑符号构成了整体的校园环境，共同形成简洁素雅的建筑品格。

《黄山市城市控制性详细规划通则》（2019）规定，“建筑风貌控制坚持徽派建筑特色，体现‘精巧、雅致、生态、徽韵’特征，建筑色彩以白、灰色为基调，不得大面积使用红、黄、蓝、绿等艳丽色彩，不得追求‘大、洋、怪’”，为新徽派建筑设计提供了限制约束和创新空间。规划部门、业主对建筑如何体现徽派建筑特色，在色彩上能形成共识，但是对于形态没有预设。在建筑形态最终确定过程中，设计小组以地域性建筑理论为指导，通过对传统徽州建筑马头墙、天井、坡屋顶等元素的提炼重构，并提供了多方案，最终确定方案体现出适应时代精神和地域文化的双重要求，也获得了规划部门和业主认可（图 7-11）。

(a) 传统　(b) 现代地域性　(c) 现代

图 7-11　中共黄山市委党校方案比较
资料来源：黄山市建筑设计研究院

3.生态节能的细部建构

设计中将生态节能作为一条重要原则，为了降低能耗节约能源，校园采用紧凑而通透的布局，提升了建筑的自遮阳效果和通风效果。建筑采用集中紧凑的建筑形体，减小了建筑形体系数。建筑庭院设置成三合院，形成类似“天井”的空间氛围，有利于建筑整体的通风和采光，降低了夏季空调使用。建筑平屋面部分结合可再生能源利用设置了太阳能热水系统，同时减少了太阳的对墙体和屋面的直接辐射。东西向墙体采用了实墙和构架处理，南向外墙界面采用凹阳台设计，起到遮阳的效果，同时将空调架结合立面统一设计，并用铝合金材料制作成传统图案的格栅，实现了现代功能和传统文化的融合。建筑立面采用了竖条凹窗的设计，使室内空间光线更加柔和，起到了综合遮阳的效果，增加了建筑的厚重感与历史感。此外，各建筑入口均采用了凹空间边庭处理，形成从室外到室内的空间过渡，同时形成了气候缓冲区，有效地提升了室内环境品质（图 7-12）。

材料选择上大部分选用常规现代材料，建筑主体结构材料采用钢筋混凝土，墙体材料采用蒸压加气混凝土砌块，部分位置采用钢和玻璃。景观挡土墙和栏杆，选用了当地的石材，并采用现代工艺和传统图案加工，营造出地域文化的氛围。常规材料和地方材料的选用，大大降低了施工难度有效控制了造价，提升了建造的品质，适应了地方经济和技术现实。

(a) 屋面太阳能综合利用　(b) 东西立面实墙和构架　(c) 南立面外墙综合遮阳

图 7-12　生态节能技术的细部建构

7.3 文化融合山水人文——徽州历史文化博物馆设计

项目于2017年4月至2018年12月设计，2021年9月竣工。

歙县，秦始置县，古称“新安”，自隋唐以来，历为州治、府治所在地，史称“徽州府”。歙县是古徽州政治、经济、文化的中心，徽州文化的主要发祥地。歙县徽州古城1986年即被授予“国家历史文化名城”称号，是中国保存最完好的四大古城之一（其余为云南丽江、山西平遥、四川阆中）。

歙县博物馆始建于1958年，馆藏藏品丰富、品级高，但原有建筑面积小、馆舍分散，设施简陋，无法满足藏品的保护和展示需要，拟定新建“徽州历史文化博物馆”。新馆选址提出三种方案，经过反复比较，考虑到博物馆的功能用途及其对古城发展的重要作用，最终选址在徽州府衙南侧地块，地块自然环境优越，人文环境丰富，不仅具有服务范围大，交通便捷等优势，对于古城的结构更新和环境提升等方面具有多种积极作用和协同效应。

7.3.1 历史融合文脉延续

博物馆场地位于徽州府衙南侧，东至打箍井街、南至石头屋路段、西至瓮城及城墙、北至府前街，属于《歙县国家历史文化名城保护规划》中府衙历史文化街区核心保护范围，规划总用地面积10 064平方米，建设面积10 000平方米。

博物馆场地位于徽州古城西南侧，具有山水环绕、文脉丰富两大特征。四周山水格局极佳，东望斗山、乌聊山、问政山，南望西干山，扬之河、富资河、丰乐河、练江汇聚于此，环绕而过，形成山水环绕的自然景致。场地周边人文环境亦盛，紧邻南谯楼、古城墙与太平桥（正在联合申遗），与徽州府衙相望，周边还有东谯楼、仁和楼、许国石坊、徽园等历史人文建筑，四周民居建筑密集，街巷空间肌理丰富完整。优越独特的自然环境与人文环境，为博物馆的建设提供了难得的环境背景（图7-13）。正如彼得·卒姆托所说：“在生活中，一切可感知的事物都可能成为设计建筑的养分，生活的记忆也可成为建筑设计灵感的来源。建筑的特征源于环境、背景与文脉，对自然的琢磨、对传统的学习，领悟后的现代表达，细心的观察和捕捉当地居民的生活细节。[1]”

1 卒姆托．思考建筑[M]．张宇，译．北京：中国建筑工业出版社，2010.

设计中充分考虑场地的限制性条件，挖掘场地优越的自然和人文环境信息。首先，保持徽州古城的整体环境，将博物馆作为徽州古城的一部分，使之充分融入古城景区，成为古城游览的一部分，特别是与紧邻的古城墙、南谯楼和府衙形成相互依托的对话关系。同时尊重古城肌理，通过化大为小、化整为零的方式，尽量降低博物馆的大体量，通过空间组织和形态呼应，延续古城肌理，与周边环境相融合。对于建筑的地域性表达，在传承徽州传统建筑的基础上，进行适度创新，无论是平面功能、空间组织、建筑形态，基于徽州传统建筑特质并体现时代特征。

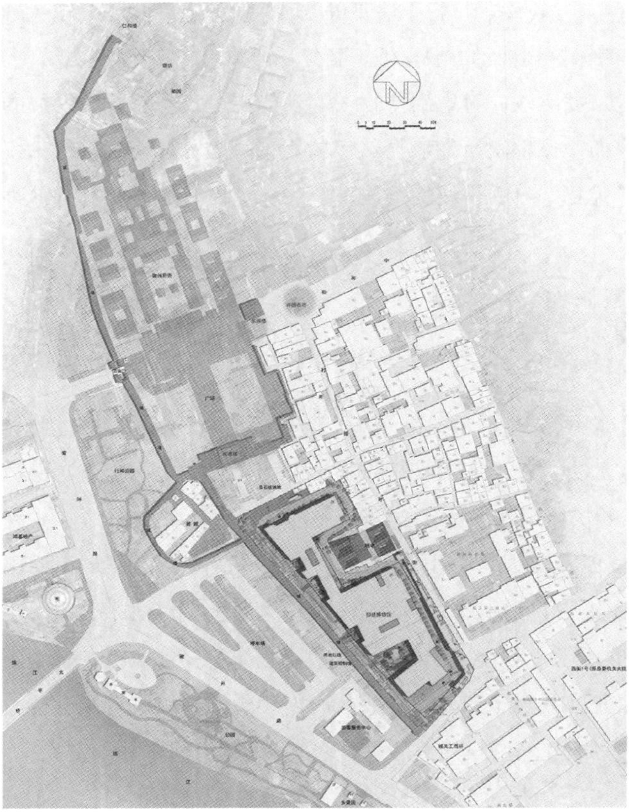

徽州府衙

南谯楼

阳和门

许国石坊

图 7-13　博物馆环境条件

资料来源：黄山市建筑设计研究院

7.3.2　聚落建筑空间转化

地域性建筑设计通过轴线控制和肌理延续，可实现空间从传统到现代的转化。博物馆与府衙隔着南谯楼相对，由于博物馆和府衙的轴线并非直线，在博物馆入口处和主体位置，形成了两次转换，通过轴线控制和转换形成两者的对话关系。场地空间不规则，设计中充分利用场地合理设置主体展览空间，并充分利用不规则地形的形成辅助空间。建筑主入口和次入口，形成对称均衡的仪式性空间，东西两侧通过建筑形体与古城墙和街区的围合，形成灵活多变的庭院空间，丰富了建筑界面，也形成与古城墙和街区的和谐关系。

博物馆建筑空间从徽州地域建筑以及周边建筑肌理抽取原型，总体空间布局延续周边建筑肌理，对肌理中“井”字格局进行水平延伸，构建“街巷”空间中的多变路径，从而形成“延续肌理”的整体布局，达到归于自然、大隐于市的境界。建筑内部空间引入徽州传统建筑的天井、院落空间，形成两处广场、三处庭院，多处天井的空间系统，并通过参观廊道进行串联，形成曲折、迂回的街巷意象线形空间，从而完成传统空间的现代转化（图 7-14）。博物馆通过建筑尺度延续古城肌理，对聚落空间中街巷、院落、天井的空间的转化，使得整个建筑群和谐地融入徽州古城的肌理当中（图 7-15）。

博物馆流线组织与空间紧密结合，形成上下起伏和水平延展的行进逻辑，犹如进入徽州自然山水和村落的空间感受。观众从北侧主入口进入到进厅中，在此通过寄存、领票之后通过安检进入到参观过厅，顺着台阶上至二层，依次参观序厅、基本陈列展厅一、基本陈列展厅二，之后通过台阶下至一层依次参观基本陈列展厅二、基本陈列展厅三、尾声，再通过台阶下至负一层依次参观专题展厅一、专题展厅二、儿童展厅（模拟考古区）、临时展厅一、临时展厅二，之后再通过纪念品商店，结束主要参观流线。博物馆流线的多维空间组织，为不大的展馆串联出丰富的室内外空间序列，延长了参观时间，也提升了展馆空间的趣味性和可观赏性，丰富了观众的空间体验。

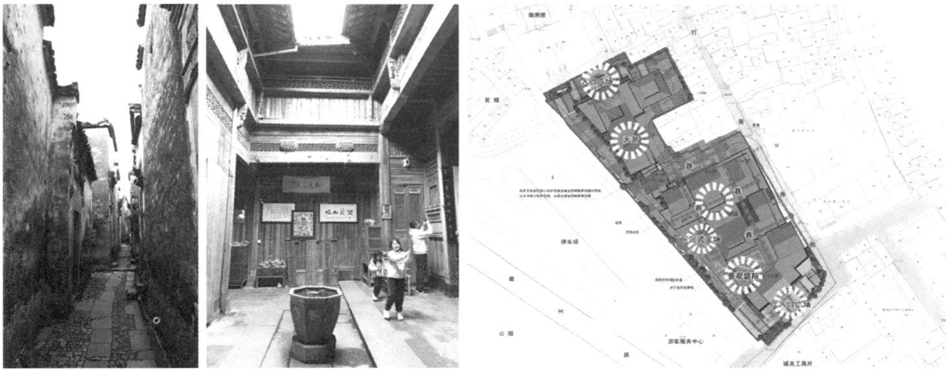

图 7-14　聚落建筑空间转化
资料来源：黄山市建筑设计研究院

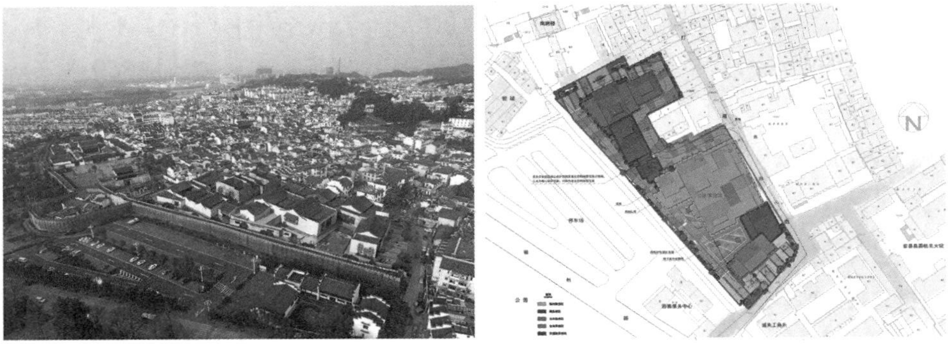

图 7-15 博物馆融入古城肌理
资料来源：黄山市建筑设计研究院

7.3.3 山水人文形态提炼

徽州给人的印象是群山叠翠、粉墙黛瓦，而其承载的深厚人文内涵，远远超过了这表层感知。基于对徽州地域文化深入理解，结合对古城环境与场地的整体分析，博物馆的设计应该与周边环境的融合以及对文化的高度整合，避免陷入符号的滥用和形式化。设计小组努力发掘传统建筑内涵，通过现代建筑设计理念，运用建筑的空间、形态、材质等手段，表达徽州地域文化的内涵，体现地域文化的自信。

徽州历史文化博物馆位于中国四大古城之一的歙县徽州古城敏感地带，设计的每一处都考虑对古城的影响。设计中不追求突出博物馆建筑自身的体量，而是采用极其谦逊低调的姿态融入古城整体环境，尊重古城的自然和历史环境，营造出供市民、游客参观、休闲、学习且具有历史感的文化场所。

中国建筑的屋顶设计体现出中国文化艺术特征[1]。博物馆的建筑屋顶形态从徽州山水、徽州建筑和周边建筑，以及“徽”字中提取“人”字原形，对其进行提炼和重构，形成连绵不断的“山”和波澜起伏的“水”的整体意象，生成“山水人文”的建筑屋顶形态（图 7-16）。屋顶形态具有多种形式，由人字双坡顶、三合天井、四合天井、多进天井形成的屋顶，通过与平屋面的纵横向组合和高低错落，加之屋面材质的不同，形成变化丰富的屋面形态和整体特征。

建筑入口、中部通道及山墙等处，分别借鉴了徽州传统建筑中的祠堂入口、街巷更楼以及秀楼等建筑原型，通过简化抽象的方式，对传统地域建筑进行传承。沿打箍井街一侧，直接和简化运用了徽州传统建筑中的门楼，则形成了建筑传统与现代的交融。

1 李允鉌 . 华夏意匠：中国古典建筑设计原理分析 [M]. 北京：中国建筑工业出版社，2005.

图 7-16　山水人文萃取转化
资料来源：唐权提供

徽州历史文化博物馆与徽州府衙形成形态上的密切关联，在整体形态、屋顶形态、入口形态、建筑色彩等各方面，均具有内在的一致性。府衙与博物馆，古与新、北与南、传统与现代，和谐共存于徽州古城中（图 7-17）。

与中国徽博物馆和绩溪博物馆相比，徽州历史文化博物馆无论是空间和形态提炼和再表达，因更具备方言特征更容易被大众理解，同时体现出时代特征。

7.3.4　新旧材料混合建构

博物馆在材料的选择上，采用了现代和传统并用并置的策略，并以选择混凝土、玻璃、钢材、砖、瓦、石等常规材料为原则。其主体结构采用钢筋混凝土，局部使用钢材。墙体材料考虑博物馆的安全性，并未选用保温性能较好的加气混凝土砌块，而是选用了混凝土砌块加真空绝热板的内保温构造措施，外墙涂料选用了苏州博物馆所采用的 SKK 弹性涂料，以确保徽州多雨潮湿环境中外墙的耐久性，并横向刷出水波纹，增加墙面的肌理效果。局部墙体选用徽州老青砖饰面，墙体勒脚选用石材，丰富了墙体肌理的同时增加了墙体的防水性能。墙体压顶采用黟县青石材，在保护墙体的同时，勾勒出徽州地域简化洗练的马头墙意象。

钢结构屋面采用钢材玻璃，檐口采用铝合金板材封檐，提升了屋面的精致感和现代感。钢筋混凝土屋面为提升屋面防水保温性能，采用了倒置式屋面和现代高分子防水卷材，面层采用小青瓦，两侧封檐板采用黟县青石材，体现出地域文化气息。玻璃

(a) 徽州府衙　　(b) 徽州历史文化博物馆

图 7-17　徽州历史文化博物馆与徽州府衙形态对比
资料来源：黄山市建筑设计研究院

幕墙和门窗框料，屋面空调构架采用仿木铝合金框料，漏窗采用小青瓦抽象模拟传统漏窗图案。玻璃选用 Low-e 防辐射玻璃，提升了门窗洞口的保温性能。玻璃其本身具有的通透性和反射性，体现出现代气息。

新材料的运用，不仅使建筑具有现代感，也提升了建筑的整体性能。新旧材料的并置使用，建构出传统和现代融合的建筑意向，给人既新又古的感受，并通过抽象模拟传统图案以及改进施工工艺，提升了材料的质感，使材料融入了文化的温度（图 7-18）。

7.3.5 地域建筑适度创新

创新是建筑设计的生命，对地域性建筑来说更是如此。地域建筑若一味固守传统，则会面临消亡的危险，只有不断吸取新质内容，地域建筑才能不断焕发生机。对于地域性建筑创新而言，也需要我们理性辩证地对待，创新并非天外来物，也并非完全“陌生化”，而是基于地域自然、文化、场地环境基础上的合理应对，是一种既陌生又熟悉的中间状态，是“度”的把握。

徽州历史文化博物馆基于对徽州地域文化的深入理解和对场地环境的深入分析，通过对地域建筑的空间转化、形态提炼和材料建构等具体方式，完成了从传统到现代的适应与转化。与此同时，博物馆设计过程中提交了多个方案，有创新不足的方案，也有创新过度的方案，经过前后十余个方案设计和反复比选，以及多部门多专家的多次讨论，最终方案体现出适度创新的整体形态，形成了与周边山水与文化环境的高度契合（图 7-19）。徽州历史文化博物馆设计中的适度创新和精益求精的工匠精神，体现出当代徽州人对地域文化的珍视和文化自信，不仅为地域性建筑设计提供了经典的实践案例，也为新型城镇化和生态文明作出了地域性的回答。

(a) 玻璃、钢材、石材并置　(b) 玻璃、钢砖、瓦、石、木并置　(c) 砖、瓦、石并置

图 7-18　徽州历史文化博物馆新旧材料并置
资料来源：黄山市建筑设计研究院

(a) 创新不足　(b) 创新适度　(c) 创新过度

图 7-19　徽州历史文化博物馆适度创新
资料来源：黄山市建筑设计研究院

7.4 技术适宜经济适用——黄山市建筑设计研究院办公楼设计

项目于2007—2008年设计，2009年竣工。2011年获得全国优秀工程勘察设计三等奖、安徽省优秀工程勘察设计行业奖一等奖。

随着黄山市社会经济的发展，黄山市建筑设计研究院办公楼（暨徽派建筑研究所）存在原有办公面积不足，设施陈旧等问题，已不能满足服务地方城市建设的需要，亟待更新改建。办公楼原位于屯溪老街毗屯溪邻老大桥，因受历史街区限制无法进行改造和扩建，须迁至新址。新址位于黄山市屯溪区齐云大道长途汽车客运站西侧（图7-20）、通往城市新区的快速干道北侧，新建筑布局紧凑，在有限投资下充分利用场地实现综合功能。建筑形态从徽州地域建筑中汲取形态和审美特质，采用粉墙黛瓦建筑形态，传统元素的提炼和现代材料的使用，体现出传统韵味和现代气息，使建筑既具有一定的标志性又和谐地融入城市整体风貌中（图7-21）。

图7-20 办公楼新址
资料来源：作者根据高德地图改绘

图7-21 融入城市整体风貌

7.4.1 综合功能适宜定位

黄山市建筑设计研究院作为地级市综合性设计机构，主要服务地方城市建设，结合黄山市社会经济发展，办公楼选址在城市快速干道北侧，距离新老城区、各区县以及高速出口都较为便利，停车场地也较为宽裕。

办公楼用地面积4000平方米，建筑面积控制在9750平方米。建筑总体布局和功能设置充分考虑综合性和实用性，适宜而真实，设置了办公、研究、展示、会议、餐饮、活动等多种功能，满足了企业员工的工作和休闲娱乐需求，同时为提高建筑使用率，与其他单位合用。各功能按照楼层分层的模式组织，在竖向方向上进行功能分区，增加各功能空间的领域感。由于用地紧张、资金有限，办公楼充分挖掘 24 米多层建筑的空间潜力，各层平面功能房间柱网和空间大小适宜，充分利用顶层斜屋顶空间，设置活动和展示功能。办公楼形体方正，通过三合院的布局形成完整的城市界面和舒适的内向庭院和办公空间，对城市风貌和建筑品质起到积极作用（图 7-22—图 7-24）。建筑采用了地面停车的方式，外来车辆主要停在主入口前场地，企业车辆停在内院，基本满足使用要求，也极大提升了停车位的利用率。

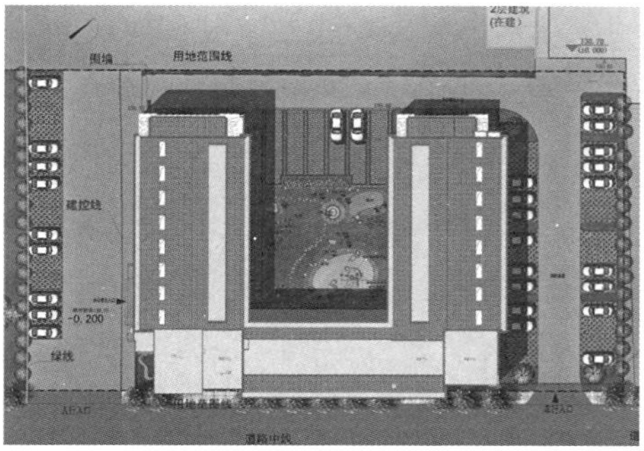

图 7-22　适宜的总体布局
资料来源：黄山市建筑设计研究院

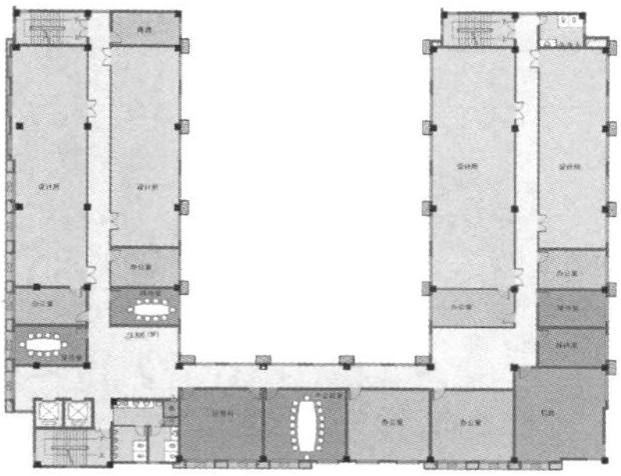

图 7-23　适宜的平面功能
资料来源：黄山市建筑设计研究院

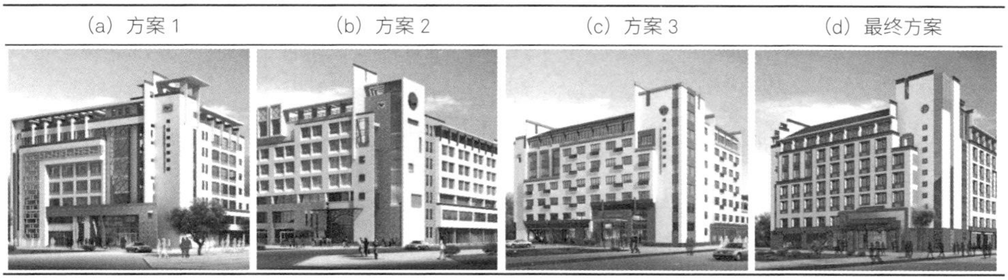

（a）方案 1
（b）方案 2
（c）方案 3
（d）最终方案

图 7-24　适宜的建筑形态
资料来源：黄山市建筑设计研究院

7.4.2　材料结构适宜建造

建筑造型往往成为城市标志和建筑师追求的目标，一些建筑师在设计中，或者一味追求建筑造型，产生了形式主义和奇奇怪怪的建筑，或者脱离地域的经济和技术现实，盲目采用高技术，产生了不适应和浪费现象。

黄山市建筑设计研究院办公楼设计中，充分考虑地方的经济和技术现实，采用适宜的现代材料和结构形式进行建造，通过朴素和真实的形式进行组织，满足功能和空间的基本需求。建筑主体结构采用常规的钢筋混凝土框架结构，局部悬挑满足功能房间的结构和造型需要。屋顶为坡屋顶局部平屋顶，满足造型和适应多雨环境的需要。建筑的墙体部分同样采用了常规材料和结构形式，外墙采用蒸压加气混凝土砌块、保温板、石材、木材，入口门楼采用石材、钢材和玻璃，外窗和空调百叶采用铝合金框料，屋面采用筒瓦（图 7-25）。方正的形态、常规的材料和结构形式，在满足建筑的基本使用需求的同时，减少了建筑造价，并且大大降低了设计和施工的难度，适应了地方社会经济发展水平。

图 7-25　适宜的材料与结构形式
资料来源：黄山市建筑设计研究院

7.4.3　被动技术适宜运用

城市办公楼在日常使用中，采光和空调等人工设备需要消耗大量能源，设计中如果考虑被动技术的适宜使用，能够大大减小能源的消耗和日常运营的费用，以实现生态可持续发展的目标。

黄山市建筑设计研究院办公楼设计中，考虑到地域的气候和文化环境，采用方正紧凑的建筑形体和三合院庭院围合，形成较小的体形系数和建筑进深，这既有利于节能，也使得建筑在有限场地空间中得到高效利用。此外，方正的建筑形体、开敞的内院、简洁的外墙，与徽州地域建筑原型和审美特质具有内在的联系，体现出了地域性建筑特征。建筑设计中，将建筑的功能、结构、造型和被动技术结合起来，利用热压风压通风原理，通过开敞庭院和较小的建筑进深增加功能房间的通风效果，顶层利用坡屋顶形成隔热层，利用老虎窗增加通风，满足不同季节对室内环境通风的不同需要，建筑南立面采用凹入的窗户形成遮阳，有效减少了通风和空调设备的使用。自然采光方面，办公楼采用三合院布局，充分利用自然光进行室内照明，大大减少了人工光源的能源消耗（图 7-26）。

方正形体、开敞院落、自然通风、自然采光等一系列被动技术的适宜运用，由于考虑了地域的气候和文化环境，使得建筑与地域环境具有了内在深层关联，建筑突破形态模仿而提升到对自然、经济、技术环境综合适应的层面，减少了能耗，降低了日常运行维护的费用，使得建筑更加绿色可持续。

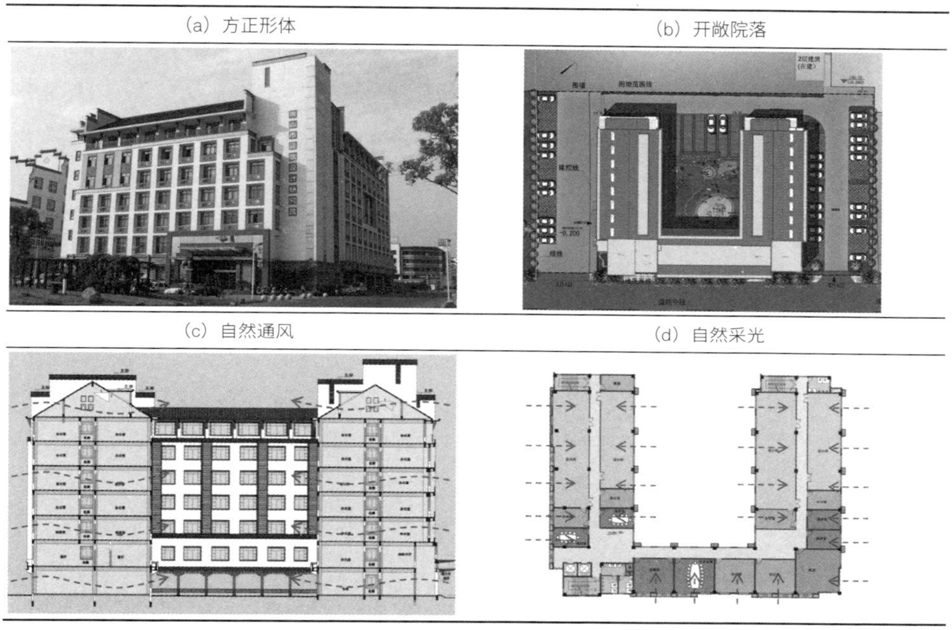

图 7-26　被动技术适宜运用
资料来源：黄山市建筑设计研究院

7.5　小结

本章首先对地域性建筑设计方法进行了归纳总结，并通过三个实践案例对其进行了验证，进一步说明了地域性建筑与自然共生，地域文化和现代文明的有机融合，传统和现代技术的适宜运用。建筑师应对自然、文化和技术作出系统性、综合性的积极回应，设计出新的地域性建筑，实现理论和实践的双向互动。

第 8 章

结论与展望

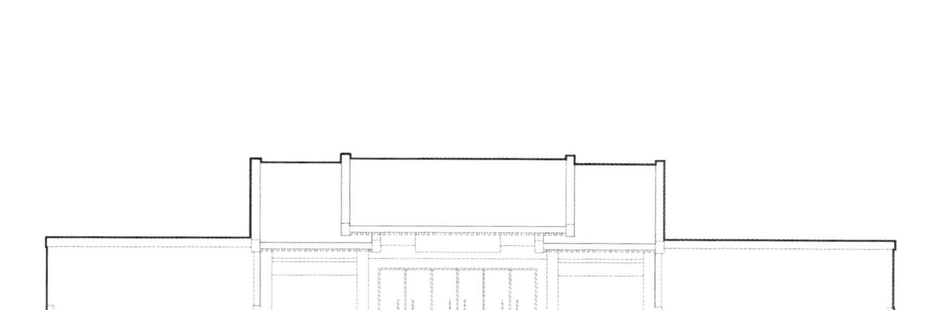

地域性是建筑的本质属性，其空间特征表达了特定地区建筑与其环境的深层关联，其时间特征体现了地域性建筑在不同的历史时期呈现出的不同表现状态。地域性建筑设计以地域性理论以及相关理论为基础，引入适应性理念以适应地域性建筑的发展需要。本书以徽州地域性建筑为研究对象，梳理了徽州地域性建筑的地域特色和发展脉络，研究其与所在地域环境关联的适应性机制，从自然、文化、技术三个方面探求徽州当代地域性建筑设计策略，这既是对徽州地区当前地域性建筑设计的系统总结，也是对未来的展望。

8.1 研究结论

8.1.1 地域性建筑设计是全球化背景下的积极应对和必然趋势

全球化席卷了当今世界的每个角落，科技进步、经济发展推动着人类文明的发展，然而全球化并非全球同化，由于各国各地的自然、文化、社会等不同，地域性一直存在，并与现代化并行发展。全球化和地域化成为当代社会发展的一体两面，一方面全球化使世界各国享有科技进步带来的利与弊，另一方面地域性借助全球化的力量向全球传播。对于城市和建筑来说，在全球化的推动下，世界的城市和建筑面临文化趋同、生态危机和健康威胁等难题，这激发了人们对地域性建筑设计的追求，从建筑的现代主义到地域主义，从批判性地域主义到生态地域主义，建筑师在全球化的发展中，越来越自觉地进行着地域性建筑设计的探索，地域性建筑设计已然成为面对全球化的积极应对和必然趋势。

8.1.2 地域性建筑设计是适应自然、文化、技术环境的多维整合

当代建筑设计呈现出多样性的特征，其中将地域性作为建筑设计切入点已成为共识，以地域自然环境作为设计的基础，文化作为设计的灵魂，技术作为实现的手段。当代地域性建筑设计的思想方法可以总结为，以关注建筑的自然环境为基础，提升到文化的高度，通过适宜技术实现。自然环境是地域性建筑设计的基础。建筑是具体地域的建筑，总要扎根于具体的地域自然环境之中。地域性建筑设计通过应对地域的自然地理气候环境，形成独特的形态特征，与地域形成深层的关联。文化是地域性建筑设计的本质体现，建筑是文化的载体和物化形态，全球化和地域化不断融合和谐共存是当今建筑文化的整体趋势。文化不仅是形态的表现，更是内涵的传承。技术是地域性建筑设计的实现手段。对技术的选用，应考虑地域经济技术水平的实际情况，采用

适宜技术，通过高技术、中技术、低技术的多层级使用，以此建构新的地域性建筑。与此同时，针对城乡环境的差异，现代地域性建筑应采取不同的模式和策略。

8.1.3 徽州当代地域性建筑设计体现出地域的整体延续性和独特性

徽州地域性建筑经历了的早期探索、曲折前行、回归发展以及多元发展几个阶段后，形成了具有徽州地域特色的整体城市和建筑形态，虽然其间有迷茫和徘徊，但整体来说，与徽州传统建筑具有一定的延续性。其整体延续性和独特性的形成，具有多方面的原因：独特的自然地理环境、相对稳定的地理范围和行政区划提供了稳定的空间范围；徽州地域文化具有强烈的文化认同，具备强大的整合力量，使地域文化能够保持基质和内核的同时吸收整合域外文化和现代文明；相对落后的经济技术环境与发展滞后的城市建设，对现代文明的迅速传播起到了缓冲作用，使其有更多的时间思考和吸收现代文明的技术成果。此外，政府的主导、学者的研究、居民的支持共同形成了对徽州地域文化的社会群体认同，反映在建筑上则是对自然生态、建筑文化、遗产保护的重视和坚持，城乡建筑体现出强烈的徽州地域性特征。徽州当代地域性建筑正是在徽州地域特殊的自然、文化和技术整体环境中逐步发展，形成了其整体延续性和独特性，这是对生态文明和文化自信的地域诠释，对其他地域的文化延续和特色彰显具有一定的启示意义。

8.2 研究创新点

8.2.1 建构具有适应性内涵的地域性建筑理论框架

本书以建筑学的地域性理论、原型理论以及场所理论等为基础，引入适应性理论，创新性地建构了具有适应性内涵的地域性建筑理论框架，试图从新的视角审视地域性建筑及其与所在地域环境的内在有机关联，并为地域性建筑设计提供了理论和方法支撑，拓展丰富了地域性建筑理论内涵。

8.2.2 提出“自然共生—文化融合—技术适宜”的地域性建筑设计方法

本书以具有适应性内涵的地域性建筑理论为基础，从自然、文化和技术三个维度分析徽州地域环境，梳理徽州地域性建筑地域特色与发展脉络，以及对大量徽州当代地域性建筑实践案例的研究，系统性针对性地提出“自然共生—文化融合—技术适宜”三维一体的徽州当代地域性建筑设计方法，不仅使建筑的地域性特色得以凸显，而且对形成以人为本、生态化的地域性建筑，以及建筑与地域环境的和谐共生关系具有积极作用，进而适应和满足徽州地域新型城镇化和人居环境建设的需要。

徽州当代地域性建筑设计研究是理论和实践并重的任务，也是一个探索未知永无止境的过程，作者希望在以后的研究和实践中不断学习、积极探索。

8.3 后续研究

通过本书的研究，可以看到，地域性建筑是与现代建筑并行发展的。人类文明经历了农业文明、工业文明，现在正逐步进入信息文明时代，而突如其来的疫情和气候变化更给人类未来带来极大的不确定性和严峻挑战。建筑在农业文明时代与土地的紧密联系，形成了世界各地独特地域文化和地域性建筑。在工业文明时代由于科技的进步和工业化、全球化的推动，人们在享受到其成果的同时，也出现了生态环境破坏、文化多样性丧失等诸多问题。在建筑领域，现代建筑出现并在世界范围广泛传播，世界各地的城市和建筑呈现文化趋同、建筑高能耗、生态危机、健康威胁等诸多困境，引起了众多学者和建筑师的广泛关注，期望通过地域性建筑设计理论提供一些解决方案。在全球化和逆全球化的复杂背景下，地域性建筑不再是故步自封的狭隘思想，而将形成一种带有积极意义的学派，具有普遍意义。

地域性在全球化进程中并未消除，反而借助全球化的力量传播到世界各地，并在全球化推动下形成新的地域性。如果说工业文明时代的全球化仍然受到地域的限制，形成层级式的结构，那么信息文明时代的全球化将突破这种层级式结构形成“地域—全球”“地域—地域”直接对话的网络结构。如果说工业社会因削弱了建筑与自然和文化的内在关联，而促使了地域性建筑的发展和多元文化的形成。那么信息时代的建筑则能够脱离物质而进入虚拟的数字世界，地域性建筑则更加具备了形成多元建筑文化的潜力。在未来的社会现实中，我们需要面对的可能不再是对“趋同”的抵抗，而可能是对“多元”的反思。在全球化、信息化，以及后疫情时代的背景中，自然生态约束不断加强，科学技术不断进步，人类生存和健康问题日益凸显，地域文化将与全球文明逐渐深度融合，形成更加生态、多元的新质文化以及新地域性建筑。徽州当代地域性建筑由于社会经济发展的滞后性以及地理、文化的独特性，如何将这些不利和特殊因素转化为动力和创造力，在信息时代实现跨越式和生态化的可持续发展，其建筑设计如何应对，是需要面对的新问题。

本书从地域性、适应性的视角出发建立了基本的研究框架，对徽州当代地域性建筑进行了研究，整体来说具有一定的系统性，但也存在三点不足：研究视角宏观不足、研究方法量化不足、研究对象类型不足。首先，研究视角主要聚焦在村落、街区和建筑，没有从城市更宏观的视角进行分析论述，地域性建筑与城市之间在结构性和发展性的关系方面有待进一步论述；其次，本书的研究方法主要为定性研究，定量研究不够，不利于挖掘出地域性建筑更加深层的内在规律；最后，本书的研究对象的类型主要为城乡新建建筑，对于城市更新中改造类项目和乡村旅游中民宿类项目涉及不多，建筑类型还需适当增加。针对以上不足，在后续的研究中进行改进，将通过拓展城市视角以增加研究的全局性、采用定性定量相结合的研究方法以增加研究的科学性、扩充建筑类型以增加研究的完备性。

在全球化和逆全球化、绿色化和数智化，以及长三角一体化发展的更加复杂的背景下，徽州地域在全球网络中的节点地位逐步提升，与外界的联系也将更为紧密，地方政府积极“融杭接沪、融入长三角”，将面临巨大的时代机遇和挑战，徽州地域性建筑需要不断地再适应才能承担起保护生态、传承文化和面向未来的重任。作者将在本书研究的基础上，继续关注并投身到徽州地域的城乡建设中，为徽州地域性建筑的传承和创新进行持续深入的研究和实践。

附录

附录 A　专业期刊上发表的徽州地域性建筑设计项目

时间	项目名称	地点	期刊名称	文献名称
1987 年 3 月	屯溪老街历史地段的保护与更新规划	屯溪区	《城市规划》	《屯溪老街历史地段的保护与更新规划》
1987 年 9 月	梨园宾馆	黄山区	《建筑学报》	《黄山区梨园宾馆》
1988 年 11 月	云谷山庄	黄山风景区	《建筑学报》	《营体态求随山势 寄神采以合皖风——黄山云谷山庄设计构思》
1991 年 6 月	黄山机场候机楼	屯溪区	《建筑学报》	《简化提炼 推陈出新——黄山机场候机楼设计》
1994 年 12 月	皖南事变烈士陵园	泾县	《建筑学报》	《皖南事变烈士陵园及纪念碑设计》
1995 年 8 月	黄山玉屏楼	黄山风景区	《建筑学报》	《奇峰一点落笔千钧——黄山玉屏楼改建札记》
1996 年 5 月	歙县博物馆	歙县	《新建筑》	《广义理性的建筑创作——兼谈歙县博物馆等设计》
1998 年 4 月	桃源宾馆改造	黄山风景区	《安徽建筑》	《黄山〈桃源宾馆〉改造探索》
1998 年 8 月	白云宾馆	黄山风景区	《建筑学报》	《白云生处有人家——黄山白云宾馆创作随笔》
1999 年 12 月	中国烟草职工黄山疗养院综合楼	黄山区	《新建筑》	《从环境中来，到环境中去——中国烟草职工黄山疗养院综合楼设计》
2000 年 10 月	黄山旅游商贸城	屯溪区	《安徽建筑》	《黄山旅游商贸城规划设计浅析》
2000 年 12 月	云松宾馆	屯溪区	《安徽建筑》	《休闲山水间 出没云松中——云松宾馆设计及所想》
2002 年 4 月	黄山狮林饭店	黄山风景区	《工程建设与设计》	《外适内和——黄山狮林饭店改建随感》
2002 年 6 月	黄山贡阳山庄	黄山风景区	《华中建筑》	《地域·地景·地形·黄山贡阳山庄建筑设计随感》
2002 年 12 月	黄山市示范幼儿园	屯溪区	《安徽建筑》	《功能·形式·空间——黄山市示范幼儿园设计随笔》
2004 年 9 月	徽州文化园	徽州区	《建筑学报》	《徽州文化园规划与建筑设计》
2005 年 6 月	黄山奇墅湖国际旅游度假村	黟县	《华中建筑》	《营建“归隐山林”的去处——黄山奇墅湖国际旅游度假村景观设计探索》
2006 年 3 月	黄山新徽天地娱乐城	屯溪区	《华中建筑》	《旅游建筑的地域化设计——以黄山新徽天地娱乐城项目为例》
2006 年 6 月	黄山风景区管委会综合办公楼	黄山风景区	《小城镇建设》	《把握环境 因势利导——记黄山风景区管委会综合办公楼创作》

续表

时间	项目名称	地点	期刊名称	文献名称
2008 年 4 月	黄山轩辕国际酒店	黄山区	《建筑创作》	《创建地域酒店新标准：黄山轩辕国际酒店》
2009 年 7 月	婺源博物馆	婺源县	《建筑与文化》	《院落：婺源博物馆》
2010 年 3 月	黄山一号公馆别墅	黄山区	《建筑学报》	《黄山一号公馆别墅设计》
2010 年 10 月	黄山市中心城区昱中花园建筑风貌整治	屯溪区	《黄山学院学报》	《新徽派建筑设计理念在建筑风貌整治中的应用》
2011 年 12 月	黄山风景区医疗急救中心	黄山风景区	《长江大学学报》	《融入环境 和谐共生——浅析黄山风景区医疗急救中心建筑设计》
2011 年 12 月	黄山南大门多层停车库	黄山风景区	《建筑科学》	《绿色建筑技术在黄山南大门多层停车库工程中的应用》
2012 年 7 月	黄山德懋堂	徽州区	《建筑创作》	《徽居再生与徽派创新：黄山德懋堂度假徽居》
2012 年 8 月	黄山旅游指挥调度中心	屯溪区	《安徽建筑》	《山·水·院——智慧黄山旅游指挥调度中心创作记》
2012 年 8 月	中国人民大学黄山环境学教学科研基地	黄山区	《建筑与文化》	《山地校园，人文书院——中国人民大学黄山环境学教学科研基地创作回顾》
2013 年 1 月	休宁双龙小学	休宁县	《建筑学报》	《休宁双龙小学》
2013 年 5 月	黄山昱城皇冠假日酒店	屯溪区	《建筑学报》	《黄山昱城皇冠假日酒店设计》
2013 年 6 月	呈坎为民服务中心	徽州区	《黄山学院学报》	《呈坎为民服务中心建筑创作》
2013 年 7 月	徽州文化园二期	徽州区	《建筑知识》	《山外山 园中园——徽州文化园二期设计》
2013 年 9 月	花山谜窟风景区西入口	屯溪区	《湖南工业大学学报》	《徽州传统村落水口营造理念在景区入口空间设计中的应用——以花山谜窟风景区西入口为例》
2014 年 2 月	绩溪博物馆	绩溪县	《建筑学报》	《留树作庭随遇而安 折顶拟山会心不远——记绩溪博物馆》
2014 年 6 月	花山谜窟演艺中心	屯溪区	《安徽建筑工业学院学报》	《新徽派建筑理念在大跨建筑创作中的探索——以花山谜窟演艺中心建筑设计为例》
2014 年 6 月	黄山紫京饭店改造	黄山区	《安徽建筑》	《建筑设计的地域性表达与创作——以黄山紫京饭店改造设计为例》
2014 年 10 月	黎阳 IN 巷	屯溪区	《中国住宅设施》	《黎阳 IN 巷》
2015 年 5 月	松风翠山茶油厂	婺源县	《建筑学报》	《厂内场外——松风翠山茶油厂设计》

续表

时间	项目名称	地点	期刊名称	文献名称
2015 年 10 月	歙县禾园·清华坊	歙县	《安徽建筑》	《山·水·坊——歙县禾园·清华坊规划设计》
2015 年 10 月	歙县新安中学	歙县	《安徽建筑》	《歙县新安中学》
2015 年 12 月	婺源茶叶学校	婺源县	《安徽建筑》	《婺源茶叶学校教学区的探讨》
2016 年 02 月	合肥工业大学宣城校区	宣城市	《华中建筑》	《新徽派建筑的探索与实践——合肥工业大学宣城校区一期公共教学楼设计》
2016 年 02 月	黄山市石屋坑村	休宁县	《安徽建筑》	《传统村落保护发展途径和方法——以黄山市石屋坑村为例》
2016 年 4 月	黟县守拙园	黟县	《安徽建筑》	《古徽州历史建筑的保护与利用探索——以黟县守拙园为例》
2016 年 6 月	徽商故里大酒店	屯溪区	《低碳世界》	《传中有新·承中有扬——徽商故里大酒店设计浅析》
2017 年 3 月	龙山山庄三友园乡村俱乐部	徽州区	《建筑知识》	《黄山市龙山山庄三友园乡村俱乐部》
2017 年 6 月	歙县紫阳学校	歙县	《低碳世界》	《因地制宜 和谐共生——歙县紫阳学校规划建筑设计》
2017 年 12 月	松间长屋	休宁县	《世界建筑》	《松间长屋》
2018 年 1 月	齐云山树屋	休宁县	《建筑学报》	《齐云山树屋》
2018 年 2 月	精益斋文化博览园	婺源县	《安徽建筑》	《江西精益斋文化博览园项目徽文化的共融》
2018 年 5 月	黄山小罐茶运营总部	屯溪区	《建筑学报》	《黄山小罐茶运营总部》
2018 年 5 月	宀屋	祁门县	《城市建筑》	《宀屋——安徽闪里镇桃源村祁红茶楼》
2018 年 7 月	黄山太平湖公寓	黄山区	《城市建筑》	《黄山太平湖公寓》
2018 年 7 月	黄山市艺术文化中心	屯溪区	《安徽建筑》	《文化建筑的地域性设计策略探索——以黄山市艺术文化中心方案设计为例》
2018 年 11 月	黄山宿营地	黄山区	《福建建筑》	《基于生态建筑理念景区坡地建筑规划设计研究——以黄山宿营地为例》
2018 年 12 月	竹篷乡堂	绩溪县	《建筑学报》	《面向可持续未来的尚村竹篷乡堂实践——一次村民参与的公共场所营造》

附录 B　徽州当代地域性建筑设计获奖项目

获奖时间	项目名称	地点	获奖类别和设计单位
1997 年	云谷山庄	黄山风景区	20 世纪精品建筑， 国家旅游局“环境和艺术”金奖， 入选“国际建协 UIA 第 20 届世界建筑师大会——当代中国建筑艺术展”， 荣获“当代中国建筑艺术创作成就奖”； 清华大学建筑学院
1998 年	黄山国际大酒店	屯溪区	教育部优秀工程设计二等奖， 建设部优秀工程设计三等奖； 东南大学建筑建筑设计研究院
2000 年	黄山狮林大酒店	黄山风景区	安徽省建设厅二等奖； 黄山市建筑设计研究院
2001 年	黄山市示范幼儿园	屯溪区	中华人民共和国建设部三等奖， 安徽省建设厅二等奖； 黄山市建筑设计研究院
2004 年	徽商故里大酒店	屯溪区	安徽省建设厅二等奖； 黄山市建筑设计研究院
2007 年	水墨宏村	黟县	全国工商联地产商会“精瑞住宅科学技术奖、建筑文化金奖”； 黄山市建筑设计研究院
2008 年	黄山风景区管委会综合办公楼	黄山风景区	中华人民共和国建设部部三等奖， 安徽省建设厅省一等奖， 清华大学建筑学院，黄山市建筑设计研究院
2008 年	德懋堂度假酒店	徽州区	全国人居经典方案竞赛建筑金奖； 北京天地都市建筑设计有限公司
2009 年	中国徽州文化博物馆	屯溪区	安徽省建设厅一等奖； 黄山市建筑设计研究院
2010 年	黄山市建筑设计研究院办公楼	屯溪区	中国工程勘察设计协会三等奖， 安徽省工程勘察设计协会一等奖； 黄山市建筑设计研究院
2011 年	黄山风景区后勤服务基地接待中心	黄山风景区	安徽省工程勘察设计协会二等奖； 黄山市建筑设计研究院
2012 年	休宁双龙小学	休宁县	第三届建筑传媒奖最佳建筑入围奖， WA 20+10+X awards， WORLD ARCHITECTURE FESTIVAL 世界建筑节最佳小学设计入围奖； 维思平 (WSP) 建筑设计咨询有限公司
2013 年	歙县新安中学	歙县	安徽省工程勘察设计协会一等奖， 安徽省土木建筑学会二等奖； 黄山市建筑设计研究院

续表

获奖时间	项目名称	地点	获奖类别和设计单位
2013 年	黟县梓路寺	黟县	安徽省工程勘察设计协会一等奖； 黄山市建筑设计研究院
2013 年	徽州文化园	徽州区	第七届中国威海国际建筑设计大奖赛优秀奖； 苏州大学建筑与城市环境学院
2014 年	黄山玉屏假日酒店	屯溪区	中国建筑学会建筑创作奖； 中国建筑设计研究院
2015 年	歙县禾园・清华坊	歙县	安徽省土木建筑学会一等奖； 黄山市建筑设计研究院
2015 年	黄山市图书馆	屯溪区	安徽省工程勘察设计协会一等奖； 会元设计咨询（上海）有限公司，黄山市建筑设计研究院
2015 年	篁墩滨江旅游文化服务综合体项目新安江延伸段——滨江 6 号	屯溪区	安徽省土木建筑学会二等奖； 黄山市建筑设计研究院
2015 年	武汉 701 所专家活动中心	湖北省武汉市	安徽省土木建筑学会三等奖； 黄山市建筑设计研究院
2015 年	岩寺新四军军部旧址纪念馆	徽州区	第八届中国威海国际建筑设计大奖赛优秀奖； 合肥工业大学建筑设计研究院， 黄山学院建筑工程学院， 黄山市水墨建筑设计咨询有限公司
2016 年	绩溪博物馆	绩溪县	中国建筑学会建筑创作奖金奖； 中国建筑设计研究院
2016 年	黄山置地・黎阳 IN 巷	屯溪区	中国建筑学会建筑创作奖入围奖； 澳大利亚柏涛建筑设计有限公司

附录 C 徽州地域性建筑专题会议资料整理

时间	地点	会议	内容
2007 年 11 月 23—25 日	安徽黄山	中国徽派建筑文化研讨会	单德启，徽派建筑和新徽派建筑的探索； 万国庆，皖南古村落遗产保护的规划思考； 陈安生，试论徽派建筑形成的几个条件； 汪光耀，徽派古建筑保护利用现状与对策； 陈琍，黄山市建筑设计研究院新徽派建筑创作实践简介； 王景慧，中国民族建筑史研究的历史进程
2012 年 9 月 7 日	安徽合肥	徽州传统民居木文化国际研讨会	单德启，徽州民居聚落和建筑的美学价值； 吴永发，徽州传统建筑的木文化精神解读； 刘仁义，徽州传统木民居的文化内涵及新型木构建筑的建构解析； 汪兴毅，徽州传统民居木构架的营造技艺； 陈安生，徽州古建筑木构架的文化内涵
2013 年 1 月	安徽黄山休宁	教育·建筑·社会——休宁双龙小学设计现场交流会	吴刚、谭善隆、Vito Bertin、顾大庆、陈宏、殷晓霞、张一非、范雪现场研讨，讨论该项目在组织方式、材料、场地、结构、空间、节能环保等方面的研究和创新
2014 年 1 月 11 日	安徽绩溪	瓦壁当山——李兴钢绩溪博物馆研讨会	黄居正、易娜、赵辰、鲁安东、董豫赣、庄慎、金秋野、黄涛英、李兴钢、任浩、张音玄、邢迪现场研讨，辨析绩溪博物馆的设计生成逻辑，解读空间结构的意义，审视传统材料构造节点在当代建筑中的转换性使用
2014 年 4 月 19 日	安徽黄山	徽派传统民居保护利用国际论坛	单德启，从传承和创新实践中感受徽派建筑的文化自信、文化自觉和文化自强； 阿尔方斯·德沃斯基，地方建筑与村落更新：欧洲的案例； 王路，演变中的乡土建筑； 阿兰·福格蒂，可持续发展技术在生态新城中的应用
2015 年 11 月 5 日	安徽黄山	中法乡村文化遗产学术研讨会——皖南古村落	邵甬，区域视角下历史文化资源保护与利用——皖南的实践； 万国庆，中国乡村文化遗产保护的一个样板——皖南古村落遗产保护利用介绍； 汪朝晖，浅析合理地活化利用在文化遗产保护中的重要作用
2016 年 11 月 15—16 日	安徽黄山	安徽地域特色建筑设计论坛	单德启，地域传统建筑动向； 李早，安徽传统建筑特征解析与风貌传承； 韩毅，徽派建筑传承与创新； 刘晨，文化引导型酒店的策划与设计； 程堂明，景观构筑物中地域文化的融入

续表

时间	地点	会议	内容
2016 年 12 月	安徽黄山	机遇与挑战：历史文化街区保护事业的再推进专题研讨会	朱自煊、阮仪三、俞滨洋、吴晓勤、伍江、张兵、朱嘉广、周俭、刘孝华现场研讨，提出历史文化街区保护要坚持以人为主，统筹社会和市场关系，促进城市文化传承；历史文化街区保护和发展要坚持全局性、系统性
2018 年 7 月 9—12 日	安徽黄山	2018 第三届中华建筑文化夏令营，乡村一传统建筑再生，《徽州故事》艺术文化沙龙	王树平、马炳坚、单德启、汪跃平、刘幸华、王新华、余燕、陈继腾、范兴华、程永宁、刘伯山、翟屯建、王新华、薛力等人探讨了传统建筑保护利用与乡村经济复兴的转化途径
2018 年 1 月	安徽黄山休宁	齐云山树屋座谈	冯路、黎晓明、窦平平、范蓓蕾、相南等人探讨了山地环境小型建筑设计、个体经验差异与设计多样性

参考文献

郑时龄 . 全球化影响下的中国城市与建筑 [J]. 建筑学报，2003（2）：7.

吴良镛 . 北京宪章 [J]. 时代建筑，1999（3）：88-91.

李伟，宋敏，沈体雁 . 新型城镇化发展报告（2015）[M]. 北京：社会科学文献出版社，2016.

吴涛 . 加快转变建筑业发展方式促进和实现建筑产业现代化 [J]. 中华建设，2014（7）：60.

国家发展和改革委员会 . 国家新型城镇化规划（2014—2020 年）[R].2014.

清华大学建筑节能研究中心 . 中国建筑节能年度发展研究报告 [M]. 北京：中国建筑工业出版社，2018.

卡瓦尼亚罗，柯里尔 . 可持续发展导论：社会·组织·领导力 [M]. 江波，陈海云，吴赟，译 . 上海：同济大学出版社，2018.

吴良镛 . 国际建协“北京宪章”[J]. 世界建筑，2000（2）：17-19.

童明 . 何谓本土 [J]. 城市建筑，2014（10）：25.

郑时龄 . 当代中国建筑的基本状况思考 [J]. 建筑学报，2014（3）：96-98.

赖德霖 . 地域性：中国现代建筑中一个作为抵抗策略的议题和关键词 [J]. 新建筑，2019（3）：29-34.

维特鲁威 . 建筑十书 [M]. 高履泰，译 . 北京：知识产权出版社，2001.

仲尼斯，勒法维 . 批判的地域主义之今夕 [J]. 建筑师 47，1992：88-94.

MUMFORD L. Sticks and stones: A study of American architecture and civilization[M]. New York: Dover Publications, 1924.

MUMFORD L. The Skyline: Bay Region Style[J]. The New Yorker, 1947, 11: 106-109.

GIEDION S. The state of contemporary architecture I: The Regional Approach, the New Regionalism[J]. Architectural Record, 1954: 132-137.

STERLING J. Regionalism and modern architecture[J]. Architects' Year Book, 1957, 7: 62-68.

BERNARD R. Architecture Without Architects: A Short Introduction to Non-Pedigreed Architecture[M]. New York: Doubleday & Company, Inc., 1965.

ROBERT V. Complexity and contradiction in Architecture [M]. Little Brown & Co (T), 1966.

CHRISTIAN N S. Genius loci: towards a phenomenology of architecture [M]. Rizzoli, 1980.

KLOTZ H, LDONNELL R. The history of postmodern architecture[M]. Cambridge, MA: Mit Press, 1988.

LEFAIVRE L, TZONIS A. The Grid and the Pathway[J]. Architecture in Greece, 1981, 15: 175-178.

楚尼斯，勒费夫尔．批判性地域主义——全球化世界中的建筑及其特性 [M]. 王丙辰，译．北京：中国建筑工业出版社，2007.
TZONIS A, LEFAIVRE L. Why critical regionalism today?[J].Architecture and Urbanism, 1990, 236: 22-33.
LEFAIVRE L, TZONIS A. Architecture of Regionalism in the age of globalization: Peaks and Valleys in the Flat World[M]. Routledge, 2012.
FRAMPTON K. Prospects for a critical regionalism[J]. Perspecta, 1983, 20: 147-162.
弗兰姆普敦．现代建筑—— 一部批判的历史 [M]. 张钦楠，译．北京：生活·读书·新知三联书店，2012.
利科．历史与真理 [M]. 姜志辉，译．上海：上海译文出版社，2015.
FRAMPTON K. Towards a critical regionalism: six points for an architecture of resistance[J]. Post modern Culture, 1983: 16-30.
EGGENER K L. Placing Resistance: A Critique of Critical Regionalism[J]. Journal of Architectural Education, 1984, 55(4): 2002.
COLQUHOUN A. Critique of regionalism[J]. CASABELLA, 1996: 51-56.
CANIZARO V B. Architectural regionalism: Collected writings on place, identity, modernity, and tradition [M]. Princeton Architectural Press, 2007.
马国馨．丹下健三．北京：中国建筑工业出版社，1989.
磯崎新．建築における「日本的なもの」[M]. 新潮社，2003.
安藤忠雄．安藤忠雄论建筑 [M]. 白林，译．北京：中国建筑工业出版社，2003.
汪芳．查尔斯·柯里亚 [M]．北京：中国建筑工业出版社，2003．
吴向阳．杨经文 [M]. 北京：中国建筑工业出版社，2007.
FATHY H. Architecture for the poor: an experiment in rural Egypt[M]. Chicago: University of Chicago press, 1973.
FATHI A, SALEH A, HEGAZY M. Computational Design as an Approach to Sustainable Regional Architecture in the Arab World [J]. Procedia-Social and Behavioral Sciences, 2016, 225: 180-190.
弗兰姆普敦 .20 世纪世界建筑精品集锦 1900—1999 第 3 卷北、中、东欧洲 [M]. 北京：中国建筑工业出版社，1999.
VICTOR O. Architectural regionalism: Design with climate: bioclimatic approach to architectural regionalism [M]. Princeton University Press, 1963.
WILLIAM W B. Architecture and Systems Ecology: Thermodynamic Principles of Environmental Building Design, in three parts [M]. Routledge Press, 2016.
拉普卜特．宅形与文化 [M]. 常青，等，译．北京：中国建筑工业出版社，2007.

拉普卜特．文化特性与建筑设计 [M]. 常青，等，译．北京：中国建筑工业出版社，2004.
王育林．地域性建筑 [M]. 天津：天津大学出版社，2008.
林少伟，单军．当代乡土：一种多元化世界的建筑观 [J]. 世界建筑，1998（1）：64-66.
邹德侬．中国现代建筑史 [M]. 北京：中国建筑工业出版社，2010.
吴良镛．广义建筑学 [M]. 北京：清华大学出版社，2011.
吴良镛．乡土建筑的现代化，现代建筑的地区化——在中国新建筑的探索道路上 [J]. 华中建筑，1998，16（1）：1-4.
戴复东．现代骨、传统魂、自然衣的探索——河北省遵化市国际饭店建筑创作漫记 [J]. 建筑学报，1998（8）：36-39.
齐康．地方建筑风格的新创造 [J]. 东南大学学报（自然科学版），1996，26（6）：1-8.
程泰宁．立足此时 立足此地 立足自己 [J]. 建筑学报，1986（3）：11-14+84.
何镜堂．建筑创作与建筑师素养 [J]. 建筑学报，2002（9）：16-18.
单军．建筑与城市的地区性——一种人居环境理念的地区建筑学研究 [M]. 北京：中国建筑工业出版社，2010.
张彤．整体地区建筑 [M]. 南京：东南大学出版社，2003.
卢健松．自发性建造视野下建筑的地域性 [D]. 北京：清华大学，2009.
魏春雨．地域建筑复合界面类型研究 [D]. 南京：东南大学，2011.
李婷婷．自反性地域理论初探 [D]. 北京：清华大学，2012.
成城，何干新．民居——创作的泉源 [J]. 建筑学报，1981（2）：64-68.
朱畅中．黄山风景名胜区规划探讨 [J]. 圆明园学刊，1984（3）：184-193.
朱自煊．屯溪老街历史地段的保护与更新规划 [J]. 城市规划，1987（1）：21-25.
汪国瑜．营体态求随山势寄神采以合皖风——黄山云谷山庄设计构思 [J]. 建筑学报，1988（11）：3-10.
汪正章．建筑与时尚——由安徽建筑想到的 [J]. 安徽建筑，1998（1）：13-16.
单德启，李小妹．徽派建筑和新徽派的探索 [J]. 中国勘察设计，2008（3）：30-33.
邹德侬，刘丛红，赵建波．中国地域性建筑的成就、局限和前瞻 [J]. 建筑学报，2002（5）：4-6.
黑格尔．历史哲学 [M]. 北京：九州出版社，2011.
戴复东．现代骨、传统魂、自然衣——建筑与室内创作探索小记 [J]. 室内设计与装修，1998（6）：36-40.
袁牧．国内当代乡土与地区建筑理论研究现状及评述 [J]. 建筑师，2005(3).
郝曙光．当代中国建筑思潮研究 [D]. 南京：东南大学，2006.
卢健松．建筑地域性研究的当代价值 [J]. 建筑学报，2008（7）：15-19.
戴路，王瑾瑾．新世纪十年中国地域性建筑研究（2000—2009）[J]. 建筑学报，2012（s2）：80-85.

李晓东 . 身份认同：自省的地域实践 [J]. 世界建筑，2018（1）：27-31.

芒福德 . 城市文化 [M]. 宋俊岭，等，译 . 北京：中国建筑工业出版社，2009.

博厄斯 . 人类学与现代生活 [M]. 刘莎，等，译 . 北京：华夏出版社，1999.

胡恬 . 西安当代建筑本土性研究 [D]. 西安：西安建筑科技大学，2015.

彭一刚 . 从建筑与社会角度看模仿与创新 [J]. 建筑学报，1999（1）：46.

李蕾 . 建筑与城市的本土观 [D]. 上海：同济大学，2006.

温铁军 . 生态文明与文化创新 [J]. 上海文化，2013（12）：4-6.

潘于旭 . 断裂的时间与“异质性”的存在——德勒兹《差异与重复》的文本解读 [M]. 杭州：浙江大学出版社，2007.

徐永利，那明祺 . 地域性建筑的前提：地域层级与有效性 [J]. 现代城市研究，2016（6）：99-105.

沈克宁 . 批判的地域主义 [J]. 建筑师，2004（5）：45-55.

NESBITT K. Theorizinga New Agenda for Architecture: An Anthology of Architectural Theory 1965–1995[M]. New York: Princeton Architectural Press, 1996.

LEFAIVRE L, TZONIS A. Critical regionalism: architecture and identity in a globalized world[M]. Prestel publishing, 2007.

吴良镛 . 探索面向地区实际的建筑理论：“广义建筑学”[J]. 建筑学报，1990（2）：4-8.

戴复东 . 认真的创作，真诚的评论——我的广义建筑创作观 [J]. 华中建筑，2006，24（2）：5-11.

汪丽君 . 建筑类型学 [M]. 天津：天津大学出版社，2005.

魏秦，王竹 . 地区建筑原型之解析 [J]. 华中建筑，2006，24（6）：42-43.

诺伯舒兹 . 场所精神：迈向建筑现象学 [M]. 施植明，译 . 武汉：华中科技大学出版社，2010.

夏桂平 . 基于现代性理念的岭南建筑适应性研究 [D]. 广州：华南理工大学，2010.

梁思成 . 中国建筑史 [M]. 北京：生活・读书・新知三联书店，2011.

赛维 . 建筑空间论——如何品评建筑 [M]. 张似赞，译 . 北京：中国建筑工业出版社，2006.

徐千里 . 地域——一种文化的空间与视阈 [J]. 城市建筑，2006（8）：6-9.

陈晓扬 . 地方建筑中的文化・技术观 [J]. 华中建筑，2007，25（2）：1-6.

中共中央办公厅、国务院办公厅印发《关于实施中华优秀传统文化传承发展工程的意见》[EB/OL].（2017-01-25）.http://www.gov.cn/zhengce/2017-01/25/content_5163472.htm.

魏秦，王竹 . 建筑的地域文脉新解 [J]. 上海大学学报（社会科学版），2007，14（6）：149-151.

曾坚 . 地域性建筑创作 [J]. 城市建筑，2008（6）：6.

何警吾 . 徽州地区简志 [M]. 合肥：黄山书社，1989.

黄山市地方志编纂委员会 . 黄山市志 [M]. 合肥：黄山书社，2010.
许承尧 . 歙事闲谭 [M]. 合肥：黄山书社，2001.
段进，龚恺，陈晓东，等 . 世界文化遗产西递古村落空间解析 [M]. 南京：东南大学出版社，2006.
单德启 . 冲突与转化——文化变迁・文化圈与徽州传统民居试析 [J]. 建筑学报，1991（1）：46-51.
单德启 . 安徽民居 [M]. 北京：中国建筑工业出版社，2009.
周易 [M]. 杨天才，张善文，译注 . 北京：中华书局，2011.
庄子 [M]. 方勇，译注 . 北京：中华书局，2015.
礼记（下）[M]. 胡平生，张萌，译注 . 北京：中华书局，2018.
王玉德，王锐 . 宅经 [M]. 北京：中华书局，2011.
赵吉士 . 寄园寄所寄 [M]. 合肥：黄山书社，2008.
何晓昕 . 风水探源 [M]. 南京：东南大学出版社，1990.
冯尔康 . 中国古代的宗族和祠堂 [M]. 北京：商务印书馆，2013.
赵华富 . 徽州宗族研究 [M]. 合肥：安徽大学出版社，2004.
丁廷楗，卢询修，赵吉士，等 . 徽州府志（康熙）[M]. 沈阳：辽宁教育出版社，1998.
吴永发，徐震 . 论徽州民居的人文精神 [J]. 中国名城，2010（7）：28-34.
吴永发，徐震，合肥工业大学建筑与艺术学院 . 徽州民居的人文解读 [C]// 中国民族建筑研究会，2009.
程曈 . 新安学系录 [M]. 合肥：黄山书社，2006.
吴翟 . 茗洲吴氏家典 [M]. 刘梦芙，点校 . 合肥：黄山书社，2006.
耿静波 . 文化交融与互鉴——宋代理学与佛教思想关系探讨 [J]. 云梦学刊，2017（6）：20-24.
张秉伦，胡化凯 . 徽州科技 [M]. 合肥：安徽人民出版社，2005.
祝纪楠 .《营造法原》诠释 [M]. 北京：中国建筑工业出版社，2012：378.
徐学林 . 徽州刻书 [M]. 合肥：安徽人民出版社，2005.
刘仁义，金乃玲 . 徽州传统建筑特征图说 [M]. 北京：中国建筑工业出版社，2015.
王其亨 . 风水理论研究 [M]. 天津：天津大学出版社，1992.
单德启 . 从传统民居到地区建筑 [M]. 北京：中国建材工业出版社，2004.
中华人民共和国住房和城乡建设部 . 中国传统民居类型全集（上册）[M]. 北京：中国建筑工业出版社，2014.
朱雷 . 另类徽州建筑——歙县阳产土楼空间解析 [D]. 合肥：合肥工业大学，2016.
刘晶晶，龙彬 . 类型学视野下吊脚楼建筑特色差异 [J]. 建筑学报，2011（s2）：142-147.
东南大学建筑系 . 渔梁 [M]. 南京：东南大学出版社，1998.

陆林 . 徽州村落 [M]. 合肥：安徽人民出版社，2005.
郑建新 . 解读徽州祠堂：徽州祠堂的历史和建筑 [M]. 北京：当代中国出版社，2009.
中华人民共和国住房和城乡建设部 . 中国传统建筑解析与传承（安徽卷）[M]. 北京：中国建筑工业出版社，2016.
杨烨 . 徽州古牌坊 [M]. 合肥：黄山书社，2000.
李琳琦 . 徽州教育 [M]. 合肥：安徽人民出版社，2005.
陈瑞 . 徽州古书院 [M]. 沈阳：辽宁人民出版社，2002.
朱文杰 . 徽州的桥 [J]. 城乡建设，2017（10）：80.
谭陶 . 徽州古桥的建筑文化解析 [J]. 赤峰学院学报（自然科学版），2016，32（12）：40-41.
洪振秋 . 徽州古园林 [M]. 沈阳：辽宁人民出版社，2004.
张岚元 . 徽州传统民居建筑装饰与空间的协同作用研究 [D]. 合肥：安徽建筑大学，2017.
周海龙，郑彬，张宏，等 . 徽州民居砌体外墙材料、构造与热工性能初探 [C]// 建筑环境科学与技术国际学术会议，2010.
单德启 . 村溪・天井・马头墙：徽州民居笔记 [C]// 清华大学建筑系 . 建筑史论文集 . 北京：清华大学出版社，1984.
姚光钰 . 徽式砖雕门楼 [J]. 古建园林技术，1989（1）：51-56.
姚光钰 . 徽州明清民居工艺技术（下）[J]. 古建园林技术，1993（4）：6-10.
茂木计一郎，稻次敏郎，片山和俊 . 中国民居研究 [M]. 汪平，井上聪，译 . 台北：南天书局，1996.
张仲一，曹见宾，傅高杰，等 . 徽州明代住宅 [M]. 北京：建筑工程出版社，1957.
郭因 . 应该如何看待徽州民间建筑艺术——徽州民间建筑艺术首次研讨会小结 [J]. 东南文化，1993（6）：164-165.
肖宏 . 从传统到现代——徽州建筑文化及其在现代室内设计中的继承与发展研究 [D]. 南京：南京林业大学，2007.
邹德侬，曾坚 . 论中国现代建筑史起始年代的确定 [J]. 建筑学报，1995（7）：52-54.
曾坚，邹德侬 . 传统观念和文化趋同的对策 [J]. 建筑师 83，1998：45-50.
裴鹤鸣 . 徽州近代建筑遗存现状及其特征研究 [D]. 合肥：安徽建筑大学，2017.
朱永春 . 徽州建筑 [M]. 合肥：安徽人民出版社，2005.
郝曙光 . 当代中国建筑思潮研究 [M]. 北京：中国建筑工业出版社，2006.
严何 . 古韵的现代表达——新古典主义建筑演变脉络初探 [D]. 上海：同济大学，2009.
屯溪市地方志编纂委员会 . 屯溪市志 [M]. 合肥：安徽教育出版社，1990.
同济大学国家历史文化名称研究中心，上海同济城市规划设计研究院 . 歙县国家历史文化名城保护规划 [R].2015.

祁门县建筑安装工程公司 . 祁门县建筑安装工程公司志 [Z].1992.
黄山林校办公室 . 安徽省黄山林业学校校志（1956—1988）[Z]. 黄山林校，1988.
周广扬 . 屯溪小城规划出台纪实 [J]. 工程与建设，1999（2）：39-43.
陈琍，程铨 . 黄山旅游商贸城规划设计浅析 [J]. 安徽建筑，2000（5）：7-8.
曹国峰，陆余年，姚念亮 . 黄山体育馆屋盖网壳静动力分析 [J]. 空间结构，2004，10（1）：27-30.
吴良镛 . 国际建协《北京宪章》：建筑学的未来 [M]. 北京：清华大学出版社，2002.
维护黄山市地方建筑特色行动宣言——致全市各界参与维护地方建筑特色的倡议书 [J]. 徽州社会科学，2005（4）：35-36.
陈雨，伍敏，刘中元，等 . 历史文化城市空间特色规划编制方法探索——以黄山市实践为例 [J]. 城市规划学刊，2017（s2）：92-97.
地方传统建筑（徽州地区）：03J922-1[S]. 中国建筑标准设计研究院，2004.
传统特色小城镇住宅（徽州地区）：05SJ918-1 [S]. 中国建筑标准设计研究院，2005.
仲德崑 . 走向多元化与系统的中国当代建筑教育 [J]. 时代建筑，2007（3）：11-13.
荆其敏，张丽安 . 弗兰克 • 劳埃德 • 赖特 [M]. 武汉：华中科技大学出版社，2012.
黑川纪章 . 新共生思想 [M]. 覃力，杨熹微，慕春暖，等，译 . 北京：中国建筑工业出版社，2009.
黄炜 . 随形、就势、得体 徽州山地中当代地域性建筑形态的适应性研究 [J]. 时代建筑，2017（2）：142-145.
卢峰，徐煜辉，董世永 . 西部山地城市设计策略探讨——以重庆市主城区为例 [J]. 时代建筑，2006（4）：64-69.
荀平，杨锐 . 山地建筑设计理念 [J]. 重庆建筑，2004（6）：12-15.
洪艳，徐雷 . 山地建筑单体的形态设计探讨 [J]. 华中建筑，2007，25（2）：64-66.
弗兰姆普敦 . 建构文化研究——论 19 世纪和 20 世纪建筑中的建造诗学 [M]. 王骏阳，译 . 北京：中国建筑工业出版社，2007.
单军，吕富珣，陈龙，等 . 应答式设计理念——呼和浩特市回民区老人院创作心路 [J]. 建筑学报，2000，25（11）：31-33.
王海松 . 山地建筑设计 [M]. 北京：中国建筑工业出版社，2001.
宗轩 . 图说山地建筑设计 [M]. 上海：同济大学出版社，2013.
谭侠 . 山地超高层建筑的设计浅谈——以重庆江北嘴金融城 2 号为例 [J]. 城市建筑，2014：1-2.
龙灏，彭元春 . 山地地形下体育建筑可持续发展策略与设计方法 [J]. 世界建筑，2015（9）：26-29.
卢峰 . 重庆地区建筑创作的地域性研究 [D]. 重庆：重庆大学，2004.

王志明 . 初论中国画的“势”[J]. 艺术百家，1998（4）：102-104.
汪国瑜 . 黄山云谷山庄设计构思 [J]. 建筑学报，1988(11)：3-10.
戴志中 . 现代山地建筑接地诠释 [J]. 城市建筑，2006（8）：20-24.
本构建筑工作室 . 齐云山树屋 [J]. 建筑学报，2018（1）：53-56.
揭鸣浩 . 世界文化遗产宏村古村落空间解析 [D]. 南京：东南大学，2007.
赵玫 . 黄山风景区山地建筑设计体量控制研究 [D]. 北京：清华大学，2005.
贡布里希 . 秩序感——装饰艺术的心理学研究 [M]. 杨思梁，徐一维，范景中，等，译 . 南宁：广西美术出版社，2015.
隈研吾 . 自然的建筑 [M]. 陈菁，译 . 济南：山东人民出版社，2010.
蔡凯臻，王建国 . 阿尔瓦罗・西扎 [M]. 北京：中国建筑工业出版社，2005.
单德启，陈罨 . 把握环境 因势利导——记黄山风景区管委会综合办公楼创作 [J]. 小城镇建设，2006（6）：55-59.
王益 . 徽州传统村落安全防御与空间形态的关联性研究 [D]. 苏州：苏州大学，2017.
孙健，陶慧，杨世伟，等 . 皖南山区地质灾害发育规律与防治对策 [J]. 水文地质工程地质，2011，38（5）：98-101.
李伟 . 黄山风景区及周边地区地质灾害特征分析及危险性评估 [D]. 合肥：合肥工业大学，2009.
施成艳，鹿献章，刘中刚，等 . 基于 GIS 的安徽黄山市徽州区地质灾害易发性区划 [J]. 中国地质灾害与防治学报，2016，27（1）：136-140.
杨洁 . 此心安处是吾乡——“德懋堂”式徽居再生及新徽居文化营造 [D]. 西安：西安建筑科技大学，2015.
宋德萱 . 节能建筑设计与技术 [M]. 北京：中国建筑工业出版社，2019.
麦华 . 基于整体观的当代岭南建筑气候适应性创作策略研究 [D]. 广州：华南理工大学，2016.
惠勒 . 可持续发展规划：创建宜居、平等和生态的城镇社区 [M]. 干靓，译 . 上海：上海科学技术出版社，2016.
李娟 . 皖南传统民居气候适应性技术研究 [D]. 合肥：合肥工业大学，2012.
刘俊 . 气候与徽州民居 [D]. 合肥：合肥工业大学，2007.
王珍吾，高云飞，孟庆林，等 . 建筑群布局与自然通风关系的研究 [J]. 建筑科学，2007，23（6）：24-27.
陈飞 . 建筑与气候——夏热冬冷地区建筑风环境研究 [D]. 上海：同济大学，2007.
陈飞 . 高层建筑风环境研究 [J]. 建筑学报，2008（2）：72-77.
刘加平，谭良斌，何泉 . 建筑创作中的节能设计 [M]. 北京：中国建筑工业出版社，2009.

史密斯．适应气候变化的建筑——可持续设计指南 [M]. 邢晓春，等，译．北京：中国建筑工业出版社，2009.
杨晶博．黄山市气候舒适度的研究 [J]. 价值工程，2013（14）：323-324.
吴州琴，冯雪峰，余梦琦，等．徽州传统民居自然通风网络模拟分析 [J]. 安徽工业大学学报（自然科学版），2017（3）：281-288.
张钦楠．特色取胜——建筑理论的探讨 [M]. 北京：机械工业出版社，2005.
MUMFORD L. The South in Architecture[M]. New York: Harcourt, 1941.
博卡德斯，布洛克，维纳斯坦，等．生态建筑学：可持续性建筑的知识体系 [M]. 南京：东南大学出版社，2017.
素建筑设计事务所．宀屋——安徽闪里镇桃源村祁红茶楼 [J]. 城市建筑，2018（13）：98-104.
朱雷，刘阳．另类徽州建筑——歙县阳产土楼特征初探 [J]. 建筑与文化，2015（11）：122-123.
宋晔皓，孙菁芬．面向可持续未来的尚村竹篷乡堂实践——一次村民参与的公共场所营造 [J]. 建筑学报，2018（12）：36-43.
林奇．城市意象 [M].2 版．方益萍，何晓军，译．北京：华夏出版社，2011.
陈安生．从“水口”位置的变迁看屯溪城市发展的轨迹 [J]. 徽州社会科学，2016（5）：31-32.
秦旭升．徽州古村落“水口”营建理念及其现代借鉴研究 [D]. 合肥：安徽建筑大学，2015.
MAD 建筑事务所．黄山太平湖公寓 [J]. 城市建筑，2018（7）：74-81.
罗贝尔．静谧与光明：路易・康的建筑精神 [M]. 成寒，译．北京：清华大学出版社，2010.
寿焘．地区架构——徽州建筑地域建构机制的当代探索 [J]. 西部人居环境学刊，2016，31（6）：29-35.
龚恺，乌再荣．乡土语境下的博物馆设计 [J]. 城市建筑，2008（9）：24-26.
麦克哈格．设计结合自然 [M]. 芮经纬，译．天津：天津大学出版社，2006.
林奇，海克．总体设计 [M]. 黄富厢，朱琪，吴小亚，译．南京：江苏科学技术出版社，2016.
余汇芸，温琦．徽文化对徽州园林植物景观的影响 [J]. 安徽农业科学，2010，38（13）：7079-7080.
隋洁．文化旅游综合体绿地规划和植物配置研究——以安徽黄山“天下徽州”文化旅游综合体为例 [D]. 合肥：安徽农业大学，2015.
李兴钢，张音玄，张哲，等．留树作庭随遇而安折顶拟山会心不远——记绩溪博物馆 [J]. 建筑学报，2014（2）：32-39.

世界文化多样性宣言 [C]// 民族文化与全球化研讨会资料专辑 . 北京：中国民族学学会，2003：13-15.
孙春英 . 跨文化传播学导论 [M]. 北京：北京大学出版社，2010.
克里尔 . 城镇空间 [M]. 金秋野，王又佳，译 . 南京：江苏科学技术出版社，2016.
吴良镛 . 北京旧城与菊儿胡同 [M]. 北京：中国建筑工业出版社，1994.
佚名 . 黎阳 IN 巷 [J]. 中国住宅设施，2014（10）：82-95.
吴永发，徐震 . 徽州文化园规划与建筑设计 [J]. 建筑学报，2004（9）：64-66.
吴永发，江晓辰 . 山外山 园中园——徽州文化园二期设计 [J]. 建筑知识，2013（7）：116-117.
塔尔德 . 模仿律 [M]. 何道宽，译 . 北京：中国人民大学出版社，2008.
邹德侬，戴路，刘丛红 . 二十年艰辛话进退——中国当代建筑创作中的模仿和创造 [J]. 时代建筑，2002（5）：26-29.
徐健生 . 基于关中传统民居特质的地域性建筑创作模式研究 [D]. 西安：西安建筑科技大学，2013.
汪国瑜 . 徽州民居风格初探 [J]. 建筑师 9，1981：150-160.
本奈沃洛 . 西方现代建筑史 [M]. 邹德侬，巴竹师，高军，译 . 天津：天津科学技术出版社，1996.
诺伯格 - 舒尔茨 . 建筑——意义和场所 [M]. 黄士钧，译 . 北京：中国建筑工业出版社，2018.
叶铮，马琴 . 黄山昱城皇冠假日酒店设计 [J]. 建筑学报，2013（5）：76-77.
谢强 . 创建地域酒店新标准：黄山轩辕国际酒店 [J]. 建筑创作，2008（4）：82-87.
亚里士多德 . 诗学 [M]. 陈中梅，译 . 北京：商务印书馆，2011：208.
刘先觉 . 现代建筑理论 [M]. 北京：中国建筑工业出版社，2008：58.
刘勰 . 文心雕龙 [M]. 北京：中华书局，2008.
程泰宁 . 立足自己 走跨文化发展之路——访第三届梁思成奖获得者、中国联合工程公司总建筑师程泰宁先生 [J]. 中国勘察设计，2006（1）：8-10.
佚名 . 平衡的裂变——关于黄山城市展示馆建筑设计解读 [J]. 徽州社会科学，2012（7）：40-43.
老子 . 道德经 [M]. 北京：中国文联出版社，2016.
韩毅 . 山 • 水 • 坊——歙县禾园 • 清华坊规划设计 [J]. 安徽建筑，2015，22（5）：46.
王冬 . 乡村社区营造与当下中国建筑学的改良 [J]. 建筑学报，2012（11）：98-101.
卡彭 . 建筑理论（下）勒 • 柯布西耶的遗产——以范畴为线索的 20 世纪建筑理论诸原则 [M]. 王贵祥，译 . 北京：中国建筑工业出版社，2007.
右史 . 中国建筑不只木 [J]. 建筑师，2007（3）：69-74.

郑小东 . 传统材料当代建构 [M]. 北京：清华大学出版社，2014：125-128.
支文军，朱金良 . 中国新乡土建筑的当代策略 [J]. 新建筑，2006（6）：82-86.
罗四维，周伟 . 厂内场外——松风翠山茶油厂设计 [J]. 建筑学报，2015（5）：78-79.
郑晓佳 . 地域性表达中现代建筑材料应用研究 [D]. 北京：清华大学，2015：33-44.
原野，同济设计四院 . 筑作丨穿越与风景——黄山学院风雨操场 [EB/OL].（2018-09-07）. https：//mp.weixin.qq.com/s/dnve53ivZxAWsW8KqatwvA.
荣朝晖 . 灵活的工艺策略——在并置与掩饰之间获取平衡 [J]. 新建筑，2016（2）：27-31
周虹宇 . 皖南与皖中地域建筑风貌解析与传承方略研究 [D]. 合肥：合肥工业大学，2016：53-58.
程铨 . 传中有新・承中有扬——徽商故里大酒店设计浅析 [J]. 低碳世界，2016（16）：140-141.
唐孝祥 . 论建筑审美的文化机制 [J]. 华南理工大学学报（社会科学版），2004（4）：24-28.
张曼，刘松茯，康健 . 后工业社会英国建筑符号的生态审美研究 [J]. 建筑学报，2011（9）：4-9.
洪永稳 . 从徽派建筑的角度论徽州人审美精神的诉求 [J]. 池州学院学报，2012，26（5）：70-74.
谌珂，陶郅，郭钦恩 . 传统徽派文化在现代教学建筑中的表达——合肥工业大学宣城校区新安学堂建筑创作 [J]. 建筑与文化，2019（2）：216-218.
文丘里 . 建筑的复杂性与矛盾性 [M]. 周卜颐，译 . 北京：知识产权出版社，2006.
单军 .“根”与建筑的地区性：“根：亚洲当代建筑的传统与创新”展览的启示 [J]. 建筑学报，1996（10）：35-39.
李淑贞 . 现代生活方式与传统文化教程 [M]. 厦门：厦门大学出版社，2003.
冯契 . 哲学大辞典 [M]. 上海：上海辞书出版社，1992.
陈易 . 低碳建筑 [M]. 上海：同济大学出版社，2015.
罗西 . 城市建筑学 [M]. 黄士钧，译 . 刘先觉，校 . 北京：中国建筑工业出版社，2006.
张骏 . 东北地区地域性建筑创作研究 [D]. 哈尔滨：哈尔滨工业大学，2009.
雅各布斯 . 美国大城市的死与生 [M]. 金衡山，译 . 南京：译林出版社，2005.
吴桢楠 . 从适宜现代生活的角度审视皖南传统村落的保护与更新 [D]. 合肥：合肥工业大学，2010.
宋康 . 徽州民居建筑更新发展方式研究 [D]. 西安：西安建筑科技大学，2015.
陈兵 . 徽州传统民居形态下的特色民宿建筑设计研究 [D]. 合肥：合肥工业大学，2017.
牛亚庆 . 徽州传统民居改造成民俗客栈的设计研究 [D]. 北京：北京建筑大学，2017.
郭旭，郭恩章，陈旸 . 论休闲经济与城市休闲空间的发展 [J]. 城市规划，2008，252(12)：79-86.

朱鹤，刘家明，李玏，等.中国城市休闲商业街区研究进展 [J]. 地理科学进展，2014，33（11）：1474-1485.
施瓦布 . 第四次工业革命 [M]. 李菁，译 . 北京：中信出版社，2016.
吴永发 . 地区性建筑创作的技术思想与实践 [D]. 上海：同济大学，2005.
陈晓扬，仲德崑 . 地方性建筑与适宜技术 [M]. 北京：中国建筑工业出版社，2007.
戴复东 .“挖”“取”“填”体系——山区建屋的一大法宝 [J]. 建筑学报，1983（8）：22-24+86.
黄炜，颜宏亮 . 传统建筑技术的适宜性改善策略研究——以徽州地区为例 [J]. 住宅科技，2019，39（5）：39-44.
刘托 . 徽派民居传统营造技艺 [M]. 合肥：安徽科学技术出版社，2013.
周俊义 . 徽州古建筑墙体营造技艺及改善保护 [D]. 合肥：合肥工业大学，2014.
尚卿，刘沩 . 农村砖砌空斗墙建筑的抗震加固 [J]. 广西大学学报（自然科学版），2009，34（5）：603-608.
葛学礼，于文，朱立新 . 我国村镇空斗墙房屋地震、台风灾害与抗御措施 [J]. 工程抗震与加固改造，2011，33（2）：143-149.
谢启芳，赵鸿铁，薛建阳，等 . 汶川地震中木结构建筑震害分析与思考 [J]. 西安建筑科技大学学报（自然科学版），2008，40（5）：658-661.
荣侠 .16—19 世纪苏州与徽州民居建筑文化比较研究 [D]. 苏州：苏州大学，2017.
马全宝 . 江南木构架营造技艺比较研究 [D]. 北京：中国艺术研究院，2013.
汪兴毅，王建国 . 徽州木结构古民居营造合理性的理论分析 [J]. 合肥工业大学学报（自然科学版），2011，34（9）：1375-1380.
黄志甲，余梦琦，郑良基，等 . 徽州传统民居室内环境及舒适度 [J]. 土木建筑与环境工程，2018，40（1）：97-104.
彭志明 . 徽州传统民居保护利用策略研究——以休宁县“五福民居”为例 [D]. 合肥：安徽建筑大学，2017.
侯毅男 . 门窗与建筑节能 [J]. 建筑节能，2007，35（7）：39-42.
饶永 . 徽州古建聚落民居室内物理环境改善技术研究 [D]. 南京：东南大学，2017.
武恒，孔俊伟，黄赟，等 . 徽州古建筑木结构构件防护处理 [J]. 安徽农业大学学报，2016，43（3）：383-386.
陈安生 . 徽州传统建筑技艺的经典之作——徽州府衙修复工程 [J]. 徽州社会科学，2017（5）：9-12.
张伟 . 徽州传统民居的宜居性改造 [D]. 合肥：合肥工业大学，2014.
陈伟 . 徽州古建筑中的白蚁防治技术 [J]. 建筑知识，2000（2）：31.

付瑶，管飞吉．传统与现代的完美结合——特吉巴欧文化中心浅析 [J]. 沈阳建筑大学学报（社会科学版），2008，10（1）：14-18.

黄山市人民政府办公厅关于印发《黄山市城市容貌标准》的通知．黄山市城市容貌标准 [EB/OL].（2018-12-28）.https://zjj.huangshan.gov.cn/zwgk/public/6615727/9258077.html.

辜鸿铭．中国人的精神 [M]. 南京：译林出版社，2017.

戴复东．老店、传统、地方、现代——浙江绍兴震元堂大楼设计构思 [J]. 建筑学报，1996（11）：10-12.

李玲玲，梁斌，陈晗，等．中小城市体育建筑设计策略——以丹东浪头体育中心三馆设计为例 [J]. 建筑学报，2013（10）：55-59.

徐洪涛．大跨度建筑结构表现的建构研究 [D]. 上海：同济大学，2008.

朱晓琳，胡冗冗，刘加平．结合装配式生态复合墙体系的徽派民居节能更新设计 [J]. 城市建筑，2017（23）：48-50.

吴春花，卢强．十年德懋堂的文化传承——访德懋堂董事长卢强 [J]. 建筑技艺，2015（7）：24-33.

寿焘．抵抗与交融——当代徽州地区建筑创作体系的多维思考 [J]. 城市建筑，2018，276（7）：117-122.

孟犁歌，李竹青．黄山一号公馆别墅 [J]. 建筑学报，2010（3）：60-64.

亚伯．建筑与个性：对文化和技术变化的回应 [M]. 张磊，司玲，侯正华，等，译．北京：中国建筑工业出版社，2003.

周加来，李强．安徽城市发展研究报告 2017[M]. 合肥：合肥工业大学出版社，2017.

侯恩哲．《中国建筑能耗研究报告（2017）》概述 [J]. 建筑节能，2017（12）：131-131.

黄山市住房和城乡建设局．黄山市人民政府办公室关于印发《黄山市发展绿色建筑管理办法》的通知 [EB/OL].（2022-10-10）.https://zjj.huangshan.gov.cn/zwgk/public/6615727/10866625.html.

佚名．安徽省黄山市休宁县东临溪镇临溪村吴景清农房 [J]. 小城镇建设，2017（10）：96.

李哲申．黄山地区可再生能源在建筑中的应用 [D]. 合肥：安徽建筑大学，2017.

王涛．中国主要生物质燃料油木本能源植物资源概况与展望 [J]. 科技导报，2005，23（5）：2-14.

黄山市发展和改革委员会．关于黄山市 2018 年国民经济和社会发展计划执行情况与 2019 年计划草案的报告 [EB/OL].（2019-01-20）.https://www.huangshan.gov.cn/zwgk/public/6615714/9429440.html.

黄山市生态环境局．我市畜禽粪污资源化利用率达 94.8%[EB/OL].（2020-11-27）.https://sthjj.huangshan.gov.cn/zwgk/public/6615736/10009147.html.

黄山市环保局．黄山市省级以上生态村一览表 [EB/OL].（2019-01-07）.https://sthjj.huangshan.gov.cn/stbh/zrstbh/8751686.html.

钱进 . 皖南“生态”型民居适宜技术研究 [D]. 合肥：合肥工业大学，2010.
宋琪 . 被动式建筑设计基础理论与方法研究 [D]. 西安：西安建筑科技大学，2015.
黄志甲，张恒，江学航 . 徽州传统民居被动式设计技术 [J]. 安徽建筑，2016（5）：34-36.
王臣臣，何伟 . 黄山地区徽派建筑与百叶型集热墙研究 [J]. 安徽建筑大学学报，2013，21（5）：97-99.
郭钦恩，刘彬艳，陶郅 . 新徽派建筑的探索与实践——合肥工业大学宣城校区一期公共教学楼设计 [J]. 华中建筑，2016（2）：32-35.
南建林，徐传衡，王凯，等 . 绿色建筑技术在黄山南大门多层停车库工程中的应用 [J]. 建筑科学，2011（12）：185-188.
卡斯特 . 网络社会的崛起 [M]. 夏铸九，王志弘，等，译 . 北京：社会科学文献出版社，2001.
李建成，王广斌 .BIM 应用・导论 [M]. 北京：中国建筑工业出版社，2015.
黄山市住房和城乡建设局 . 黄山市建筑设计研究院召开 BIM 技术在徽派古建筑数据库中应用技术研讨会 [EB/OL].（2019-08-29）.https://zjj.huangshan.gov.cn/zwgk/public/6615727/9264328.html.
戴复东，吴庐生 . 因地制宜普材精用凡屋尊居——武汉东湖梅岭工程群建筑创作回忆 [J]. 建筑学报，1997（12）：9-11.
吴钢，谭善隆 . 休宁双龙小学 [J]. 建筑学报，2013（1）：6-15.
樊魁，蒋玉川，何传书 . 我国新农村建设中建筑垃圾污染现状及改善对策 [J]. 安徽农业科学，2012，40（17）：9448-9450.
徐娅，杨豪中 . 新农村住宅环保建筑材料的选用 [J]. 安徽农业科学，2011，39（13）：7923-7926.
卒姆托 . 思考建筑 [M]. 张宇，译 . 北京：中国建筑工业出版社，2010.
李允鉌 . 华夏意匠：中国古典建筑设计原理分析 [M]. 北京：中国建筑工业出版社，2005.
张振民 . 白云生处有人家——黄山白云宾馆创作随笔 [J]. 建筑学报，1998（8）:26-29.
国家发展和改革委员会 . 国家新型城镇化报告（2020—2021）[M]. 北京：人民出版社，2022.
刘锦章，王要武 . 中国建筑业发展年度报告（2020）[M]. 北京：中国建筑工业出版社，2021.
黄山市统计局 . 黄山市 2022 年国民经济和社会发展统计公报 [EB/OL].（2023-05-24）. http://tjj.ah.gov.cn/ssah/qwfbjd/tjgb/sjtjgbao/148107561.html.
黄山市文化和旅游局 .《黄山市徽州古建筑保护条例》新闻发布会实录 [EB/OL].（2018-01-09）. https://wlj.huangshan.gov.cn/zwgk/public/6615733/8976862.html.

图片来源

封面、9 页、273 页：黄山市建筑设计研究院提供。

11 页: 根据戴复东《追求 探索——戴复东的建筑创作印记》(上海: 同济大学出版社, 1999 年) 改绘。

63 页：根据清华大学建筑学院、中国建筑标准设计研究院《地方传统建筑（徽州地区）》（北京：中国建筑标准设计研究院，2003 年）改绘。

117 页：根据汪国瑜《营体态求随山势 寄神采以合皖风——黄山云谷山庄设计构思》（《建筑学报》，1988 年，第 11 期，4 页）改绘。

后记

本书源于我博士论文的研究，选题来自导师戴复东院士对我“皖南学子，地方风格，努力向着现代骨、传统魂、自然衣的目标前进，定可大有成绩！”的期许，也来自心中传承发扬徽州建筑的期盼。

徽州建筑优美的山水环境、素雅的白墙黑瓦、简洁的马头墙，特色鲜明，在中国民居中独树一帜。徽州建筑起于唐宋、兴于明清，是徽州人在风水理论指导下选址，以宗法思想为核心聚族而居，在徽商经济的支持下采用当时优质建材和先进技术建造，满足当时生产生活生态需要的高品质理想人居建筑，是与徽州地域环境高度适应的结果。本书在对徽州地域环境分析的基础上，从“自然共生—文化融合—技术适宜”三方面对徽州当代地域性建筑进行深入研究，以期为徽州当代地域性建筑的发展注入新的活力和生命力。

感谢我的导师戴复东院士，感谢吴庐生大师，你们的儒雅气质、敬业精神和严谨作风，值得学生终身学习敬仰，你们的深邃思想和理论对我具有方向性的指引。感谢我的导师颜宏亮教授，您严谨的治学态度和悉心指导，让学生受益匪浅。

感谢在同济大学、同济大学高新建筑技术设计研究所的各位老师们、师兄师姐们、同学们和朋友们给予的鼓励和帮助，这份珍贵情谊值得永远珍惜。

感谢黄山市城乡规划局、黄山市建筑设计研究院、黄山市城市建筑勘察设计院及相关单位和部门的领导、同事和朋友们，你们在本书的资料搜集和调研访谈等方面给了我很大的帮助。

感谢黄山学院建筑工程学院的领导、同事、同学们的信任和支持，你们为我提供良好的平台和真诚的帮助。

感谢同济大学出版社编辑老师们的细心审校，你们严谨的工作作风和出色的专业素养让本书更加精美。

感谢父母和家人的支持，你们的默默付出为我解决了后顾之忧，使我能全心投入书稿的整理中。希望女儿在徽州地域环境的滋养下健康快乐成长。

黄炜

2023 年 5 月

于黄山学院